Hochschultext

S. Schach   Th. Schäfer

Regressions- und Varianzanalyse

Eine Einführung

Mit 9 Abbildungen

Springer-Verlag
Berlin Heidelberg New York 1978

Siegfried Schach   Thomas Schäfer
Abteilung Statistik der Universität Dortmund

AMS Subject Classification (1970): 62J05, 62J10, 62J15, 62J99

ISBN-13: 978-3-540-08727-4   e-ISBN-13: 978-3-642-66931-6
DOI: 10.1007/978-3-642-66931-6

Gesamtherstellung: fotokop wilhelm weihert KG, Darmstadt
2144/3140-543210

Vorwort

Mit dem vorliegenden Buch haben wir den Versuch unternommen, eine anwendungsorientierte Darstellung der Theorie des Linearen Modells zu geben, die daraufhin konzipiert ist, zwei unterschiedliche Leserkreise anzusprechen. Es sollte sowohl für Mathematiker und Statistiker mehr theoretischer Herkunft als auch für Anwender der Regressions- und Varianzanalyse (Biologen, Ökonometriker, Agronomen, Psychologen, Soziologen, Techniker u.a.) von Interesse sein.

Mathematiker mit einem Ausbildungsschwerpunkt auf dem Gebiet der Stochastik können sich anhand dieses Textes einen Überblick über eine in der angewandten Statistik überaus wichtigen Klasse statistischer Verfahren verschaffen. Neben der Darstellung der allgemeinen Theorie werden vor allem im zweiten und dritten Kapitel auch Fragen der Modellspezifikation und der Versuchsplanung angeschnitten, welche in einem rein theoretischen Lehrbuch wohl kaum in diesem Umfang behandelbar sind.

Andererseits wird der großen Zahl von Anwendern der Methoden der Regressions- und Varianzanalyse die Möglichkeit gegeben, sich einen Einblick in die mathematisch-theoretische Fundierung dieser Verfahren zu verschaffen. Da heutzutage jedes wissenschaftliche Rechenzentrum Programme für eine Vielzahl von Standardverfahren aus diesem Gebiet bereithält, werden solche Methoden in der Datenanalyse z.T. routinemäßig angewandt. Häufig stellt sich jedoch heraus, daß ohne Überblick über die zugrundeliegende Theorie weder ein innovativer Einsatz der bereitgestellten Verfahren noch eine einwandfreie und die Analysemöglichkeiten ausschöpfende Interpretation der Resultate erreicht werden kann.

Das Gebiet der Regressions- und Varianzanalyse ist so umfangreich, daß jede Darstellung eine in einem gewissen Umfang willkürliche Auswahl aus dem vorhandenen Stoff treffen muß. So haben wir das verallgemeinerte Lineare Modell (Abschnitt 1.10), die Asymptotik in der Regressionsanalyse (Abschnitt 2.6) und die Fehler-in-den-Variablen-Modelle (Abschnitt 2.7) wohl stärker hervorgehoben, als es in anderen Lehrbüchern üblich ist, weil uns dies aus zahlreichen Gründen geboten erschien.

Für das Verständnis der dargelegten Theorie sind Grundkenntnisse der Analysis, der Linearen Algebra und der Schätz- und Testtheorie erforderlich. Anwendern, welche diese Voraussetzungen nur zum Teil erfüllen, aber praktische Erfahrung im Einsatz der behandelten Verfahren gesammelt haben, sei empfohlen, die schwierigeren Teile des ersten Kapitels zunächst nur zu überfliegen, um dann je nach Interesse zum zweiten bzw. dritten Kapitel überzugehen. Danach wird manches aus der allgemeinen Theorie des ersten Kapitels besser motiviert erscheinen.

Für eine Vielzahl von Hinweisen und Verbesserungsvorschlägen sind wir den Herren Dr. Rothe, Dr. Schumacher, Dr. Sendler, Dr. Urfer und Dipl.-Math. Willers sehr zu Dank verpflichtet. Vor allem die beiden Erstgenannten haben die Mühe auf sich genommen, das Manuskript in seiner endgültigen Form sorgfältig zu lesen. Ganz besonderer Dank gebührt auch Frau stud.stat. B. Kuhnigk für die Anfertigung der Zeichnungen, das Einsetzen der Sonderzeichen und die mühevolle Erstellung des Sachverzeichnisses, und Frau B. Koths, die mit großer Sorgfalt und unermüdlichem Einsatz das Manuskript getippt hat.

Schließlich möchten wir an dieser Stelle dem Springer-Verlag für sein Entgegenkommen und die gute Zusammenarbeit danken.

Dortmund, Januar 1978

S. Schach
Th. Schäfer

Inhaltsverzeichnis

I. Allgemeine Theorie des Linearen Modells

1. 1 Einleitende Bemerkungen

Die unter den Begriffen Regressionsanalyse und Varianzanalyse zusammengefaßten statistischen Methoden stellen wohl die am häufigsten verwendeten Verfahren zur statistischen Analyse von Zusammenhängen dar. Bei quantitativen wissenschaftlichen Untersuchungen hat man häufig die Vorstellung, daß gewisse Faktoren, welche die Werte $x_1, x_2, \ldots, x_k$ annehmen mögen, ein Ergebnis y beeinflussen. Kann man die Einflußfaktoren systematisch variieren, und wird das Ergebnis von diesen Faktoren eindeutig bestimmt, dann ist es im Prinzip möglich, die Abhängigkeit des y-Wertes von $x_1, x_2, \ldots, x_k$, d.h. die Funktion $y = f(x_1, x_2, \ldots, x_k)$, beliebig genau zu ermitteln. Statistische Methoden der Analyse sind dann nicht erforderlich. Bei der Durchführung von Experimenten findet man aber meistens, daß y außer von $x_1, x_2, \ldots, x_k$ auch von gewissen weiteren Einflüssen abhängt, z.B. von einem Meßfehler, von gewissen nicht beobachteten oder nicht beobachtbaren Werten $x_{k+1}, x_{k+2}, \ldots$ weiterer Faktoren, von "zufälligen" Eigenschaften der Untersuchungseinheit, etc. Der Statistiker sagt, daß das Ergebnis y mit einem "Fehler" e behaftet sei. Es gilt also nicht einfach $y = f(x_1, x_2, \ldots, x_k)$, sondern $y = f(x_1, x_2, \ldots, x_k) + e$. Da der Wert e selbst nicht beobachtbar ist, kann aus der Kenntnis von y nichts über den Funktionswert $f(x_1, x_2, \ldots, x_k)$ ausgesagt werden.

2

Die Aufgabe des Statistikers ist es nun, unter gewissen Voraussetzungen
über die Funktion f und das Verhalten des Fehlers e[+)] doch noch Information über den Einfluß der Faktorwerte $x_1, x_2, \ldots, x_k$ zu gewinnen.
Solche Information hat dann jedoch nur Wahrscheinlichkeitscharakter.
Sie erlaubt Aussagen über die Parameter (= nicht spezifizierte Konstanten des Modells) in Form von statistischen Schätzungen, Signifi-
kanztests und Konfidenzbereichen. Bei all diesen Verfahren müssen
Irrtumswahrscheinlichkeiten in Kauf genommen werden; absolut sichere
Resultate sind auf diese Weise nicht erhältlich. Eine Bedingung für
solche statistischen Schlüsse ist außerdem die Wiederholung des Experimentes. Nur dadurch wird es möglich, den Einfluß des Zufallsfehlers e weitgehend zu eliminieren. Für die Analyse stehen also Messungen $y_i (i=1,2,\ldots,n)$ mit entsprechenden Faktorkombinationen
$(x_{i1}, x_{i2}, \ldots, x_{ik})$ und Fehlern $e_i (i=1,2,\ldots,n)$ zur Verfügung.

Die entscheidende Voraussetzung für die Regressions- und Varianzanalyse
besteht darin, daß die Funktion f linear in den Modellparametern sei,
d.h. daß $f(x_1, x_2, \ldots, x_k) = x_1\beta_1 + x_2\beta_2 + \ldots x_k\beta_k$ gilt. Eine solche
Funktion wird dann allein durch die Konstanten $\beta_1, \beta_2, \ldots, \beta_k$ beschrieben und statistische Aussagen über f sind identisch mit entsprechenden
Aussagen über $\beta_1, \beta_2, \ldots, \beta_k$. Diese Linearitätsvoraussetzung gibt der
Theorie des Linearen Modells ihren Namen. Es wird sich zeigen, daß
sie auf dem Gebiet der Varianzanalyse unproblematisch ist, weil sie
dort sozusagen per definitionem erfüllt ist. Anders ist es im Bereich
der Regressionsanalyse. Hier können die in diesem Buch dargestellten
Methoden nur dann angewandt werden, wenn in dem Bereich, in welchem
Information über f ermittelt werden soll, der lineare Ansatz (nähe-
rungsweise) richtig ist. Die Einschränkung ist jedoch auch in diesem

---

[+)]Diese Voraussetzungen bezeichnet man als Modell.

Fall nicht so restriktiv, wie sie auf den ersten Blick erscheinen
könnte, denn es ist für f nur Linearität in den Parametern $\beta_1, \beta_2, \ldots, \beta_k$
erforderlich; z.B. fallen auch polynomiale Ansätze der Form $y =
\beta_1 + \beta_2 x + \beta_3 x^2 + \ldots + \beta_k x^{k-1} + e$ unter dieses Modell.

Eine weitere Voraussetzung des Linearen Modells bezieht sich auf das
Verhalten des Fehlers e. Zunächst wird verlangt, daß der Erwartungswert $E(e) = 0$ sei. Fehler werden also manchmal positive, manchmal
negative Werte annehmen, im langfristigen Durchschnitt sollen sie sich
jedoch ausgleichen. Ferner wird im allgemeinen verlangt, daß alle
Fehler die gleiche Varianz haben ("Homoskedastie"), daß die Größenordnung des Fehlers also insbesondere nicht von der spezifischen Fak-
torkombination abhängt (vgl. aber Abschnitt 1.10). Diese Voraussetzung
ist in der Praxis bei den originären Meßdaten häufig nicht genau erfüllt. Manchmal ist es möglich, ihr durch geeignete Transformation
der y-Werte besser zu genügen. Schließlich wird im Regelfall verlangt,
daß die Fehler paarweise unkorreliert sind, was immer dann der Fall
sein wird, wenn sie voneinander unabhängig sind. Abschwächungen dieser
Voraussetzung sind möglich (s. Abschnitt 1.10).

Zwei Beispiele sollen das eben Gesagte verdeutlichen. Die Wirksamkeit
eines blutdrucksenkenden Präparates sei an einer Gruppe von n Patienten
mit überhöhtem Blutdruck nachzuweisen. Dabei soll der Patient i das
Mittel in der Konzentration x_i erhalten. Die Meßvariable y_i ist die
Senkung, also Ausgangswert minus Wert nach Behandlung. Es ist offensichtlich, daß die Auswertung eines solchen Experimentes nur mit statistischen Methoden möglich ist, denn gleiche Werte von x_i an zwei
verschiedenen Patienten werden in aller Regel nicht dieselben Blut-
drucksenkungen y_i bewirken. Dabei ergeben sich Unterschiede nicht
nur wegen mangelnder Exaktheit in der Blutdruckbestimmung, sondern
vor allem wegen der unterschiedlichen Reaktionen der Individuen ("Ver-

suchseinheiten"). Es ist in diesem Beispiel selbstverständlich, daß
die lineare Beziehung $y_i = \beta_1 + \beta_2 x_i + e_i$ nicht über beliebig große
Bereiche gelten kann (weil z.B. negative Drücke nicht vorkommen können).
Es ist aber durchaus denkbar, daß in dem für die Applizierung des Präparates relevanten Bereich der lineare Ansatz hinreichend exakt ist.

Um Mißverständnissen vorzubeugen, soll hier explizit erwähnt werden,
daß die Analyse der durch ein solches Experiment gewonnenen Meßdaten
mit den im vorliegenden Buch dargestellten Verfahren nur dann zu
brauchbaren Erkenntnissen führt, wenn dem Experiment ein guter Versuchsplan zugrunde liegt. So ist es z.B. nicht zweckmäßig, umso höhere Konzentrationen des Wirkstoffes zu verabreichen, je höher der
Ausgangswert des Blutdruckes ist, weil dann die separaten Einflüsse
der beiden Faktoren "Konzentration" und "Ausgangswert" nicht mehr iso-
liert werden können (siehe hierzu auch Abschnitt 2.3). Ähnliches gilt,
wenn z.B. Frauen in der Regel höhere Konzentrationen verabreicht werden
als Männern (Vermengung der Faktoren "Geschlecht" und "Konzentration").
Die Darstellung der Prinzipien einer guten Versuchsplanung würde jedoch
den Rahmen einer Einführung in die reinen Analyseverfahren sprengen.

Ein Beispiel aus dem Bereich der Varianzanalyse für die Anwendung der
auf dem Linearen Modell beruhenden Verfahren ist die Untersuchung der
Effektivität einer Operation bei einem malignen Tumor. Von n Personen,
bei denen dieser Tumor diagnostiziert wird, werden (rein zufällig) n_1
Personen ausgewählt. An den ausgewählten Patienten wird eine Operation
ausgeführt, an den anderen nicht. Gefragt wird, ob eine Operation
überhaupt die restliche Lebenserwartung eines Patienten erhöht. y_i ist
hier die Lebensdauer des i-ten Patienten vom Zeitpunkt der Diagnose.
Setzt man $x_{i1} = 1$ für alle Patienten und $x_{i2} = 1$ oder 0, je nachdem,
ob die Operation durchgeführt wird oder nicht, dann gilt für operierte
Patienten $y_i = \beta_1 + \beta_2 + e_i$ und für nicht-operierte $y_i = \beta_1 + e_i$.

$\beta_2 (\gtrless 0)$ ist somit die zusätzliche, durch die Operation bewirkte, Lebenserwartung. Man sieht, daß in diesem Beispiel die Linearität keine Einschränkung bedeutet, da es hier nur auf das Vorhandensein oder Nichtvorhandensein einer Behandlung ankommt. Dieser Einfluß kann aber immer in der Form $x \cdot \beta$ geschrieben werden mit $x=0$ oder 1.

Ebenso wie bei der Behandlung linearer Gleichungssysteme hat es sich in der Theorie des Linearen Modells als zweckmäßig erwiesen, den Matrizenkalkül zu verwenden, und dabei gelegentlich einen geometrischen Standpunkt einzunehmen[+]. Verwendet man diese Denk- und Schreibweise, dann kommt man zu folgender Definition des Linearen Modells:

Definition:

a) Das Lineare Modell ist charakterisiert durch die Gleichungen

$$y = X\beta + e; \quad E(e) = 0; \quad \Sigma_e = \sigma^2 \cdot I .$$

Dabei ist $y = (y_1, \ldots, y_n)'$ der Vektor der beobachteten Größen ("abhängige" Variable), $\beta = (\beta_1, \ldots, \beta_k)'$ der Vektor der unbekannten Parameter, $X = (x_{ij})_{i=1,\ldots,n; j=1,\ldots,k}$ die Matrix der Werte der Einfluß-

---

[+] Es empfiehlt sich dabei, Erwartungswerte auch für Matrizen und Vektoren zu erklären, deren Elemente Zufallsvariable sind. Sei V eine $r \times s$-Matrix von Zufallsvariablen, dann heißt

$$E(V) := (E(v_{ij}))_{i=1,\ldots,r; \; j=1,\ldots,s}$$

Erwartungswert der Matrix V. Für einen Spaltenvektor von Zufallsvariablen $v = (v_1, \ldots, v_r)'$ setzt man ferner

$$\Sigma_v := (\text{Kov}(v_i, v_j))_{i,j=1,\ldots,r}$$

und bezeichnet Σ_v als Kovarianzmatrix des Vektors v. Aus diesen Definitionen ergibt sich sofort

    (i) $E(AVB) = A\,E(V)\,B$, falls A $q \times r$- und B $s \times t$-Matrix mit konstanten Elementen ist;

    (ii) $\Sigma_v = E[(v-E(v))(v-E(v))']$;

    (iii) $\Sigma_{Av} = A\,\Sigma_v\,A'$, falls A eine $q \times r$-Matrix mit konstanten Elementen ist.

6

faktoren ("kontrollierte" oder "unabhängige" Variable), $e = (e_1,\ldots,e_n)'$ der Vektor der "Störgrößen" ("Fehler"), $\sigma^2 > 0$, $I = n \times n$-Einheitsmatrix.

b) Man spricht beim Linearen Modell von[+)]

   (i)   Varianzanalyse, falls X nur aus Nullen und Einsen besteht;

   (ii)   Kovarianzanalyse, falls mindestens eine Spalte von X nur

          aus Nullen und Einsen besteht, aber nicht (i) gilt;[++)]

   (iii) Regressionsanalyse, falls weder (i) noch (ii) gilt.

Da für sinnvolle statistische Aussagen mindestens ebenso viele Daten über die beobachtbare Größe zur Verfügung stehen sollten wie Einflußgrößen vorhanden sind, werden wir ferner stets $n \geq k$ voraussetzen.

1. 2   Spezialfälle

a) Das einfachste Problem der Regressionsanalyse besteht darin, eine Gerade $y = \beta_1 + \beta_2 x$ einer Punkteschar $\{(x_i,y_i); \quad i = 1,\ldots,n\}$ anzupassen ("einfache lineare Regression"). Falls angenommen werden kann, daß die Fehler den im allgemeinen Linearen Modell enthaltenen Spezifikationen genügen, ist es möglich, dieses Problem mit den noch zu entwickelnden Methoden zu lösen (vgl. aber auch Abschnitt 2.7). Mit

---

[+)]Der inhaltliche Hintergrund dieser zunächst rein formalen Fallunterscheidung wird im Folgenden noch klar werden.

[++)]Man sagt, eine kontrollierte Größe gehört zu einem "qualitativen Faktor", wenn die zugehörige Spalte nur aus Nullen und Einsen besteht (vgl. das Operationsbeispiel), und spricht andernfalls von einem "quantitativen Faktor" (vgl. das Beispiel über blutdrucksenkendes Mittel). Die Definition (ii) ist so zu verstehen, daß sowohl Nullen als auch Einsen auftreten müssen.

$k = 2$, $x_{i1} = 1$ und $x_{i2} = x_i$ für $i = 1,\ldots,n$ lautet der erste
Teil der Modellgleichungen:

$$y_i = \beta_1 + \beta_2 x_i + e_i \qquad (i = 1,\ldots,n) \; .$$

Wie wir später sehen werden, eignet sich für die Theorie allerdings
eine andere Parametrisierung besser, bei der man $\beta := \beta_2$ und
$\alpha := \beta_1 + \beta_2 \cdot \overline{x}$ setzt. Dann erhält man

$$y_i = \alpha + \beta (x_i - \overline{x}) + e_i \quad (i = 1,\ldots,n), \quad \text{d.h.}$$

$$X = \begin{pmatrix} 1,\ldots,1 \\ x_1 - \overline{x},\ldots,x_n - \overline{x} \end{pmatrix}' \; .$$

b) Da die kontrollierten Größen nicht dem Zufall unterliegen, kann
man Funktionen von ihnen ohne weiteres als zusätzliche Größen in den
linearen Ansatz mit hineinnehmen. So fällt, wie bereits erwähnt, z.B.
auch die sog. polynomiale Regression unter das Lineare Modell:

$$x_{i1} = 1, \quad x_{i2} = x_i, \quad x_{i3} = x_i^2,\ldots,x_{ik} = x_i^{k-1} \quad (i = 1,\ldots,n)$$

d.h.

$$y_i = \beta_1 + \beta_2 x_i + \beta_3 x_i^2 + \ldots + \beta_k x_i^{k-1} + e_i \qquad (i = 1,\ldots,n).$$

Der Punkteschar $\{(x_i,y_i); \; i = 1,\ldots,n\}$ soll ein Polynom $(k-1)$-ten
Grades angepaßt werden.
Man sieht, daß das "linear" im Namen des betrachteten Modells sich
nur auf die Parameter $\beta_1,\ldots,\beta_k$ bezieht.

c) Sollen k experimentelle Bedingungen (z.B. Behandlungen) in ihrer
Wirkung verglichen werden, so erscheint es am einfachsten, diese auf
verschiedene Versuchseinheiten anzuwenden, wobei man etwa die j-te
Behandlung n_j-mal wiederholt. Dabei wird vorausgesetzt, daß sich die
verschiedenen Behandlungsarten nur auf die Erwartungswerte, nicht aber
auf die Variabilität der Messungen auswirken. Der geschilderte Versuchsplan führt zum k-Stichprobenproblem, dem einfachsten Problem der

8

Varianzanalyse.

Die Einbettung in das Lineare Modell ist auf zwei verschiedene Arten
möglich. Die erste ist in natürlicher Weise gegeben, die zweite theoretisch umständlicher, praktisch aber anschaulicher und weiter ver-
breitet.

c_1)   Man probiert die Bedingungen der Reihe nach aus, d.h.:

$$x_{i1} = 1, \quad x_{i2} = \ldots = x_{ik} = 0, \qquad \text{für } i = 1,\ldots,n_1, \quad n_1 \geq 1,$$

$$x_{i1} = 0, \quad x_{i2} = 1, \quad x_{i3}=\ldots=x_{ik}=0, \text{ für } i=n_1+1,\ldots,n_1+n_2, \; n_2 \geq 1,$$

- -

$$x_{i1} =\ldots= x_{ik-1} = 0, \; x_{ik} = 1, \quad \text{für } i=\sum_{j=1}^{k-1} n_j+1,\ldots,n=\sum_{j=1}^{k} n_j, \; n_k \geq 1.$$

c_2)   Hier nimmt man zusätzlich eine stets als präsent angenommene
Einflußgröße an erster Stelle dazu, d.h. man hat

$$x_{i1} = 1 \qquad\qquad\qquad\qquad \text{für } i = 1,\ldots,n;$$

$$x_{i2} = 1, \quad x_{i3} = \ldots\ldots = x_{ik+1} = 0, \text{ für } i=1,\ldots,n_1, \; n_1 \geq 1$$

$$x_{i2} = 0, \quad x_{i3} = 1, \; x_{i4}=\ldots=x_{ik+1} = 0, \text{ für } i=n_1+1,\ldots,n_1+n_2, \; n_2 \geq 1,$$

- -

$$x_{i2} =\ldots= x_{ik} = 0, \; x_{ik+1} = 1, \quad \text{für } i=\sum_{j=1}^{k-1} n_j+1,\ldots,n=\sum_{j=1}^{k} n_j, \; n_k \geq 1,$$

bekommt also die Gleichungen

$$(*) \quad \begin{aligned} y_i &= \beta_1 + \beta_2 \quad + e_i, &&\text{für } i = 1,\ldots,n_1 \\ y_i &= \beta_1 + \beta_{j+1} + e_i, &&\text{für } j=2,\ldots,k \text{ und } i=\sum_{\nu=1}^{j-1} n_\nu+1,\ldots,\sum_{\nu=1}^{j} n_\nu. \end{aligned}$$

Offenbar läßt sich mit dem Ansatz (*) $(\beta_1,\ldots,\beta_{k+1})$ aus den Daten nicht
eindeutig schätzen, denn setzt man $\tilde{\beta}_1 := \beta_1 + c$ und $\tilde{\beta}_j = \beta_j - c$
$(j = 1,\ldots,k+1)$ für ein beliebiges $c \in \mathbb{R}$, so gilt (*) auch für
$(\tilde{\beta}_1,\ldots,\tilde{\beta}_{k+1})$, und ist dann $(\overline{\beta}_1,\ldots,\overline{\beta}_{k+1})$ ein Schätzer für $(\beta_1,\ldots,\beta_{k+1})$,

so werden sich alle Schätzer $(\bar{\beta}_1 + c, \bar{\beta}_2 - c, \ldots, \bar{\beta}_{k+1} - c)$, $c \in \mathbb{R}$, hinsichtlich aus (*) herleitbarer Eigenschaften nicht voneinander unterscheiden[+]. Die Eindeutigkeit muß daher durch Nebenbedingungen an die β_j erzwungen werden.

Man fordert in diesem Fall gemeinhin $\sum_{j=2}^{k+1} \beta_j = 0$ oder $\sum_{j=2}^{k+1} n_{j-1} \beta_j = 0$, um β_1 dann als allgemeinen Durchschnittswert der beobachtbaren Variablen zu interpretieren (in der Tat haben die angegebenen Nebenbedingungen im Fall $n_1 = \ldots = n_k$ etwa zur Folge, daß $\frac{1}{n} \sum_{i=1}^{n} E(y_i) = \beta_1$ gilt). Während bei der ersten Parametrisierung β_j den Erwartungswert der j-ten Behandlung darstellt, ist bei dieser zweiten Parametrisierung β_j der Betrag, um den der Erwartungswert der (j-1)-ten Behandlung vom Durchschnittswert aller Behandlungen abweicht.

Wir werden noch näher auf das Eindeutigkeitsproblem und allgemeine Nebenbedingungen der Form $H\beta = 0$ (mit einer Matrix H) eingehen.

1. 3   Die Methode der kleinsten Quadrate

Die Methode der kleinsten Quadrate ist vom geometrischen Standpunkt das natürlichste Vorgehen, um eine Schätzung des Vektors $\beta = (\beta_1, \ldots, \beta_k)'$ im Linearen Modell (LM) zu erhalten. Bezeichnet nämlich R(X) den linearen Teilraum des $\mathbb{R}^n$, der von den Spaltenvektoren von X aufgespannt wird (d.h. $R(X) := \{Xb;\ b \in \mathbb{R}^k\}$), so würde im Entartungs-

---

[+] Im Entartungsfall $\sigma^2 = 0$, $e_i \equiv 0$, $n_j = 1$ $(j=1,\ldots,k)$, bei dem das Problem darauf reduziert ist, ein lineares Gleichungssystem zu lösen, wird diese Unbestimmtheit unmittelbar klar, weil (*) nur k Gleichungen für k+1 Unbekannte liefert.

fall $(\sigma^2 = 0,\ e_i \equiv 0)$ $y \in R(X)$ gelten. Da im LM angenommen wird, daß diese im Prinzip richtige Beziehung nur durch Zufallsschwankungen der y_i gestört wird, liegt es nahe, y durch ein $\hat{y} \in R(X)$ zu ersetzen, welches einen möglichst kleinen Abstand von y hat, und dann $\hat{\beta}$ als Schätzung für β so zu bestimmen, daß $\hat{y} = X\hat{\beta}$ gilt.

Für dieses (auf Gauss und Legendre zurückgehende) Verfahren, das i. allg. auf die Lösung einer diskreten Approximationsaufgabe hinausläuft, sprechen darüberhinaus zwei Gründe:

1. Es erfordert in einer großen Klasse möglicher Verfahren den geringsten Rechenaufwand (sofern man den $\mathbb{R}^n$ mit dem üblichen euklidischen Abstand versieht).

2. Die auf die geschilderte Weise erhaltenen Schätzer $\hat{\beta}_j$ haben (falls sie eindeutig bestimmt sind) wünschenswerte statistische Eigenschaften (die noch besprochen werden).

Wählen wir als Metrik im $\mathbb{R}^n$ die vom euklidischen Skalarprodukt induzierte[+], so existiert nach dem Projektionstheorem ein eindeutig bestimmter Vektor $\hat{y} \in R(X)$ mit minimalem Abstand von y, nämlich das Bild $\hat{y}$ von y unter der orthogonalen Projektion auf $R(X)$ (siehe Abb. 1). Diese sei von nun ab mit $P_{R(X)}$ bezeichnet, so daß also $\hat{y} = P_{R(X)}(y)$ gilt.

Setzt man $S(y,b) := \| y - Xb \|^2 = (y-Xb)'(y-Xb) = \sum_{i=1}^{n} (y_i - \sum_{j=1}^{k} x_{ij}\, b_j)^2$, so ist also ein $\hat{\beta} \in \mathbb{R}^k$ gesucht mit

$$(*) \quad \sqrt{S(y,\hat{\beta})} = \min_{b\,\in\,\mathbb{R}^k} \sqrt{S(y,b)}$$

(wobei die Quadratwurzel auch auf beiden Seiten wegfallen kann, da $s \to \sqrt{s}$ eine monoton wachsende Funktion auf $\mathbb{R}^+$ ist). Nach dem Pro-

---

[+] D.h. zwei Vektoren $u, v \in \mathbb{R}^n$ haben definitionsgemäß den Abstand $\rho(u,v) := \| v - u \| = \sqrt{(v-u)'(v-u)}$.

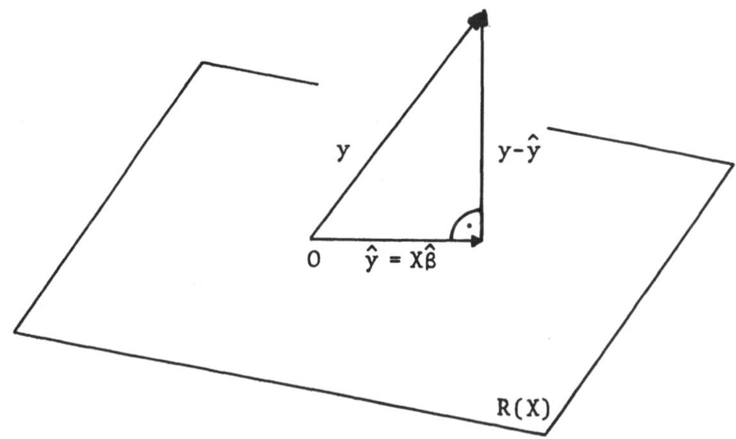

Abb. 1: Projektion von y auf R(X).

jektionstheorem existiert mindestens ein solches $\hat{\beta}$ und es gilt

$$\hat{y} = X\hat{\beta} = X\bar{\beta}$$

für jede Lösung $\bar{\beta}$ von (*), denn die Projektion ist eindeutig bestimmt.
Es bleibt zu fragen, wie man Lösungen erhält. Da $S(y,\cdot)$ offenbar dif-
ferenzierbar ist, sind notwendige Bedingungen leicht hergeleitet, denn
es gilt bekanntlich

$$\frac{\partial S}{\partial b} (y,\hat{\beta}) := (\frac{\partial S}{\partial b_1} (y,\hat{\beta}),\ldots,\frac{\partial S}{\partial b_k} (y,\hat{\beta}))' = 0$$

für jede Lösung $\hat{\beta}$ der Minimierungsaufgabe (*).

Wegen $S(y,b) = y'y - (Xb)'y - y'Xb + (Xb)'Xb = y'y - 2y'Xb + b'X'Xb$
ergibt sich nach kurzer Rechnung[+)]

$$\frac{\partial S}{\partial b} (y,b) = -2X'y + 2X'Xb$$

und daraus als notwendige Bedingung die sogenannten

[+)]Durch direktes Nachrechnen erhält man das Resultat, daß allgemein
für symmetrische Matrizen A und beliebige Matrizen z und C passender
Dimension die Gleichungen $\frac{\partial}{\partial b} (z'Cb) = C'z$ und $\frac{\partial}{\partial b} (b'Ab) = 2Ab$ gelten.

<u>Normalgleichungen (NGLN)</u>:

$$X'X\hat{\beta} = X'y \ .$$

Nach hinreichenden Bedingungen braucht man im Einzelfall nicht zu
suchen, wie der folgende Satz lehrt:

<u>Satz</u>:

Die Lösungen der Normalgleichungen sind identisch mit den Lösungen
des Minimierungsproblems (*).

<u>Beweis</u>:

Sei $\overline{\beta}$ eine beliebige feste Lösung der NGLN, dann gilt für $b \in \mathbb{R}^k$

$$\| y - Xb \|^2 = (y - X\overline{\beta} - X(b-\overline{\beta}))' \ (y - X\overline{\beta} - X(b-\overline{\beta}))$$

$$= \| y - X\overline{\beta} \|^2 + \| X(b-\overline{\beta}) \|^2 \ ,$$

weil

$$(y-X\overline{\beta})'X(b-\overline{\beta}) = y'Xb - y'X\overline{\beta} - \overline{\beta}'X'Xb + \overline{\beta}'X'X\overline{\beta}$$

$$= \overline{\beta}'X'Xb - \overline{\beta}'X'X\overline{\beta} - \overline{\beta}'X'Xb + \overline{\beta}'X'X\overline{\beta} = 0.$$

Daraus folgt, daß $\overline{\beta}$ eine Lösung des Minimierungsproblems (*) ist.

Ist andererseits $\hat{\beta}$ eine beliebige Lösung der Minimierungsaufgabe (*),
dann erfüllt es die NGLN, denn diese stellen eine notwendige Bedingung für die Minimierung dar.

Die NGLN sind offenbar genau dann eindeutig lösbar, wenn $(X'X)^{-1}$ existiert, d.h. wenn X Höchstrang k hat.[+)]
Obwohl beim Linearen Modell der Experimentator den Rang von X kontrol-
liert, wird in der Varianzanalyse, aus Gründen, die erst später er-

---

[+)] Für beliebiges X ist X'X bekanntlich eine positiv semidefinite Matrix vom gleichen Rang wie X.

sichtlich werden, fast immer wie im Spezialfall 1.2 c_2), ein X mit
Rangdefekt gewählt. Das sich daraus ergebende sog. Identifikationsproblem, welches in 1.2 schon angeschnitten wurde, behandeln wir ausführlich in 1.5.

Bei der Regressionsanalyse dagegen hat X in aller Regel vollen Rang,
so daß es sogar üblich ist (nicht ganz deckungsgleich mit der in 1.1
gegebenen Definition), den Fall "rg(X) = k" als Regressionsfall zu
bezeichnen.

In diesem Fall gibt es also genau einen Lösungsvektor der NGLN, nämlich

$$\overline{\beta} := (X'X)^{-1} X'y \;.^{+)}$$

Definition:

Gilt $rg(X) = k$, so heißt die Abbildung

$$\hat{\beta} : y \to \hat{\beta}(y) = (X'X)^{-1}X'y \quad (\text{bzw.} \quad \hat{\beta}_j : y \to \hat{\beta}_j(y))$$

Minimum-Quadrat-Schätzfunktion (auch Minimum-Quadrat-Schätzer oder
einfach MQS) für den Parametervektor β (bzw. für den Parameter β_j).

Satz:

Falls X vollen Rang hat, ist der MQS $\hat{\beta}$ ein linearer erwartungstreuer
Schätzer für β mit der Kovarianzmatrix $\sum_{\hat{\beta}} = \sigma^2 (X'X)^{-1}$.

[+)] $X^+ := (X'X)^{-1}X'$ heißt Pseudoinverse von X (man beachte, daß X i.allg.
nicht quadratisch ist). Allgemein (d.h., wenn X'X nicht notwendig invertierbar ist) bezeichnet man eine Matrix X^+, welche folgenden Bedingungen genügt
(i) $\quad (XX^+)' = XX^+, \quad (X^+X)' = X^+X;$
(ii) $\quad XX^+X = X \;;$
(iii) $\quad X^+XX^+ = X^+$
als Moore-Penrose-Pseudoinverse von X. Es läßt sich zeigen, daß eine
solche Matrix existiert und eindeutig ist. Die Theorie des Linearen
Modells kann sehr elegant unter dem zentralen Aspekt der Pseudoinversen
dargestellt werden (s. etwa die Monographie von Albert (1972)).

14

<u>Beweis</u>:

Es gilt

$$E(\hat{\beta}) = E\left[\,(X'X)^{-1}X'y\,\right] = E\left[\,(X'X)^{-1}X'\,(X\beta+e)\,\right]$$

$$= (X'X)^{-1}X'\,(X\beta+E(e)) = (X'X)^{-1}X'X\beta = \beta\ ,$$

und

$$\Sigma_{\hat{\beta}} = (X'X)^{-1}X'\,(\sigma^2 I)\,((X'X)^{-1}X')' =$$

$$(X'X)^{-1}X'\,(\sigma^2 I)\,X(X'X)^{-1} = \sigma^2(X'X)^{-1}\ ,$$

da $X'X$ symmetrisch und $\sigma^2 I$ mit jeder Matrix vertauschbar ist.   ⌋

$(X'X)^{-1}$ hat also nicht nur eine algebraische, sondern auch eine wichtige statistische Bedeutung.

Bei der Wahl von X sollte man - sofern nicht andere Überlegungen dagegen sprechen - so vorgehen, daß $X'X$ (und damit $(X'X)^{-1}$) eine Diagonalmatrix wird. Damit wird nicht nur die numerische Rechnung wesentlich vereinfacht, sondern man bekommt unkorrelierte MQS $\hat{\beta}_j$, die bei Normalitätsannahme $(\mathcal{W}(e) = N(0,\sigma^2 I))$ sogar unabhängig sind.

Bestimmen wir zum Abschluß die MQS bei der einfachen linearen Regression: Es war

$$y_i = \alpha+\beta\,(x_i-\overline{x}) + e_i \qquad (i = 1,\ldots,n), \qquad \text{d.h.}$$

$$X' = \begin{pmatrix} 1,\ldots,1 \\ x_1-\overline{x},\ldots,x_n-\overline{x} \end{pmatrix},\quad X'X = \begin{pmatrix} n\ , & 0 \\ 0\ , & \sum_{i=1}^{n}(x_i-\overline{x})^2 \end{pmatrix}\ .$$

$X'y = (n\overline{y},\ \sum_{i=1}^{n} y_i(x_i-\overline{x}))'$. Daraus ergeben sich als NGLN:

$$n\,\hat{\alpha} = n\,\overline{y}$$

$$\sum_{i=1}^{n}(x_i-\overline{x})^2\,\hat{\beta} = \sum_{i=1}^{n} y_i(x_i-\overline{x})\ .$$

Sie sind eindeutig lösbar, es gilt $rg(X) = 2$, wenn mindestens zwei der x_i voneinander verschieden sind.

Dann ergibt sich $\sum(x_i-\overline{x})^2 \neq 0$ und

$$\hat{\alpha} = \overline{y} \ , \qquad \hat{\beta} = \frac{\sum (x_i - \overline{x})(y_i - \overline{y})}{\sum (x_i - \overline{x})^2} = \frac{\sum (x_i - \overline{x}) \, y_i}{\sum (x_i - \overline{x})^2} \ .$$

Offensichtlich sind $\hat{\alpha}$ und $\hat{\beta}$ unkorreliert, und man erhält

$$\sigma_{\hat{\alpha}}^{\ 2} = \frac{\sigma^2}{n} \ , \qquad \sigma_{\hat{\beta}}^{\ 2} = \frac{\sigma^2}{\sum (x_i - \overline{x})^2} \ .$$

Durch die in Abschnitt 1.2 a) angegebene Umparametrisierung wird gerade erreicht, daß X'X Diagonalform erhält.

1.4 Der inhomogene Fall (Streuungszerlegung und Bestimmtheitsmaß)

Bei der expliziten Niederschrift der NGLN (zeilenweise) ist es zweckmäßig, sich der sog. empirischen Momente zu bedienen.

Definition:

Seien $a, b \in \mathbb{R}^n$ $(n \geq 2)$. Dann heißt:

(i) $\quad \overline{a} := \frac{1}{n} \sum a_i$ empirischer Mittelwert und

$\qquad s_a^{\ 2} := \frac{1}{n} \sum (a_i - \overline{a})^2$ empirische Varianz von a;

(ii) $\quad m_{a,b} := \frac{1}{n} \sum a_i b_i$ empirisches Produktmoment,

$\qquad s_{a,b} := \frac{1}{n} \sum (a_i - \overline{a})(b_i - \overline{b})$ empirische Kovarianz und

$\qquad r_{a,b} := \frac{s_{a,b}}{\sqrt{s_a^{\ 2} s_b^{\ 2}}}$ empirische Korrelation von a und b [+)].

Die empirischen Momente sind begrifflich zu unterscheiden von den allgemein in der Statistik üblichen Stichprobenmomenten, die formal ge-

---

[+)] Wir definieren generell $\frac{0}{0} := 0$, sofern nicht ausdrücklich etwas anderes vereinbart wird.

nauso definiert werden, von denen man aber nur sprechen sollte, wenn
die n Paare (a_i, b_i) tatsächlich eine Zufallsstichprobe einer zweidi-
mensionalen Verteilung darstellen. Es gelten die von den Stichprobenmomenten her bekannten nützlichen Formeln, deren wichtigsten wir hier
mit den Bezeichnungen

$$1 := (1,\ldots,1)' \qquad \text{(n Komponenten)}$$
$$\text{und} \qquad L := 11' \qquad \text{(n} \times \text{n-Matrix aus lauter Einsen)}$$

in einer dem linearen Modell adäquaten Schreibweise anführen:

<u>Lemma</u>:

(i) $\qquad \bar{a} = \frac{1}{n} a'1 = \frac{1}{n} 1'a, \quad m_{a,b} = \frac{1}{n} a'b = m_{b,a}$,

$\qquad\qquad s_{a,b} = \frac{1}{n} a'b - \frac{1}{n^2} a'Lb = \frac{1}{n} a'b - \bar{a}\bar{b} = s_{b,a}$,

$\qquad\qquad s_a^2 = s_{a,a} = \frac{1}{n} \| a \|^2 - \frac{1}{n^2} a'La$;

(ii) $\qquad a \rightarrow \bar{a}$ ist eine lineare, $(a,b) \rightarrow m_{a,b}$ und $(a,b) \rightarrow s_{a,b}$
$\qquad\qquad$ sind bilineare Abbildungen, $r_{\lambda a,b} = r_{a,\lambda b} = \text{sign}(\lambda) \cdot r_{a,b}$;

(iii) $\quad s_{a,\xi 1} = 0$ für alle $\xi \in \mathbb{R}$;

(iv) $\quad s_a^2 = 0 <=> a = \xi 1$ für ein $\xi \in \mathbb{R}$.

<u>Beweis</u>:
Trivial sind die Gleichungen $\bar{a} = \frac{1}{n} a'1$, $m_{a,b} = \frac{1}{n} a'b$, $s_a^2 = s_{a,a}$
und die Aussagen (ii), die unmittelbar aus (i), und (iii), die direkt
aus der Definition von $s_{a,\xi 1}$ folgen.
Ferner läßt sich $s_{a,b} = \frac{1}{n} \sum a_i b_i - \bar{a}\bar{b}$ leicht ausrechnen, so daß die
Darstellung von $s_{a,b}$ aus $\bar{a} = \frac{1}{n} a'1$ und $\bar{b} = \frac{1}{n} 1'b$ folgt.
Sei $s_a^2 = \frac{1}{n} \sum (a_i - \bar{a})^2 = 0$. Wegen $(a_i - \bar{a})^2 \geq 0$ muß dann $a_i - \bar{a} = 0$,
d.h. $a_i = \bar{a} =: \xi$ für alle i gelten. Wegen $s_a^2 = s_{a,a}$ und (iii)
ist damit auch (iv) bewiesen. $\quad\lrcorner$

In der multivariaten Statistik tritt häufig noch ein höher dimensionales Moment auf, der sog. multiple Korrelationskoeffizient. Auch hier ist zwischen dem echten und einem empirischen Koeffizienten zu unterscheiden.

<u>Definition:</u>

(i) Seien $u,v_1,\ldots,v_k$ Zufallsvariable, $v = (v_1,\ldots,v_k)'$. Dann heißt $\rho_{u;v} = \max\limits_{b \in \mathbb{R}^k} \mathrm{Korr}(u,b'v)$ multipler Korrelationskoeffizient zwischen der Zufallsvariablen u und dem Zufallsvektor v.

(ii) Sind $a,c_1,\ldots,c_k$ Vektoren des $\mathbb{R}^n$ und $C := (c_1,\ldots,c_k)$ (d.h. $c_j = j$-ter Spaltenvektor von $C)^{+)}$, so heißt $r_{a;c_1,\ldots,c_k} := \max\limits_{b \in \mathbb{R}^k} r_{a,Cb}$ empirischer multipler Korrelationskoeffizient zwischen dem Vektor a einerseits und den Vektoren $c_1,\ldots,c_k$ andererseits.

Man kann die empirischen Momente formal nach einem einheitlichen Prinzip gewinnen als die entsprechenden theoretischen Momente spezieller vom eingehenden Zahlenmaterial abhängiger Verteilungen bzw. Zufallsvariabler. Dieses Prinzip sei exemplarisch anhand der empirischen Größen $\bar{a}$, $s_{a,b}$ und $r_{a;c_1,\ldots,c_k}$ erläutert.[++]

<u>Lemma:</u>

Sei P die Gleichverteilung auf der Menge $N := \{1,\ldots,n\}$, dann gilt:

(i) $\bar{a} = E(u)$, sofern man zu $a = (a_1,\ldots,a_n)' \in \mathbb{R}^n$ auf N die Zufallsvariable u vermöge $u(i) := a_i$ definiert.

[+] Die i-te Komponente von c_j bezeichnen wir mit c_{ij}.

[++] Aufgrund der angegebenen Konstruktion lassen sich die meisten einschlägigen Aussagen über theoretische Momente auch unmittelbar auf die entsprechenden empirischen Momente übertragen.

(ii) $s_{a,b} = \text{Kov}(u_1, u_2)$, sofern man zu $a, b \in \mathbb{R}^n$ auf N den Zufallsvektor $(u_1, u_2)'$ vermöge $(u_1, u_2)'(i) := (a_i, b_i)'$ definiert.

(iii) $r_{a;c_1, \ldots, c_k} = \rho_{u;v}$, sofern man zu den (k+1) Vektoren
a,$c_1, \ldots, c_k$ des $\mathbb{R}^n$ auf N den (k+1)-dim. Zufallsvektor
$(u, v_1, \ldots, v_k)'$ vermöge $(u, v_1, \ldots, v_k)'(i) := (a_i, c_{i1}, \ldots, c_{ik})'$
definiert und dann $v = (v_1, \ldots, v_k)'$ setzt.

<u>Beweis</u>:

Mit $p_i := P(\{i\}) = \frac{1}{n}$ ergibt sich $E(u) = \sum a_i p_i = \frac{1}{n} \sum a_i = \bar{a}$ nach
Konstruktion von u in (i), ebenso wie $E(u_1) = \sum a_i p_i = \bar{a}$, $E(u_2) =$
$\sum b_i p_i = \bar{b}$ und $E(u_1 \cdot u_2) = \sum a_i b_i p_i = \frac{1}{n} a'b$, d.h. $\text{Kov}(u_1, u_2) =$
$E(u_1 \cdot u_2) - E(u_1) E(u_2) = s_{a,b}$ nach Konstruktion von (u_1, u_2) in (ii).

Analog erhält man $E(u) = \bar{a}$, $E(b'v) = \overline{Cb}$ und weiter $\text{Korr}(u, b'v) =$
$r_{a, Cb}$ für alle $b \in \mathbb{R}^k$ zum Beweis von (iii).   ⌋

Beim Linearen Modell ist das Zahlenmaterial zusammengefaßt in $x_1, \ldots, x_k$,
den Spaltenvektoren von X, und dem Beobachtungsvektor y. Man vereinfacht in diesem Fall die Schreibweise noch weiter zu

$$m_{ij} := m_{x_i, x_j}, \quad m_{iy} := m_{x_i, y} \quad \text{usw.}.$$

In dieser Terminologie ergibt sich

$$X'X = n \cdot \begin{pmatrix} m_{11}, \ldots, m_{1k} \\ \vdots \qquad \vdots \\ m_{k1}, \ldots, m_{kk} \end{pmatrix} \quad \text{und} \quad X'y = n \cdot (m_{1y}, \ldots, m_{ky})'.$$

Die Normalgleichungen

$$\sum_{j=1}^{k} m_{\nu j} \hat{\beta}_j = m_{\nu y} \qquad (\nu = 1, \ldots, k)$$

sollen nun im inhomogenen Fall weiter analysiert werden. Dieser Fall
ist dadurch charakterisiert, daß

$$(*) \qquad x_1 = 1 = (1,\ldots,1)'$$

gilt. Die Beispiele 1.2 a), b), c_2) fallen hierunter, nicht aber c_1).
Unter dieser Annahme gilt

$$m_{11} = \frac{1}{n}\, 1'1 = 1, \quad m_{1j} = \frac{1}{n}\, 1'x_j = \bar{x}_j, \quad m_{1y} = \frac{1}{n}\, 1'y = \bar{y} \;,$$

und die erste der NGLN ergibt

$$\hat{\beta}_1 + \bar{x}_2\,\hat{\beta}_2 + \ldots + \bar{x}_k\,\hat{\beta}_k = \bar{y}\;,$$

d.h. die empirischen Mittel erfüllen die lineare Beziehung exakt, wenn
der Parametervektor β durch eine Lösung $\hat{\beta}$ der NGLN ersetzt wird.
Die anderen NGLN lauten

$$\bar{x}_\nu\,\hat{\beta}_1 + \sum_{j=2}^{k} m_{\nu j}\,\hat{\beta}_j = m_{\nu y} \qquad (\nu = 2,\ldots,k).$$

Subtrahiert man das $\bar{x}_\nu$-fache der ersten von der ν-ten Gleichung
($\nu = 2,\ldots,k$), so ergibt sich ein in der Dimension reduziertes lineares Gleichungssystem

$$\sum_{j=2}^{k} s_{\nu j}\,\hat{\beta}_j = s_{\nu y} \qquad (\nu = 2,\ldots,k)$$

für $\hat{\beta}_2,\ldots,\hat{\beta}_k$, aus denen man dann $\hat{\beta}_1 = \bar{y} - \sum_{j=2}^{k} \bar{x}_j\,\hat{\beta}_j$ (erste Gleichung)
berechnet, was für die numerische Praxis eine ziemliche Arbeitserspar-
nis bedeuten kann.

Weiter bekommt man als wichtigste statistische Konsequenz aus ($*$) die
sog. Streuungszerlegung, die wir im Folgenden darlegen.

Allgemein hat man im Linearen Modell mit

$$\hat{e} := y - \hat{y} \qquad \text{(dem sog. Vektor der Residuen)}$$

die Zerlegung

$$y'y = \hat{y}'\hat{y} + \hat{e}'\hat{e} \quad \text{bzw.} \quad \|y\|^2 = \|\hat{y}\|^2 + \|\hat{e}\|^2$$

(Satz des Pythagoras), weil $\hat{e}$ zu $\hat{y}$ orthogonal ist.

20

In $y = \hat{y} + \hat{e}$ nennt man $\hat{y}$ den Anteil von y, der von den kontrollierten
Variablen (d.h. von X) "erklärt" wird, und $\hat{e}$ den unerklärten Rest von y.
Im inhomogenen Fall (d.h. wenn (*) erfüllt ist) bekommt man zusätzlich
eine für den Statistiker sehr viel interessantere Streuungszerlegung.
Zunächst ergibt sich dann wegen $1'X\hat{\beta} = 1'y$ (erste Normalgleichung)
die Beziehung $1'\hat{y} = 1'y$ oder $\bar{\hat{y}} = \bar{y}$, was gleichwertig ist mit $\bar{\hat{e}} = 0$.

Daß die Summe der Residuen Null ergibt, ist an sich schon eine bemerkenswerte Eigenschaft der Methode der kleinsten Quadrate (man denke
etwa an die einfache lineare Regression: die Ordinatenabweichungen
der Punkte von der angepaßten Geraden sind im Durchschnitt Null).
Weiter folgt daraus: $n \cdot s_y^2 = y'y - n\bar{y}^2 = y'y - n\bar{\hat{y}}^2 = y'y - n\bar{\hat{y}}^2 - n\bar{\hat{e}}^2$
und aufgrund des eben erwähnten Satzes des Pythagoras:

$$n \cdot s_y^2 = \hat{y}'\hat{y} - n\bar{\hat{y}}^2 + \hat{e}'\hat{e} - n\bar{\hat{e}}^2 \; ,$$

d.h. man erhält die

<u>Streuungszerlegung</u>:

$$s_y^2 = s_{\hat{y}}^2 + s_{\hat{e}}^2 \; ,$$

bzw. in üblicher statistischer Sprechweise:
Der erklärte Anteil der Streuung und die unerklärte Reststreuung addie-
ren sich zur Gesamtstreuung der Beobachtungswerte.
Die Streuungszerlegung legt die Definition einer Größe nahe, die den
Anteil der erklärten Streuung zur Gesamtstreuung angibt.

<u>Definition</u>:
Im inhomogenen Fall heißt

$$R^2 := \frac{s_{\hat{y}}^2}{s_y^2}$$

das Bestimmtheitsmaß.
Der Praktiker mißt dem Bestimmtheitsmaß nicht ohne Grund große Bedeu-

tung bei, denn offenbar gilt:

(i) $\quad R^2 = 1 - \dfrac{s_{\hat{e}}^2}{s_y^2}$;

(ii) $\quad 0 \leq R^2 \leq 1$;

(iii) $\quad R^2 = 1 \iff s_{\hat{e}}^2 = 0$;

(iv) $\quad R^2 = 0 \iff s_y^2 = s_{\hat{e}}^2$.

In der Sprechweise der einfachen linearen Regression heißt das: optimale Anpassung bei $R^2 = 1$ ("X erklärt alles")[+], bzw. X liefert keinen Anteil zur Variabilität von y bei $R^2 = 0$. Allgemein gilt, je kleiner R^2, desto größer ist die Streuung der Residuen im Vergleich zur Gesamtstreuung, d.h. desto größer ist der Einfluß des Zufalls auf die Variabilität der Beobachtungswerte, so daß man R^2 als ein Maß für den Erklärungswert des gewählten Linearen Modells betrachten kann[++]. Andererseits sollte man die Aussagekraft von R^2 aus folgendem Grund nicht überschätzen: Wenn die kontrollierten Größen auch nur geringfügig zur Variabilität der Beobachtungswerte beitragen, läßt sich durch starke Variation der Zeilenvektoren von X der erklärte Anteil $s_{\hat{y}}^2$ und damit die Gesamtstreuung s_y^2 im Prinzip beliebig groß machen, während der (vom Zufall gesteuerte) unerklärte Anteil $s_{\hat{e}}^2$ wegen $\mathrm{Var}(e_i) = \sigma^2$ stets in derselben Größenordnung bleibt und durch Wahl von X nicht beeinflußt werden kann. (Beim Beispiel der einfachen linearen Regression ist dies unmittelbar anschaulich klar.) Insofern ist der Wert von R^2 entscheidend vom Experimentierbereich abhängig und damit kein ideales Maß für die Güte der Anpassung des Modells an die Daten. Im Ein-

---

[+]D.h. in diesem Fall in der Tat: alle Punkte (x_i, y_i) liegen auf der geschätzten Geraden.

[++]Bzw. dafür, wie genau die abhängige von den kontrollierten Variablen bestimmt ist (daher "Bestimmtheitsmaß").

zelfall sollte man R^2 daher nur unter Einbeziehung der Datenermittlung
interpretieren. Ein Vergleich etwa zweier linearer Ansätze hinsichtlich Erklärungswert mittels R^2 ist nur dann sinnvoll, wenn bei der Erhebung der beiden Datensätze die kontrollierten Variablen in beiden
Fällen ungefähr demselben Bereich entstammen.

Für $R := \sqrt{R^2}$ findet man häufig die Bezeichnung "empirischer multipler
Korrelationskoeffizient" (mitunter leider auch für R^2 selbst). Dies
hat seine Ursache in folgendem

<u>Satz</u>:

Im inhomogenen Fall gilt

(i) $\quad R = r_{y,\hat{y}}$;

(ii) $\quad R = r_{y;x_1,\ldots,x_k}$ (insbesondere also $r_{y,\hat{y}} = \max\limits_{b \in \mathbb{R}^k} r_{y,Xb}$),
$\quad$ falls X vollen Rang hat.

<u>Beweis</u>:

(i) folgt aus $\bar{y} = \bar{\hat{y}}$ und der Orthogonalitätsbeziehung $(y-\hat{y})'\hat{y} =$
$= \hat{e}'\hat{y} = 0$, d.h. $y'\hat{y} = \hat{y}'\hat{y}$, denn damit gilt

$$s_{y,\hat{y}} = \frac{1}{n} y'\hat{y} - \bar{y}\bar{\hat{y}} = \frac{1}{n}\hat{y}'\hat{y} - \bar{\hat{y}}^2 = s_{\hat{y}}^2 \geq 0$$

und

$$r_{y,\hat{y}} = \frac{s_{y,\hat{y}}}{\sqrt{s_y^2 s_{\hat{y}}^2}} = \sqrt{\frac{s_{\hat{y}}^2}{s_y^2}} = R \; .$$

(ii) Da $\hat{y} \in R(X)$, gilt $R = r_{y,\hat{y}} \leq r_{y;x_1,\ldots,x_k}$ aufgrund der Definition
von $r_{y;x_1,\ldots,x_k}$. Der Beweis für $r_{y;x_1,\ldots,x_k} \leq r_{y,\hat{y}}$ ist etwas
umständlicher und soll, weil dieses Resultat hier nicht benötigt
wird, unterbleiben. (Ein Beweis ist in Anderson (1958) enthalten).⌋

1. 5   <u>Der Satz von Gauß-Markoff und das Identifikationsproblem</u>

Wenn X vollen Rang hat, so gibt es - wie in 1.3 gezeigt - genau eine
Lösung $\hat{\beta}$ der NGLN. Sie stellt einen linearen erwartungstreuen Schätzer
(LES) für β mit der Kovarianzmatrix $\Sigma_{\hat{\beta}} = \sigma^2 (X'X)^{-1}$ dar.
Ohne die Voraussetzung des vollen Ranges haben wir bisher nur geome-
trische bzw. algebraische, jedoch nicht statistische Eigenschaften der
Methode der kleinsten Quadrate studiert. Es fragt sich, ob ohne Zu-
satzvoraussetzungen überhaupt ein LES für β existiert, d.h. ob β im
Sinne der nachstehenden Definition (linear) schätzbar ist.

<u>Definition:</u>
Ist $\theta \in \Gamma \subset \mathbb{R}^s$ Parameter eines statistischen Modells, der die Verteilung der Stichprobe (eindeutig) bestimmt[+], und $g : \Gamma \to \tilde{\Gamma} \subset \mathbb{R}^q$
$(s,q \in \mathbb{N})$ eine Abbildung auf dem Parameterbereich, so heißt θ bzw. $g(\theta)$

(i)   schätzbar, wenn es einen erwartungstreuen Schätzer dafür gibt,
d.h. wenn eine (meßbare) Abbildung f auf dem Stichprobenraum
$(\mathbb{R}^n)$ mit Werten in Γ bzw. $\tilde{\Gamma}$ existiert, so daß $E_\theta f = \theta$ bzw.
$E_\theta f = g(\theta)$ für alle $\theta \in \Gamma$ gilt;

(ii)   linear schätzbar, wenn ein f mit den in (i) genannten Eigenschaften existiert, welches linear in y ist.

Da beim LM naturgemäß lineare Funktionen und lineare Schätzbarkeit im
Mittelpunkt des Interesses stehen, wollen wir uns der folgenden, in
der einschlägigen Literatur allgemein üblichen Konvention anschließen:
Beim Linearen Modell heißt

(i)   jede lineare Funktion von β mit Werten in einem $\mathbb{R}^q$ $(q \in \mathbb{N})$[++]

[+] Wir bezeichnen diese dann mit $w_\theta(y)$.

[++] Bekanntlich sind genau die Funktionen $f : \mathbb{R}^k \to \mathbb{R}^q$ linear, die
sich in der Form $f(\beta) = C\beta$ mit einer $q \times k$-Matrix C darstellen lassen.

eine (q-dimensionale) parametrische Funktion;

(ii)   eine linear (in y) schätzbare parametrische Funktion auch (schlicht) schätzbare Funktion.

Wir interessieren uns beim LM für die k Parameter $\beta_1, \ldots, \beta_k$. Durch diese allein wird jedoch die Verteilung der Stichprobe y i.allg. nicht spezifiziert sein, sondern es werden je nach Verteilungsannahme noch weitere (sog. Nebenparameter) auftreten (z.B. σ^2). Bisher wurde über die Verteilung von y nur $E(e) = 0$, $\Sigma_e = \sigma^2 I$, d.h. $E(y) = X\beta$, $\Sigma_y = \sigma^2 I$ vorausgesetzt. Sofern es sich um (Punkt-) Schätzungen parametrischer Funktionen handelt, d.h. in der Theorie der schätzbaren Funktionen, kommt man damit auch aus.

Um jedoch den engen Zusammenhang zwischen der Schätzbarkeit und der (weiter unten definierten) Identifizierbarkeit parametrischer Funktionen zeigen zu können, wollen wir zusätzlich annehmen, daß die Verteilung von y durch $\beta = (\beta_1, \ldots, \beta_k)'$ und einem weiteren endlich-dimensionalen Vektor $\eta \in V_t \subset \mathbb{R}^t$, insgesamt also von einem Parameter

$$\theta = \binom{\beta}{\eta} \in \Gamma = \mathbb{R}^k \times V_t \subset \mathbb{R}^s \qquad (s > k)$$

bestimmt ist,[+] so daß überdies für alle β, $\tilde{\beta}$, η mit $\binom{\beta}{\eta}$, $\binom{\tilde{\beta}}{\eta} \in \Gamma$ gilt:

$$(*) \qquad X\beta = X\tilde{\beta} \Rightarrow W_{\binom{\beta}{\eta}}(y) = W_{\binom{\tilde{\beta}}{\eta}}(y). \quad [++]$$

[+] Jede parametrische Funktion $\psi = C\beta$ läßt sich dann in natürlicher Weise als eine auf Γ definierte Abbildung auffassen ($\psi \binom{\beta}{\eta} = C\beta$), wovon wir häufig ohne besonderen Hinweis Gebrauch machen werden.

[++] Die Bedingung (*) besagt, daß für jeden festen Vektor η von Nebenparametern die Verteilung der Stichprobe y nur über $X\beta$ von β abhängt. Sie ist wegen $y = X\beta + e$ z.B. erfüllt, wenn die Verteilung von e unabhängig von β durch den endlich-dimensionalen Parameter η bestimmt ist. Zur Konstruktion von Tests und Konfidenzbereichen wird in der Theorie des Linearen Modells ohnehin die Normalitätsannahme ($W_{\sigma^2}(e) = N(0, \sigma^2 I)$) gemacht (sog. klassisches Lineares Modell, vgl. v.a. Abschnitt 1.9).

Die Frage, unter welchen Bedingungen $\beta = (\beta_1, \ldots, \beta_k)'$ schätzbar ist, läßt sich schnell dadurch beantworten, daß man die hinreichende Bedingung "rg(X) = k" auch als notwendig nachweist: Sei $\tilde{\beta} = Ay$ ein LES für β. Dann ist A eine $k \times n$-Matrix, und es gilt $E_\theta(\tilde{\beta}) = \beta$ für alle $\theta = \binom{\beta}{\eta} \in \Gamma$, d.h. $\beta = E_\theta(Ay) = A\,E_\theta(y) = A(X\beta + E_\theta e) = AX\beta$ für alle $\beta \in \mathbb{R}^k$. Daraus ergibt sich $AX = I_k$ und folglich rg(X) = k wegen $\mathrm{rg}(I_k) = k$, $\mathrm{rg}(AX) \leq \mathrm{rg}(X)$. Es ist also $\beta = (\beta_1, \ldots, \beta_k)'$ genau dann schätzbar, wenn X vollen Rang hat.

Die Nicht-Schätzbarkeit des Koeffizientenvektors β im Falle eines positiven Rangdefektes erweist sich als sozusagen duale Eigenschaft zu seiner Nicht-Identifizierbarkeit im Sinne der nachstehenden

Definition:

Ist $\theta \in \Gamma$ Parameter eines statistischen Modells, der die Verteilung der Stichprobe bestimmt, und $g : \Gamma \to \tilde{\Gamma}$ eine Abbildung auf dem Parameterbereich, so heißt θ (bzw. $g(\theta)$) identifizierbar, wenn für alle $\theta, \tilde{\theta} \in \Gamma$ gilt:

$$\theta \neq \tilde{\theta} \ (\text{bzw.} \ \ g(\theta) \neq g(\tilde{\theta})) \ \Rightarrow \ \mathcal{W}_\theta(y) \neq \mathcal{W}_{\tilde{\theta}}(y).$$

Beim Linearen Modell ergibt sich unter unserer Zusatzannahme ein sehr einfaches Kriterium für Identifizierbarkeit.

Lemma:

Eine parametrische Funktion ψ ist genau dann identifizierbar, wenn für alle $\theta = \binom{\beta}{\eta}$, $\tilde{\theta} = \binom{\tilde{\beta}}{\tilde{\eta}} \in \Gamma$ mit $\eta = \tilde{\eta}$ gilt:

$$\psi(\theta) \neq \psi(\tilde{\theta}) \ \Rightarrow \ X\beta \neq X\tilde{\beta} \ .$$

Beweis:

Sei ψ identifizierbar. Für $\theta = \binom{\beta}{\eta}$ und $\tilde{\theta} = \binom{\tilde{\beta}}{\eta}$ mit $\psi(\theta) \neq \psi(\tilde{\theta})$ gilt dann nach Definition der Identifizierbarkeit $\mathcal{W}_\theta(y) \neq \mathcal{W}_{\tilde{\theta}}(y)$

und daher $X\beta \neq X\tilde{\beta}$ wegen (*). Gilt umgekehrt $\psi(\theta) \neq \psi(\tilde{\theta})$, für $\theta = \binom{\beta}{\eta}$, $\tilde{\theta} = \binom{\tilde{\beta}}{\tilde{\eta}} \in \Gamma$, dann ist auch $\theta' := \binom{\tilde{\beta}}{\eta} \in \Gamma$ und es gilt, da ψ eine parametrische Funktion ist, $\psi(\theta') = \psi(\tilde{\theta})$, somit $\psi(\theta) \neq \psi(\theta')$ und $E_\theta y = X\beta \neq X\tilde{\beta} = E_{\theta'} y = E_{\tilde{\theta}} y$, folglich $W_\theta(y) \neq W_{\tilde{\theta}}(y)$. ⌋

Ein ebenso einfaches Kriterium erhält man für die Schätzbarkeit parametrischer Funktionen.

Lemma:

Eine (q-dimensionale) parametrische Funktion $\psi = C\beta$ ist genau dann schätzbar, wenn es eine $q \times n$-Matrix A gibt mit $C = AX$ (d.h. wenn ψ von β nur über $X\beta$ linear abhängt).

Beweis:

Sei $\psi = C\beta$ schätzbar. Dann gibt es einen linearen Schätzer $\tilde{\psi} = Ay$ für ψ mit einer $q \times n$-Matrix A, der erwartungstreu ist, d.h. für den $E_\theta \tilde{\psi} = \psi$ für alle $\theta = \binom{\beta}{\eta} \in \Gamma$, also $AX\beta = A E_\theta y = E_\theta \tilde{\psi} = \psi = C\beta$ für alle $\beta \in \mathbb{R}^k$ gilt, und man erhält $C = AX$.

Gilt umgekehrt $C = AX$, so folgt $E_\theta Ay = AX\beta = C\beta = \psi$, und man hat einen LES für ψ gefunden. ⌋

Satz:

Eine parametrische Funktion ist genau dann schätzbar, wenn sie identifizierbar ist.

Beweis:

Sei $\psi = C\beta$ parametrische Funktion (etwa q-dim.). Ist ψ schätzbar, so gilt nach dem Lemma $\psi = AX\beta$. Für $\theta = \binom{\beta}{\eta}$, $\tilde{\theta} = \binom{\tilde{\beta}}{\tilde{\eta}} \in \Gamma$ und $\psi(\theta) \neq \psi(\tilde{\theta})$ erhält man also $AX\beta \neq AX\tilde{\beta}$, d.h. $X\beta \neq X\tilde{\beta}$ und somit nach dem Lemma auf S. 25 die Identifizierbarkeit von ψ.

Setzt man umgekehrt voraus, daß ψ identifizierbar ist, so gilt (kontrapositive Formulierung des Kriteriums) für alle $\theta = \binom{\beta}{\eta}$, $\tilde{\theta} = \binom{\tilde{\beta}}{\tilde{\eta}} \in \Gamma$ mit $\eta = \tilde{\eta}$ die Implikation

$$X\beta = X\tilde{\beta} \Rightarrow \psi(\theta) = \psi(\tilde{\theta}) \; ;$$

d.h. für alle $\beta, \tilde{\beta} \in \mathbb{R}^k$ hat man:

$$X (\beta-\tilde{\beta}) = 0 \Rightarrow C (\beta-\tilde{\beta}) = 0 .$$

Die k-dim. Zeilenvektoren χ_i von C sind folglich orthogonal zu all den Vektoren $\gamma(=\beta-\tilde{\beta})$ des $\mathbb{R}^k$, die senkrecht auf R(X'), dem von den Zeilen von X aufgespannten linearen Teilraum des $\mathbb{R}^k$, stehen. Das ist aber nur möglich, wenn die χ_j selbst im Zeilenraum von X liegen, d.h. wenn es zu jedem $j \in \{1,\ldots,q\}$ ein $a_j \in \mathbb{R}^n$ gibt mit $a_j'X = \chi_j'$. Setzt man $A := (a_1,\ldots,a_q)'$ (q × n-Matrix), so gilt offenbar $AX = C$, d.h. ψ ist schätzbar. ⌐

Aus dem Satz ergibt sich, daß sowohl Schätzbarkeit als auch Identifizierbarkeit stärkere Eigenschaften von parametrischen Funktionen sind, als man der Definition unmittelbar entnehmen kann. Insbesondere für den Koeffizientenvektor β selbst bedeutet Nicht-Schätzbarkeit im Falle eines positiven Rangdefektes von X gerade Nicht-Identifizierbarkeit, eine Eigenschaft also, die schon definitionsgemäß viel genauer das Dilemma umreißt, welches etwa beispielhaft in 1.2 c_2) beschrieben wird und im Entartungsfall ($\sigma^2 = 0$) darin besteht, daß ein lineares Gleichungssystem keine eindeutige Lösung mehr besitzt. Bei sinnvollem Vorgehen muß man sich daher auf Schätzung identifizierbarer parametrischer, d.h. schätzbarer Funktionen beschränken. Bei $rg(X) = k$ bedeutet das allerdings keine Einschränkung, denn man hat in $\hat{\beta} = Dy$ mit $D := (X'X)^{-1}X'$ einen LES für β und daher offenbar in $\hat{\psi} := C\hat{\beta} = CDy$ einen LES für jede parametrische Funktion $\psi = C\beta$.

Auch im allgemeinen Fall ist für schätzbares $\psi = C\beta$ der von der Methode der kleinsten Quadrate nahegelegte Schätzer $\hat{\psi} := C\hat{\beta}$ (mit einer beliebigen Lösung $\hat{\beta}$ der NGLN) wohldefiniert, denn wegen $C = AX$ hängt

28

$\hat{\psi} = AX\hat{\beta} = A\hat{y}$ nur über das eindeutig bestimmte $\hat{y} = P_{R(X)}(y) = X\hat{\beta}$ von $\hat{\beta}$ ab[+)].

Dieser Schätzer $\hat{\psi}$ (bzw. die Methode der kleinsten Quadrate) erfährt eine (weitere) statistische Rechtfertigung im folgenden Satz von Gauß-Markoff dadurch, daß er als eindeutig bestimmter Schätzer mit (komponentenweise) kleinster Varianz charakterisiert wird.

<u>Lemma</u>:

Sei $\psi = c'\beta$ mit $c \in \mathbb{R}^k$ eine (eindimensionale) schätzbare Funktion. Dann gibt es genau einen LES $a^{*}{}'y$ von ψ mit $a^{*} \in R(X)$. Für einen beliebigen LES $\tilde{\psi} = a'y$ ist a^{*} die orthogonale Projektion von a auf $R(X)$.

<u>Beweis</u>:

Da ψ schätzbar ist, existiert ein LES $\tilde{\psi} = a'y$. Man setze $a^{*} :=$ $P_{R(X)}(a)$ und $\tilde{a} := a - a^{*}$. Dann ist $E(a^{*}{}'y)^{++)} = E(a-\tilde{a})'y = E(a'y) - E(\tilde{a}'y) = \psi - \tilde{a}'X\beta = \psi$ (da $\tilde{a} \perp R(X)$), d.h. $a^{*}{}'y$ LES für ψ. Hat man ein beliebiges ${}^{*}a \in R(X)$ mit $E_\theta {}^{*}a'y = \psi(\theta)$ für alle $\theta = \binom{\beta}{\eta} \in \Gamma$, so folgt $0 = E_\theta(a^{*}{}'y) - E_\theta({}^{*}a'y) = (a^{*}-{}^{*}a)'X\beta$ für alle $\beta \in \mathbb{R}^k$, d.h. $a^{*}-{}^{*}a$ steht senkrecht auf $R(X)$; andererseits liegt aber $a^{*}-{}^{*}a$ in dem linearen Teilraum $R(X)$ des $\mathbb{R}^n$, so daß $a^{*}-{}^{*}a = 0$, d.h. ${}^{*}a = a^{*}$ gelten muß.   ⌐

<u>Satz von Gauß-Markoff</u>:

Jede (eindimensionale) schätzbare Funktion $\psi = c'\beta$ ($c \in \mathbb{R}^k$) hat einen eindeutig bestimmten, linearen erwartungstreuen Schätzer $\hat{\psi}$ mit minimaler

---

[+)] Zwar ist A durch die Beziehung C=AX nicht eindeutig bestimmt, aber aus AX=ÃX folgt, daß die Zeilenvektoren von A-Ã senkrecht auf R(X) stehen. Daraus ergibt sich $\hat{\psi} = AX\hat{\beta} = A\hat{y} = [A+(\tilde{A}-A)]\hat{y} = \tilde{A}\,\hat{y}$.

[++)] Der Parameter $\theta \in \Gamma$ wird weggelassen, wenn kein Mißverständnis zu erwarten ist.

Varianz in der Menge aller linearen erwartungstreuen Schätzer für ψ.
Dieser berechnet sich als $\hat{\psi} = c'\hat{\beta}$, wobei $\hat{\beta}$ irgendeine Lösung der
NGLN ist[+)].

Beweis:

Für einen beliebigen linearen Schätzer gilt

$$\text{Var}(a'y) = a'\, \Sigma_y\, a = \sigma^2\, a'I\, a = \sigma^2\, a'a = \sigma^2\, \|a\|^2 .$$

Ist nun $\tilde{\psi} = a'y$ irgendein LES für ψ (wegen der Schätzbarkeit von ψ
existiert mindestens einer) und $\hat{\psi} := a^{*\prime}y$ mit $a^* = P_{R(X)}(a)$, dann
ist $\hat{\psi}$ linear und erwartungstreu, und man erhält unter Benutzung des
Satzes von Pythagoras $(a - a^* \perp a^*)$:

$$\text{Var}(\tilde{\psi}) = \sigma^2\, \|a\|^2 = \sigma^2\, \|a-a^*\|^2 + \sigma^2\, \|a^*\|^2 \geq \sigma^2\, \|a^*\|^2 = \text{Var}(\hat{\psi}).$$

Nach dem vorhergehenden Lemma hängt a^* nicht von der speziellen Wahl
von a, sondern nur von ψ ab, womit die Eigenschaft der Minimalvarianz
bewiesen ist. Gilt $\text{Var}(\tilde{\psi}) = \text{Var}(\hat{\psi})$, d.h.

$$\sigma^2\, \|a-a^*\|^2 + \sigma^2\, \|a^*\|^2 = \sigma^2\, \|a^*\|^2 ,$$

so folgt (wegen $\sigma^2 > 0$)

$$\|a - a^*\|^2 = 0 , \qquad \text{also} \quad a = a^* .$$

Bleibt $a^{*\prime}y = c'\hat{\beta}$ für eine beliebige Lösung $\hat{\beta}$ der NGLN zu zeigen.
Wegen $y - \hat{y} \perp R(X) \ni a^*$ gilt für $\hat{y} = X\hat{\beta} = P_{R(X)}(y)$:

$$a^{*\prime}y = a^{*\prime}(y-\hat{y}) + a^{*\prime}\hat{y} = a^{*\prime}\hat{y} = a^{*\prime}X\hat{\beta} = c'\hat{\beta} ,$$

da man $c'\beta = E_{\binom{\beta}{\eta}} a^{*\prime}y = a^{*\prime}X\beta$ für alle $\beta \in \mathbb{R}^k$ und somit $c' = a^{*\prime}X$
hat.

[+)] Explizit kann man $\hat{\psi}$ mit Hilfe der Pseudoinversen X^+ angeben als $\hat{\psi} = c'X^+y$, da $XX^+ = P_{R(X)}$ (d.h. $X\hat{\beta} = \hat{y} = XX^+y$) gilt (s.z.B. Albert (1972), S. 20), und $c' = a'X$ wegen der Schätzbarkeit von ψ.

<u>Definition</u>:

Ist $\psi = C\beta$ eine beliebige (q-dim.) schätzbare Funktion, so heißt der nach dem (komponentenweise angewandten) Satz von Gauß-Markoff eindeutig bestimmte Schätzer $\hat{\psi}$ der Gauß-Markoff-Schätzer (GMS) für ψ[+].

<u>Korollar</u>:

Sei ψ eine q-dimensionale schätzbare Funktion und D eine $t \times q$-Matrix. Dann ist $\phi := D\psi$ eine schätzbare Funktion mit dem Gauß-Markoff-Schätzer $\hat{\phi} = D\hat{\psi}$.

<u>Beweis</u>:

Nach dem Kriterium für Schätzbarkeit parametrischer Funktionen gilt $\psi = AX\beta$ und ist somit $\phi = DAX\beta$ schätzbar. Ferner hat man $\hat{\psi} = AX\hat{\beta}$ und $\hat{\phi} = DAX\hat{\beta}$ also $\hat{\phi} = D\hat{\psi}$. $\qquad\qquad\lrcorner$

Das Identifikationsproblem kann, wie sich gezeigt hat, durch Beschränkung auf schätzbare Funktionen umgangen werden. Damit ist dem Praktiker, falls $rg(X) = r < k$ gilt, aber nicht immer gedient, da man häufig doch den gesamten Koeffizientenvektor β schätzen will. In praxi findet man daher meistens Nebenbedingungen der Form $H\beta = 0$, welche die möglichen Vektoren β auf einen linearen Teilraum $L_H := \{\beta \in \mathbb{R}^k ; H\beta = 0\}$ des $\mathbb{R}^k$ einschränken (H ist eine $t \times k$-Matrix) und i.allg. nicht willkürlich gewählt, sondern in natürlicher Weise durch spezielle Parametrisierung eines Problems gegeben sind. Ein solches Vorgehen, bei dem zunächst gar nicht klar ist, unter welchen Bedingungen an H das Identifikationsproblem auch tatsächlich gelöst wird, läßt sich theoretisch auf zweierlei Weise deuten bzw. präzisieren.

[+] Für $\psi = \beta$ stimmt also der GMS mit dem MQS überein; ferner gilt offenbar $\hat{\psi} = C\hat{\beta}$ bzw. $\hat{\psi} = CX^+y$ allgemein.

a) Man schränkt den Parameterbereich Γ ein auf $\Gamma_H := \{(\begin{smallmatrix}\beta\\\eta\end{smallmatrix}) \in \Gamma; \ H\beta = 0\}$
so daß β nur noch aus dem linearen Teilraum $L_H = \{\beta : H\beta = 0\}$ zulässig ist.

Es ist leicht zu sehen, daß unter der allgemeinen Voraussetzung (*)
das Kriterium über Identifizierbarkeit weiterhin gültig bleibt, sofern
man in ihm nur Γ durch Γ_H ersetzt.

Es muß also durch Bedingungen an H die Gültigkeit der Implikation
"$\beta \neq \tilde{\beta}$ => $X\beta \neq X\tilde{\beta}$" (bzw. kontrapositiv: "$X\beta = X\tilde{\beta}$ => $\beta = \tilde{\beta}$") für alle
$\beta, \tilde{\beta} \in L_H$ gesichert werden, damit $\beta \in L_H$ identifizierbar ist. Die
folgende Bedingung ist dafür offenbar notwendig und hinreichend:

(B1*)   In L_H gibt es genau eine Lösung des Gleichungssystems $Xb = 0$

       (nämlich $b = 0 \in L_H$).

Man wird in aller Regel verlangen, daß durch die Einschränkung $\beta \in L_H$
die Menge der Erwartungswertvektoren nicht verringert werde. Deshalb
ist es naheliegend, für eine Matrix H

(B1)   Aus $Xb = 0$ und $Hb = 0$ folgt $b = 0$ und

       $\{Xb; \ b \in \mathbb{R}^k\} = \{Xb; \ Hb = 0, \ b \in \mathbb{R}^k\}$

zu fordern.

b) Man behält den ursprünglichen Parameterbereich Γ bei und versucht
vermöge der Familie

$$X\psi = X\beta, \quad H\psi = 0, \quad \beta \in \mathbb{R}^k \ ,$$

von Gleichungssystemen eine identifizierbare, d.h. schätzbare Funktion
$\psi = \psi\,(\begin{smallmatrix}\beta\\\eta\end{smallmatrix})$ (die nur von β abhängt) implizit zu definieren und dann in
dem GMS für ψ eine wohlbestimmte Lösung der NGLN auszuzeichnen. Damit
ψ bei solchem Verfahren zunächst nur als Abbildung wohldefiniert ist,
muß offenbar erfüllt sein:

(B2)   Das Gleichungssystem

       $X\psi = X\beta, \quad H\psi = 0$ ist für alle $\beta \in \mathbb{R}^k$ eindeutig lösbar.

Es ist leicht nachzuweisen, daß die beiden Bedingungen (B1) und (B2)

einander äquivalent sind. Beide sind nicht leicht nachprüfbar. Wir
geben zunächst äquivalente, aber einfachere an.

<u>Lemma</u>:

Ist $rg(X) = r < k$, H eine $t \times k$-Matrix und setzt man $G := \binom{X}{H}$
$((n+t) \times k$-Matrix), so ist jede der beiden Aussagen

(B3) $rg(G) = k$ und $R(X') \cap R(H') = \{0\}$;

(B4) $rg(G) = k$ und $rg(H) = k-r$[+)]

mit (B2) äquivalent.

<u>Beweis</u>:

α) Um die Äquivalenz von (B2) und (B3) zu zeigen, weisen wir zunächst
die Bedingung "$R(X') \cap R(H') = \{0\}$" als hinreichend und notwendig
für die Existenz einer Lösung des Gleichungssystems $G\beta = \binom{\zeta}{0}$ (mit
$\zeta \in R(X)$) aus (B2) nach.

Dazu fassen wir die ersten n Komponenten eines Vektors $z \in \mathbb{R}^{n+t}$ zu
dem Vektor $z^{(n)} \in \mathbb{R}^n$ und die letzten t zu $z^{(t)} \in \mathbb{R}^t$ zusammen (also
$z = \binom{z^{(n)}}{z^{(t)}}$).

Dann sind in der folgenden Kette von Aussagen offenbar jeweils zwei
aufeinanderfolgende äquivalent:

(α_1) Es existiert eine Lösung von $G\beta = \binom{\zeta}{0}$ für alle $\zeta \in R(X)$;

(α_2) $\binom{\zeta}{0} \in R(G)$ für alle $\zeta \in R(X)$;

(α_3) $z \perp R(G) \Rightarrow z \perp \binom{\zeta}{0}$ für alle $\zeta \in R(X)$;

(α_4) $G'z = 0 \Rightarrow z'\binom{\zeta}{0} = 0$ für alle $\zeta \in R(X)$;

(α_5) $X'z^{(n)} + H'z^{(t)} = 0 \Rightarrow z^{(n)'}\zeta = 0 = \zeta'z^{(n)}$ für alle $\zeta \in R(X)$;

(α_6) $X'z^{(n)} + H'z^{(t)} = 0 \Rightarrow X'z^{(n)} = 0$.

[+)] Im allg. wird H daher genau k-r Zeilen haben (d.h. $t = k-r$ gelten),
da man sich nicht mit überflüssigen (von den übrigen linear abhängigen)
Nebenbedingungen zu belasten braucht.

Mit anderen Worten existiert eine Lösung genau dann, wenn aus $X'z^{(n)} = -H'z^{(t)}$ folgt, daß $X'z^{(n)}$ der Nullvektor (des $\mathbb{R}^k$) ist, also wenn $R(X') \cap R(H') = \{0\}$ gilt.

Ferner ist diese bekanntlich genau dann eindeutig, wenn der Rang der Koeffizientenmatrix des Gleichungssystems mit der Anzahl der "Unbekannten" übereinstimmt, also wenn $rg(G) = k$ gilt.

β) Bleibt etwa "(B3) <=> (B4)" zu zeigen.

Aus der linearen Algebra ist bekannt, daß Vektoren $\xi_1,\ldots,\xi_m$ eines $\mathbb{R}^d$ genau dann linear abhängig sind, wenn einer der Vektoren sich als Linearkombination der übrigen darstellen läßt. Als eine einfache Folgerung daraus (deren Beweis dem Leser überlassen sei) ergibt sich:

β_1) Sind $\xi_1,\ldots,\xi_r$, $\xi_{r+1},\ldots,\xi_m$ aus einem $\mathbb{R}^d$, so daß $\xi_1,\ldots,\xi_r$, und $\xi_{r+1},\ldots,\xi_m$ jeweils für sich linear unabhängig sind, so sind die Vektoren $\xi_1,\ldots,\xi_m$ genau dann linear abhängig, wenn es einen Vektor $\gamma \in \mathbb{R}^d$ mit $\gamma \neq 0$ gibt, der Linearkombination sowohl der $\xi_1,\ldots,\xi_r$ als auch der $\xi_{r+1},\ldots,\xi_m$ ist.

β_2) Setzt man nun voraus, daß $rg(G) = k$ gilt, so folgt zunächst einmal trivialerweise $rg(H) \geq k-r$ und aus $rg(H) > k-r$ dann $R(X') \cap R(H') = \{0\}$ mit β_1), kontrapositiv also die Implikation "$R(X') \cap R(H') = \{0\} \Rightarrow rg(G) = k-r$".

β_3) Gilt umgekehrt $rg(H) = k-r$ (und weiterhin $rg(G) = k$), so gibt es offenbar k linear unabhängige Spalten $\chi_1,\ldots,\chi_k$ von $G' = (X',H')$, so daß die ersten r von X' und die letzten k-r von H' stammen. Jede Linearkombination aus Spalten von X' (bzw. H') ist dann als Linearkombination allein der $\chi_1,\ldots,\chi_r$ (bzw. der $\chi_{r+1},\ldots,\chi_k$) darstellbar und für ein $\gamma \in R(X') \cap R(H')$ folgt $\gamma = 0$ wegen der linearen Unabhängigkeit der $\chi_1,\ldots,\chi_k$.

34

<u>Satz</u>:

Gilt (B2), so ist die durch $X\psi = X\beta$, $H\psi = 0$ dann wohldefinierte
parametrische Funktion $\psi : \binom{\beta}{\eta} \to \psi(\beta)$ schätzbar (d.h. insbesondere
identifizierbar).
Der Gauß-Markoff-Schätzer $\hat{\psi}$ stimmt mit derjenigen (eindeutigen) Lösung
$\check{\beta}$ [+] der NGLN überein, die den Nebenbedingungen $H\check{\beta} = 0$ genügt[++].

<u>Beweis</u>:

Mit $G = \binom{X}{H}$ ist ψ eindeutige Lösung von $G\psi = \binom{X\beta}{0}$. Daher gilt
(Multiplikation von links mit G') $G'G\psi = G'\binom{X\beta}{0}$, d.h. wegen $G'G =$
$(X',H') \binom{X}{H} = X'X + H'H$ und $G'\binom{X\beta}{0} = (X',H') \binom{X\beta}{0} = X'X\beta$ gilt
$\psi = (X'X + H'H)^{-1}X'X\beta$, denn bekanntlich ist $rg(G'G) = rg(G) = k$ nach
dem Lemma und somit $G'G = X'X + H'H$ invertierbar. Nach dem Kriterium
für Schätzbarkeit und dem Satz von Gauß-Markoff ist also ψ schätzbar
mit dem GMS $\hat{\psi} = (X'X + H'H)^{-1}X'X\hat{\beta}$, wobei $\hat{\beta}$ beliebige Lösung der NGLN.
Andererseits sind Lösungen $\check{\beta}$ der NGLN, die den Nebenbedingungen genügen
offenbar doch genau die Lösungen des Systems $X\check{\beta} = X\hat{\beta}$, $H\check{\beta} = 0$ d.h.
von $G\check{\beta} = \binom{X\hat{\beta}}{0}$ für irgendeine Lösung $\hat{\beta}$ der NGLN ($X\hat{\beta} = \hat{y}$ ist eindeutig
bestimmt), so daß dieselbe Argumentation, die zu $\psi = (X'X + H'H)^{-1}X'X\beta$
führte, hier $\check{\beta} = (X'X + H'H)^{-1}X'X\hat{\beta}$ ergibt. $\quad\quad\quad$ ⌐

[+]Wir wählen hier wieder ein Symbol (nämlich $\check{\beta}$), das auf β hinweist,
weil für den Praktiker letzten Endes β selbst vermöge der Nebenbedingungen identifizierbar gemacht und in $\check{\beta}$ eine Lösung der NGLN ausgezeichnet wird.   In diesem Zusammenhang sei darauf hingewiesen, daß Nebenbedingungen der Form $H\beta = 0$, die (B2) erfüllen, in der Tat beide In-
terpretationen - a) und b) - zulassen, da (B1) und (B2) äquivalent sind.

[++]Unter Benutzung von $X\hat{\beta} = \hat{y} = XX^{+}y$ und der im Beweis hergeleiteten
Gleichung $\check{\beta} = (X'X + H'H)^{-1}X'X\hat{\beta}$ berechnet sich $\check{\beta}$ explizit als $\check{\beta} =$
$(X'X + H'H)^{-1}X'X \ X^{+}y = (X'X + H'H)^{-1}X'y$ (die Gleichheit folgt unmit-
telbar aus den X^{+} definierenden Beziehungen auf S. 13).

1. 6   Kanonische Darstellung des Linearen Modells und erwartungs-
treue Schätzung von σ^2

Bisher haben wir uns um σ^2, den einzigen im allgemeinen LM auftretenden
Nebenparameter, nicht gekümmert. Es ist aber wichtig, auch die Varianz
σ^2 zu schätzen, da sie in die Berechnung der Kovarianzmatrix des GMS'
$\hat{\psi}$ jeder schätzbaren Funktion ψ eingeht. Wegen der Linearität von $\hat{\psi}$
gilt nämlich $\hat{\psi} = A^* y$ mit einer Matrix A^* und daher

$$\textstyle\sum_{\hat{\psi}} = A^* \textstyle\sum_y A^{*\prime} = A^* \sigma^2 I \, A^{*\prime} = \sigma^2 \, A^* A^{*\prime} \, .$$

Nun sind Punktschätzungen ohne jede Angabe über die Größenordnung des
dabei auftretenden Fehlers i.allg. von nur geringem Aussagewert, so
daß man wenigstens simultan die Varianz (bzw. im mehrdimensionalen
Fall die Kovarianzmatrix) schätzen sollte. Sofern möglich, sind Be-
reichsschätzungen, d.h. Konstruktion von Konfidenzbereichen, wünschenswert. Sie sind allerdings nur unter einer hinreichend einschränkenden
Verteilungsannahme herleitbar. Für das LM werden wir später die Normalitätsannahme $\mathcal{W}_{\sigma^2}(e) = N(0, \sigma^2 I)$ machen. Es ist intuitiv klar,
daß man um eine Schätzung des in diesem Fall einzigen Nebenparameters
zur Konstruktion von Tests oder Konfidenzbereichen nicht herumkommt.
Zunächst haben wir in $\tilde{s}^2 := \frac{1}{n} \hat{e}'\hat{e} = \frac{1}{n} \sum_{i=1}^{n} \hat{e}_i^2$, der durchschnittlichen
quadratischen Abweichung der Beobachtungen (y_i) von den aus dem line-
aren Ansatz und der Methode der kleinsten Quadrate sich ergebenden
Näherungswerte $(\hat{y}_i)$, einen plausiblen Schätzer für den auf die Fehler-
komponente zurückzuführenden Anteil der Variabilität, d.h. präziser
für σ^2. Es fragt sich nur zunächst, ob dieser erwartungstreu ist, oder,
falls nicht, wie man ihn normieren muß, um einen erwartungstreuen
Schätzer für σ^2 zu erhalten.
Zur Berechnung von $E(\tilde{s}^2)$ bedienen wir uns der sog. kanonischen Darstellung des LM, die im wesentlichen eine Koordinatendarstellung der
Vektoren des $\mathbb{R}^n$ bezüglich einer dem Problem (d.h. der Matrix X) ange-

paßten Basis bedeutet und beweistechnisch häufig von großem Nutzen ist.

Definition:

Sei $rg(X) = r \leq k$. Eine Orthonormalbasis $p_1, \ldots, p_n$ des $\mathbb{R}^n$ mit der Eigenschaft, daß das System $p_1, \ldots, p_r$ eine Basis von R(X) bildet, heißt eine kanonische Basis für das Lineare Modell[+].

Da jeder Vektor $a \in \mathbb{R}^n$ identisch ist mit seinem Koordinatenvektor bezüglich der Basis $q_j := (\delta_{1j}, \ldots, \delta_{nj})'$ [++] $(j = 1, \ldots, n)$, läßt sich eine Koordinatendarstellung bzgl. irgendeiner Basis als Koordinatentransformation (d.h. Basiswechsel) wie auch als lineare Abbildung vom $\mathbb{R}^n$ in sich interpretieren.

Ist nun $p_j = (p_{1j}, \ldots, p_{nj})'$, $j = 1, \ldots, n$, eine kanonische Basis des Linearen Modells, so wird bei der Koordinatendarstellung der Vektoren des $\mathbb{R}^n$ bzgl. dieser Basis (also der kanonischen Darstellung) insbesondere dem Zufallsvektor y vermöge $z = P^{-1}y = P'y$, d.h. als Bild der orthogonalen Transformation $P' = (p_1, \ldots, p_n)$ [+++], ein Zufallsvektor z zugeordnet. Im Hinblick auf die Interpretation als Basiswechsel ist klar, daß jeder Vektor aus R(X) bei der Transformation P' in einen Vektor übergeht, bei dem höchstens die ersten r, und jeder zu R(X) orthogonale Vektor in einen, bei dem höchstens die letzten n-r Komponenten von Null verschieden sind.

[+] Eine solche Basis existiert nach dem bekannten Satz und Konstruktionsverfahren von Erhard Schmidt stets.

[++] Es sei an die Definition des Kroneckersymbols $\delta_{ij} = \begin{cases} 1, & i=j \\ 0, & i \neq j \end{cases}$ erinnert. q_i ist also der Einheitsvektor des $\mathbb{R}^n$, dessen Komponenten an der Stelle i gleich Eins und sonst gleich Null sind.

[+++] Wir beziehen uns auf den folgenden, für jeden endlich-dimensionalen Vektorraum V_n gültigen Sachverhalt: Es seien $a_1, \ldots, a_n$ und $b_1, \ldots, b_n$ zwei beliebige Basissysteme und $\xi \in V_n$ mit $\xi = \sum \xi_i^* a_i$.

Insbesondere erhält man

$$E\,z = E\,P'y = P'Ey = P'X\beta = (\eta_1,\dots,\eta_r,\ 0,\dots,0)'$$

mit gewissen reellen η_i.

Infolge der Orthogonalität von P' ändert sich die Kovarianzmatrix von y bei Anwendung der Transformation nicht:

$$\Sigma_z = \Sigma_{P'y} = P'\,\Sigma_y\,P = \sigma^2\,P'P = \sigma^2\,I.$$

Es ergibt sich also

$$E\,z_i{}^2 = Var(z_i) = \sigma^2 \qquad \text{für}\quad i \geq r+1.$$

Aus der Zerlegung

$$y = \hat{y} + \hat{e}\quad \text{mit}\quad \hat{y}\in R(X)\quad \text{und}\quad \hat{e}\perp R(X)$$

erhält man nach Transformation mit P' die Gleichung

$$z = P'y = P'\hat{y} + P'\hat{e} \qquad \text{mit}$$

$P'\hat{y} = (\zeta_1,\dots,\zeta_r,\ 0,\dots,0)'$ und $P'\hat{e} = (0,\dots,0,\ \zeta_{r+1},\dots,\zeta_n)'$
für gewisse reelle ζ_i $(i = 1,\dots,)$.

Es muß daher $z_i = \zeta_i$ $(i = 1,\dots,n)$ und insbesondere $P'\hat{e} = (0,\dots,0,\ z_{r+1},\dots,z_n)'$ gelten, woraus mit $P'P = I = PP'$ auf $\hat{e}'\hat{e} = \hat{e}'PP'\hat{e} = (P'\hat{e})'P'\hat{e} = \sum_{i=r+1}^{n} z_i{}^2$ und weiter auf

$$E(\hat{e}'\hat{e}) = \sum_{i=r+1}^{n} E(z_i{}^2) = (n-r)\,\sigma^2$$

geschlossen werden kann.

Dann transformiert sich der Koordinatenvektor $\xi^* := (\xi_1{}^*,\dots,\xi_n{}^*)' \in \mathbb{R}^n$ beim Basiswechsel (von $a_1,\dots,a_n$ zu $b_1,\dots,b_n$) zum Koordinatenvektor ${}^*\xi = ({}^*\xi_1,\dots,{}^*\xi_n)' \in \mathbb{R}^n$ (d.h. $\xi = \sum {}^*\xi_i\,b_i$) in der Form ${}^*\xi = T^{-1}\xi^*$, wobei die Spalten der sog. Transformationsmatrix T gerade die Koordinatenvektoren der neuen Basis $(b_1,\dots,b_n)$ bzgl. der alten $(a_1,\dots,a_n)$ darstellen. Ist V_n euklidisch (d.h. mit einem eukl. Skalarprodukt versehen), und sind beide Basissysteme orthonormiert (beides ist bei uns erfüllt), so ist T orthogonal, d.h. es gilt $T^{-1} = T'$.

Man muß also $\tilde{s}^2$ mit $\frac{n}{n-r}$ normieren und hat in

$$s^2 \ := \ \frac{1}{n-r} \ \hat{e}'\hat{e} \ = \ \frac{1}{n-r} \ \sum_{i=1}^{n} \ \hat{e}_i^{\ 2}$$

einen plausiblen und erwartungstreuen Schätzer für σ^2 gefunden[+].

Die Menge $\tilde{\mathbb{R}}^n \ := \ \{\Phi; \ \Phi : \mathbb{R}^n \to \mathbb{R}, \ \Phi(y) = a'y, \ a \in \mathbb{R}^n\}$ der Linearformen auf dem $\mathbb{R}^n$ ist - versehen mit der üblichen Addition und skalaren Multiplikation - bekanntlich ein dem $\mathbb{R}^n$ isomorpher Vektorraum (der sog. Dualraum), wobei ein natürlicher Isomorphismus τ gerade in der Zuordnung $\mathbb{R}^n \ni a \to \tau(a) := \Phi$ mit $\Phi(y) = a'y$ (kurz: $a <-> a'y$) besteht.

Definiert man in $\tilde{\mathbb{R}}^n$ das Skalarprodukt zweier Linearformen Φ_1, Φ_2 durch das der entsprechenden Koeffizientenvektoren (d.h. der Urbilder $\tau^{-1}(\Phi_1)$, $\tau^{-1}(\Phi_2)$), so ist dann τ offenbar sogar eine Isometrie, so daß Orthogonalität von Vektoren bzw. von Teilräumen erhalten bleibt. Die weiter oben eingeführten sog. kanonischen Variablen $z_1, \ldots, z_n$ sind Linearformen in den Daten ($z_i(y) = P_i'y$) und stellen als Bilder der (kanonischen) Basisvektoren $p_1, \ldots, p_n$ unter der Isometrie τ gerade eine Orthonormalbasis des $\mathbb{R}^n$ dar.

[+] Unter schwachen zusätzlichen Voraussetzungen über die Fehler (stochastische Unabhängigkeit der e_i und Gültigkeit von $E(\frac{e_i^2}{\sigma^2})^2 = 3$ für alle i), insbesondere unter der Normalitätsannahme erweist sich s^2 als eindeutig bestimmte Schätzfunktion kleinster Varianz in der Menge aller erwartungstreuen, quadratischen Schätzfunktionen für σ^2. Dabei heißt eine Schätzfunktion quadratisch, wenn sie eine positiv semidefinite quadratische Form $y'My$ in den Daten darstellt (den Beweis findet man z. B. bei Rao (1952), S. 27-42). s^2 ist im angegebenen Sinn eine quadratische Schätzfunktion, da sich $\hat{e}'\hat{e}$ mit Hilfe der Projektionsmatrix XX^+ wegen $\hat{e} = y-\hat{y} = y-XX^+y = (I-XX^+)y$ und $\hat{e}'\hat{e} = (y-\hat{y})'\hat{e} = y'\hat{e} = y'(I-XX^+)y$ als quadratische Form in den Daten darstellen läßt (positiv semidefinit wegen $\hat{e}'\hat{e} = \| \hat{e} \|^2 \geq 0$).

<u>Definition</u>:

Der von $z_1,\ldots,z_r$ aufgespannte lineare Teilraum des $\widetilde{\mathbb{R}}^n$ wird Schätzer-raum (estimation space) und der von $z_{r+1},\ldots,z_n$ aufgespannte wird Fehlerraum (error space) genannt.

Der Schätzerraum ist offenbar das Bild von R(X) unter τ, so daß er und sein orthogonales Komplement[+] (der Fehlerraum) nicht von der Wahl der speziellen kanonischen Basis abhängen. Die Bezeichnungen der beiden Teilräume als Schätzer- bzw. Fehlerraum beziehen sich auf die folgende Charakterisierung:

<u>Satz</u>:

Der Schätzerraum besteht genau aus den eindimensionalen Gauß-Markoff-Schätzern und der Fehlerraum[++] genau aus den linearen Schätzern Φ mit $E_\theta(\Phi) = 0$ für alle $\theta = (\begin{smallmatrix}\beta\\\eta\end{smallmatrix}) \in \Gamma$.

<u>Beweis</u>:

In 1.5 wurde bewiesen, daß der GMS für eine eindimensionale schätzbare Funktion ψ gegeben ist als $\hat{\psi} = a^{*\prime}y$ mit $a^* \in R(X)$ und $a^* = P_{R(X)}(a)$ für alle LES $a'y$.

Für beliebiges $a^* \in R(X)$ ist andererseits $\hat{\psi} = a^{*\prime}y$ GMS für ein schätzbares ψ, nämlich für $\psi := a^{*\prime}X\beta$, da $\hat{\psi}$ LES für ψ mit $P_{R(X)}(a^*) = a^*$.
Insgesamt folgt, daß die Menge aller eindimensionalen GMS übereinstimmt mit dem Teilraum $\{\Phi;\ \Phi(y) = a^{*\prime}y,\ a^* \in R(X)\} = \tau(R(X))$ des $\widetilde{\mathbb{R}}^n$, der gerade von $z_1,\ldots,z_r$ aufgespannt wird.

[+] Ist L Teilraum eines euklidischen Vektorraumes, so bezeichnet man als orthogonales Komplement $L^\perp$ die Menge aller zu L orthogonalen Vektoren (diese stellt einen Teilraum dar).

[++] Der Fehler e und damit jede Linearform a'e hat den Erwartungswert 0.

Der Fehlerraum ist Bild von $R(X)^{\perp}$ unter τ, so daß $\Phi = a'y$ genau dann im Fehlerraum liegt, wenn $a' \in R(X)^{\perp}$ gilt. Daher liegt $\Phi \in \widetilde{\mathbb{R}}^n$ genau dann im Fehlerraum, wenn $E_{\theta}\Phi = a'E_{\theta}y = a'X\beta = 0$ für alle $\theta = \binom{\beta}{\eta} \in \Gamma$ gilt. $\quad\quad\quad\lrcorner$

1. 7 Die multivariate Normalverteilung und mit ihr zusammenhängende Prüfverteilungen

In der bisherigen Theorie des Linearen Modells, die sich im wesentlichen mit Schätzungen auseinandersetzte, traten Momente, aber keine Verteilungen auf.

Zur Vorbereitung auf das Studium des klassischen Linearen Modells (in 1.9), das die Konstruktion von Tests und Konfidenzbereichen unter der Normalitätsannahme beinhaltet, werden wir uns in diesem und dem nächsten Paragraphen mit den dabei benötigten Verteilungen, nämlich der multivariaten Normal-, der χ^2-, der F- und der t-Verteilung beschäftigen.

1.7.1 Die multivariate Normalverteilung

Bekannt sein dürfte die standardisierte Normalverteilung $N(0,1)$ mit der Dichte

$$x \longrightarrow \frac{1}{\sqrt{2\pi}}\ e^{-\frac{1}{2}x^2} =: n(0,1;x), \quad x \in \mathbb{R}.$$

Wegen der Symmetrie dieser Dichte verschwinden alle Momente ungerader Ordnung, d.h. ist u eine reelle Zufallsvariable mit $\mathscr{W}(u) = N(0,1)$, so gilt $E(u^{2n-1}) = 0$ für alle $n \in \mathbb{N}$. Wir rekapitulieren einige weitere, später benötigte Aussagen über die Standard-Normalverteilung:

$$Var(u) = E(u^2) = 1 \;;$$

$$E(u^4) = 3 \quad (\text{allgemein:} \quad E(u^{2n}) = \prod_{\nu=1}^{n} (2\nu-1)$$

$$\text{für alle} \quad n \in \mathbb{N}) \;;$$

$$Var(u^2) = E(u^4) - (Eu^2)^2 = 3-1 = 2 \;;$$

$$Kov(u,u^2) = E(u^3) - (Eu)(Eu^2) = 0$$

(man beachte jedoch, daß u und u^2 nicht unabhängig sind).

Definition:

Sei v ein d-dimensionaler Zufallsvektor. Die Verteilung von v heißt
(multivariate) Normalverteilung, falls es ein $a \in \mathbb{R}^d$, s insgesamt
unabhängige standard-normalverteilte Zufallsvariable $u_1,\ldots,u_s$ und
eine $d \times s$-Matrix A gibt mit $\tilde{v} := Au + a$ und $\mathcal{W}(v) = \mathcal{W}(\tilde{v})$.

Aus der Definition folgt wegen $Eu = 0$, $\Sigma_u = I_s$:

$$Ev = E\tilde{v} = A\,Eu + a = a$$

$$\Sigma_v = \Sigma_{\tilde{v}} = A\,I_s\,A' = AA'.$$

Es ist üblich, die ersten beiden Momente einer multivariaten Normalverteilung in die Bezeichnung mit einzubeziehen, und für die Verteilung
von v das Symbol $N(a,\Sigma)$ zu verwenden. Diese Bezeichnung ist insofern
gerechtfertigt, als die beiden ersten Momente einer multivariaten Normalverteilung diese Verteilung eindeutig bestimmen. Wir führen diesen
Nachweis mit dem Hilfsmittel der charakteristischen Funktion.
Jedem d-dimensionalen Zufallsvektor v läßt sich durch die Vorschrift

$$t \longrightarrow \phi_v(t) := E\,(e^{it'v})^{+)} \in \mathbb{C} \;\; (i:=\sqrt{-1}), \; t \in \mathbb{R}^d,$$

ebenso wie im eindimensionalen Fall eine charakteristische Funktion

---

$^{+)}$D.h. nach Definition des Erwartungswertes komplexer Zufallsvariabler:
$\phi_v(t) = E(\cos(t'v)) + i\,E(\sin(t'v)).$

zuordnen, die aufgrund angenehmer analytischer Eigenschaften und eines Eindeutigkeitssatzes[+] ein geeignetes Instrument zum Studium der Verteilung von v darstellt. Für $u = (u_1, \ldots, u_s)'$ mit insgesamt unabhängigen und standard-normalverteilten Komponenten u_j gilt offenbar

$$\phi_u(\tau) = E\left(e^{i\tau'u}\right) = E\left(e^{i\sum_1^s \tau_j u_j}\right) = E\left(\prod_{j=1}^s e^{i\tau_j u_j}\right)$$

$$= \prod_{j=1}^s E\left(e^{i\tau_j u_j}\right) \overset{++)}{=} \prod_{j=1}^s e^{-\frac{\tau_j^2}{2}} = e^{-\frac{1}{2}\sum_j \frac{\tau_j^2}{2}} = e^{-\frac{1}{2}\tau'\tau} .$$

Daraus ergibt sich

$$\phi_v(t) = E\left(e^{it'v}\right) = E\, e^{it'(Au+a)} = e^{it'a}\, E e^{it'Au}$$

$$= e^{it'a}\, E e^{i(A't)'u} = e^{it'a}\, e^{-\frac{1}{2}t'AA't}$$

$$= e^{it'a - \frac{1}{2}t'\Sigma t} .$$

Aus dieser Form der charakteristischen Funktion und dem eben zitierten Eindeutigkeitssatz folgt unmittelbar, daß eine multivariate Normalverteilung durch ihre beiden Parameter a und Σ bestimmt ist.

Die Klasse der Normalverteilungen hat viele angenehme Eigenschaften. Zwei der wichtigsten entnimmt man dem anschließenden Theorem.

<u>Satz</u>:

Sei v ein d-dimensionaler Zufallsvektor mit $\mathcal{W}(v) = N(a,\Sigma)$.

a)   Ist B eine $r \times d$-Matrix und $b \in \mathbb{R}^r$, so gilt $\mathcal{W}(w) = N(Ba+b, B\,\Sigma\,B')$

[+] Wir führen diesen wie auch manche andere Sätze aus der Wahrscheinlichkeitstheorie hier ohne Beweis an. Der interessierte Leser sei auf die einschlägige Literatur verwiesen. Der Eindeutigkeitssatz für charakteristische Funktionen besagt, daß zwei Verteilungen mit gleichen charakteristischen Funktionen übereinstimmen.

[++] Hier wird die charakteristische Funktion $\tau \to e^{-\frac{\tau^2}{2}}$, $\tau \in \mathbb{R}$ der Standard-Normalverteilung als bekannt vorausgesetzt. Man berechnet sie mittels (hier möglicher) Differentiation unter dem Integral und partieller Integration oder mit Hilfe des Residuensatzes der Funktionentheorie.

für w := Bv + b. Insbesondere sind alle (auch die mehrdimensionalen) Randverteilungen einer Normalverteilung wieder Normalverteilungen.

b) Sind die Komponenten von v paarweise unkorreliert, so sind sie sogar insgesamt unabhängig.

<u>Beweis</u>:

a) folgt unmittelbar aus der Definition.

b) Wir benutzen die folgende (mit dem Eindeutigkeitssatz) leicht zu beweisende Aussage über charakteristische Funktionen:

Seien $\phi_1,\dots,\phi_d$ die charakteristischen Funktionen der reellen Zufallsvariablen $v_1,\dots,v_d$ und ϕ die charakteristische Funktion von v := $(v_1,\dots,v_d)'$; genau dann sind die v_j insgesamt unabhängig, wenn $\phi(t) = \prod_{j=1}^{d} \phi_j(t_j)$ für alle $t = (t_1,\dots,t_d)' \in \mathbb{R}^d$ gilt.

In unserem Fall gilt $\mathscr{W}(v) = N(a,\Sigma)$ mit $\Sigma = \begin{pmatrix} \sigma_1^2 & & 0 \\ & \ddots & \\ 0 & & \sigma_d^2 \end{pmatrix}$ (wegen der Unkorreliertheit) also

$$\phi_v(t) = e^{it'a - \frac{1}{2} t'\Sigma t} = e^{i\sum_j t_j a_j - \frac{1}{2} \sum_j \sigma_j^2 t_j^2}$$

$$= \prod_{j=1}^{d} e^{it_j a_j - \frac{1}{2} \sigma_j^2 t_j^2}.$$

Nun ergibt sich $\mathscr{W}(v_j) = N(a_j,\tau_j^2)$ für $j = 1,\dots,d$ leicht aus a), und es ist wegen der offensichtlichen Gültigkeit von $\phi_{v_j}(t_j) = e^{it_j a_j - \frac{1}{2}\sigma_j^2 t_j^2}$ (j = 1,\dots,d) alles gezeigt. ∎

Da es zu positiv semidefiniter Matrix M eine Matrix A mit M = AA' gibt[+], tritt offenbar jede solche als Kovarianzmatrix von Normalver-

---

[+] Die Charakterisierung der positiv semidefiniten (bzw. positiv definiten) Matrizen als von der Form AA' mit quadratischer (bzw. invertierbarer) Matrix A folgt unmittelbar aus dem bekannten Satz über Hauptachsentransformation symmetrischer Matrizen.

teilungen auf. Diese besitzen eine d-dimensionale Dichte, sofern M
sogar positiv definit, d.h. invertierbar ist.

<u>Satz</u>:

Ist v ein d-dimensionaler Zufallsvektor mit $\mathcal{W}(v) = N(a,\Sigma)$, so gilt:
v besitzt genau dann eine Dichte, wenn Σ positiv definit ist, und in
diesem Fall stellt

$$x \longrightarrow (2\pi)^{-\frac{d}{2}} (\det \Sigma)^{-\frac{1}{2}} e^{-\frac{1}{2}(x-a)'\Sigma^{-1}(x-a)} =: n(a,\Sigma;x), \quad x \in \mathbb{R}^d$$

eine Dichte von v dar.

<u>Beweis</u>:

α) "$\Leftarrow$" : Man hat $\Sigma = AA'$ mit einer $d \times d$-Matrix A und die Darstellung v = Au + a, wobei die Komponenten von u insgesamt unabhängig und
standard-normalverteilt sind. u hat demnach die Dichte

$$z \longrightarrow (2\pi)^{-\frac{d}{2}} e^{-\frac{1}{2}z'I_d z}, \quad z \in \mathbb{R}^d.$$

Ferner ist A nach Voraussetzung nicht singulär und allgemein gilt (als
Folgerung aus dem Transformationssatz für Dichten), daß die Dichte des
affinen Bildes v = Au + a vom Zufallsvektor u mit Dichte f bei nicht-
singulärem A gegeben ist als $x \longrightarrow |\det A|^{-1} f(A^{-1}(x-a))$, $x \in \mathbb{R}^d$.
In unserem speziellen Fall ergibt sich wegen $\det \Sigma = (\det A)^2$ gerade
die angegebene Dichte.

β) "$\Rightarrow$" : Besitzt v eine Dichte, so kann $\mathcal{W}(v)$ nicht auf einen echten
affinen Teilraum des $\mathbb{R}^d$ konzentriert sein, da jeder solcher eine Null-
menge bezüglich des d-dimensionalen Lebesgue-Maßes darstellt. Alles weitere folgt aus dem anschließenden Lemma, dessen Beweis dem Leser zur
Übung überlassen sei.

<u>Lemma</u>:

Für jeden d-dimensionalen Zufallsvektor v mit existierender Kovarianzmatrix Σ_v gilt:

$$\Sigma_v \text{ singulär} \iff \begin{cases} \mathcal{W}(v) \text{ ist degeneriert (d.h. auf einen} \\ \text{echten affinen Teilraum konzentriert).} \end{cases}$$

Wir sahen, daß insbesondere alle eindimensionalen Randverteilungen einer Normalverteilung wieder Normalverteilungen sind. Man hüte sich jedoch vor dem Trugschluß, auch die Umkehrung allgemein für richtig zu halten. Aus der Tatsache, daß die Komponenten eines Zufallsvektors alle normalverteilt sind, kann man i.allg. nicht auf eine gemeinsame Normalverteilung schließen[+], wie das folgende Gegenbeispiel lehrt: Die Zufallsvariable x_1 habe eine N(0,1)-Verteilung. z sei unabhängig von x_1 und es gelte $P(z = +1) = P(z = -1) = \frac{1}{2}$. Wegen der Symmetrie der Dichte der N(0,1)-Verteilung ergibt sich sofort, daß auch $x_2 :=$ $x_1 \cdot z$ eine solche Verteilung besitzt. Für den Vektor $(x_1, x_2)'$ ergibt sich $P(x_2 = x_1) = P(z = 1) = \frac{1}{2}$, d.h. weder kann $(x_1, x_2)'$ eine Dichte über $\mathbb{R}^2$ besitzen, noch ist die Wahrscheinlichkeitsmasse ganz auf einen affinen Teilraum konzentriert. Nach dem vorgehenden Satz und Lemma ist dies bei einer bivariaten Normalverteilung nicht möglich. x_1, x_2 besitzen somit keine gemeinsame Normalverteilung.

Die eindimensionalen Randverteilungen allein charakterisieren also die Normalverteilung noch nicht. Es gilt aber die folgende mit Hilfe von charakteristischen Funktionen leicht beweisbare Aussage.

<u>Satz</u>:

Sind alle Linearformen $c'v$, $c \in \mathbb{R}^d$ normalverteilt, so hat der Zufalls-

---

[+]Man darf es, wenn die Komponenten insgesamt unabhängig sind (dann läßt sich die gemeinsame Verteilung als Produkt der Randverteilungen berechnen und man kann die Normalverteilung unmittelbar ablesen).

46

vektor v eine Normalverteilung.

Abschließend sei ohne Beweis noch auf eine bemerkenswerte Faktorisie-
rung der Dichte der nichtdegenerierten multivariaten Normalverteilung
hingewiesen, aus der insbesondere folgt, daß alle im Zusammenhang mit
dieser Verteilung auftretenden bedingten Verteilungen wieder Normalverteilungen sind. Zerlegt man jeden Vektor $x \in \mathbb{R}^d$ in der Form
$x = (x^{(1)}, x^{(2)})'$, wobei $x^{(1)} \in \mathbb{R}^q$ die ersten q und $x^{(2)} \in \mathbb{R}^{d-q}$ die
restlichen d-q Komponenten von x zusammenfaßt ($1 \leq q < d$), und analog
die Kovarianzmatrix Σ in

$$\Sigma = \left(\begin{array}{c|c} \Sigma_{11} & \Sigma_{12} \\ \hline \Sigma_{21} & \Sigma_{22} \end{array} \right) \text{ (mit } \Sigma_{12} = \Sigma_{21}' \text{)}$$

so gilt für positiv definites Σ nämlich[+]:

$$n(a,\Sigma;x) = n(a^{(1)},\Sigma_{11};x^{(1)}) \cdot$$

$$n(a^{(2)} + \Sigma_{21} \Sigma_{11}^{-1}(x^{(1)} - a^{(1)}), \Sigma_{22} - \Sigma_{21} \Sigma_{11}^{-1}\Sigma_{12}; x^{(2)}).$$

Betrachtet man nun die entsprechenden Teilvektoren $v^{(1)}$, $v^{(2)}$ des Zufallsvektors $v = (v^{(1)},v^{(2)})'$ (mit $\mathcal{W}(v) = N(a,\Sigma)$), so ist offenbar
$n(a^{(1)},\Sigma_{11}; \cdot)$ die Dichte von $v^{(1)}$ und daher

$$n(a^{(2)} + \Sigma_{21} \Sigma_{11}^{-1}(x^{(1)}-a^{(1)}), \Sigma_{22}-\Sigma_{21} \Sigma_{11}^{-1}\Sigma_{12}; \cdot)$$

die bedingte Dichte von $v^{(2)}$ unter der Bedingung $v^{(1)} = x^{(1)}$. Diese

---

[+]Man beweist dieses Resultat durch Verwendung des Satzes: Ist die zerlegt Matrix

$$A = \left(\begin{array}{cc} A_{11} & A_{12} \\ A_{21} & A_{22} \end{array} \right)$$

symmetrisch und nichtsingulär, dann gilt

$$A^{-1} = \left(\begin{array}{cc} E & , -E A_{12} A_{22}^{-1} \\ -A_{22}^{-1} A_{21} E & , A_{22}^{-1} + A_{22}^{-1} A_{21} E A_{12} A_{22}^{-1} \end{array} \right)$$

mit $E = (A_{11} - A_{12} A_{22}^{-1} A_{21})^{-1}$. Vg. Rao (1973), S. 28.

ist von sehr einfacher Bauart. Der Erwartungswert hängt linear von $x^{(1)}$ ab, die Kovarianzmatrix überhaupt nicht.

Für $d = 2$ speziell ist

$$\Sigma = \begin{pmatrix} \sigma_1^{\ 2} & \rho\sigma_1\sigma_2 \\ \rho\sigma_1\sigma_2 & \sigma_2^{\ 2} \end{pmatrix} \quad (\rho = \text{Korrelationskoeffizient}),$$

und

$$n\,(a,\Sigma;\ (x_1,x_2)')$$

$$= \frac{1}{2\pi\sigma_1\sigma_2\sqrt{1-\rho^2}}\ e^{-\frac{1}{2(1-\rho^2)}\left((\frac{x_1-a_1}{\sigma_1})^2 - 2\rho\frac{x_1-a_1}{\sigma_1}\cdot\frac{x_2-a_2}{\sigma_2} + (\frac{x_2-a_2}{\sigma_2})^2\right)}$$

$$= n\,(a_1,\sigma_1^{\ 2};x_1)\cdot n(a_2 + \frac{\sigma_2}{\sigma_1}\,\rho\,(x_1-a_1),\ \sigma_2^{\ 2}(1-\rho^2);x_2), \quad \text{d.h.}$$

$N(a_2 + \frac{\sigma_2}{\sigma_1}\rho(x_1-a_1),\ \sigma_2^{\ 2}(1-\rho^2))$ ist die bedingte Verteilung von v_2 unter der Bedingung $v_1 = x_1$. Die bedingte Streuung ist erwartungsgemäß im allg. kleiner als die "unbedingte" (σ^2), denn wenn v_1 und v_2 nicht stochastisch unabhängig sind (wenn also $\rho \neq 0$ gilt), so liefert die Realisation von v_1 schon Information über diejenige von v_2. Ebenso plausibel ist, daß der bedingte Erwartungwert für $\rho \neq 0$ mit x_1 wächst ($\rho > 0$) bzw. fällt ($\rho < 0$).

1.7.2 χ^2-, F- und t-Verteilungen

Neben den Verteilungen linearer Funktionen brauchen wir später auch die Verteilungen quadratischer Formen normalverteilter Zufallsvariabler und gewisser aus ihnen gebildeter Quotienten (beim Testen im Linearen Modell z.B. wird man in naheliegender Weise Längen von Vektoren vergleichen).

Definition:

Sei z eine reelle Zufallsvariable. Die Verteilung von z heißt nichtzentrale Chi-Quadrat-(oder χ^2-)Verteilung $\chi_{n,\delta}^{\prime\,2}$ mit n Freiheitsgraden

48

(FG) und Nichtzentralitätsparameter (NZP) $\delta := \| a \|$, wenn es einen
n-dim. Zufallsvektor v mit $\mathcal{W}(v) = N(a,I)$ und $\mathcal{W}(z) = \mathcal{W}\left(\sum_{i=1}^{n} v_i^2 \right)$
gibt. Bei $\delta = 0$ spricht man von (zentraler) Chi-Quadrat-Verteilung
χ_n^2 mit n FG.

Der Nachweis der Wohldefiniertheit (d.h. dafür, daß $\mathcal{W}(v'v)$ von a
nur über $\| a \|$ abhängt), läßt sich mit geometrischen Argumenten - wie
im folgenden angedeutet - erbringen:
$P(\sum_1^n v_i^2 \leq \xi)$ ist für positives ξ die Wahrscheinlichkeit dafür, daß
der Endpunkt des Zufallsvektors $v = (v_1,\ldots,v_n)'$ im Inneren der n-dim.
Hyperkugel mit Zentrum im Ursprung und Radius $\sqrt{\xi}$ liegt. Nun ist v
kugelsymmetrisch um den Endpunkt von a verteilt (die Dichte von v hängt
von x nur über $\| x-a \|^2$ ab), so daß sich diese Wahrscheinlichkeit bei
einer Wanderung von a auf der (n-1)-dim. Sphäre mit festem Radius δ
um den Ursprung herum nicht ändert.

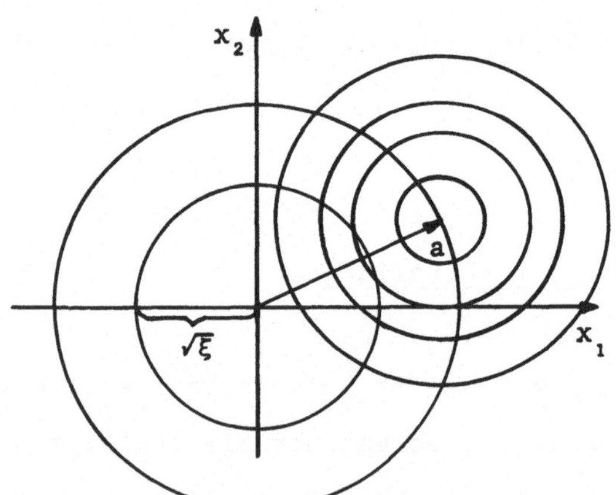

Abb. 2: Niveaulinien der Dichte $n(a,I_2;\ \cdot)$ im Falle n = 2.

Im Falle n = 2 ist dies unmittelbar ersichtlich, denn hier ist
$P(v_1^2 + v_2^2 \leq \xi)$ das Volumen unter der Glockenfläche über dem Kreis
um den Usprung mit Radius $\sqrt{\xi}$. Dieses hängt nur von $\| a \|$ ab.

Erwartungswert und Varianz von $\chi_{n,\delta}^{'2}$ lassen sich leicht dadurch berechnen, daß man von einem speziellen v ausgeht.

Sei nämlich u ein n-dimensionaler Zufallsvektor mit $\mathcal{W}(u) = N(0,I)$
und $v := u + (\delta,0,\ldots,0)'$. Dann gilt $\mathcal{W}(v) = N(a,I)$ mit $a = (\delta,0,\ldots,0)'$, und $z := v'v = \sum_{i=1}^{n} v_i^2 = (u_1+\delta)^2 + \sum_{i=2}^{n} u_i^2$ ist $\chi_{\delta,n}^{'2}$-
verteilt. Da die u_i unabhängig voneinander standard-normalverteilt
sind, ergibt sich

$$E\,z = E\,(u_1+\delta)^2 + (n-1)\,\mathrm{Var}(u_2)$$
$$= E\,(u_1^2 + 2u_1\delta + \delta^2) + n-1 = 1 + \delta^2 + n-1$$
$$= n + \delta^2;$$

$$\mathrm{Var}\,(z) = \mathrm{Var}(u_1+\delta)^2 + (n-1)\,\mathrm{Var}(u_2^2) = \mathrm{Var}(u_1^2+2u_1\delta+\delta^2) + (n-1)2$$
$$= \mathrm{Var}(u_1^2) + 4\,\delta^2\,\mathrm{Var}(u_1) + 2\mathrm{Kov}(u_1^2,\ 2u_1\delta) + 2(n-1)$$
$$= 2 + 4\delta^2 + 0 + 2(n-1)$$
$$= 2(n + 2\delta^2).$$

<u>Korollar</u>:

$$\chi_{n,\delta}^{'2} = \chi_{n^*,\delta^*}^{'2} \Rightarrow n^* = n \quad \text{und} \quad \delta^* = \delta.$$

<u>Beweis</u>:

Gleiche Verteilungen haben insbesondere gleiche Momente, so daß man
aus $\chi_{n,\delta}^{'2} = \chi_{n^*,\delta^*}^{'2}$ das Gleichungssystem

$$n + \delta^2 = n^* + \delta^{*2}$$
$$2\,(n + 2\delta^2) = 2\,(n^* + 2\delta^{*2})$$

erhält. Dieses besitzt genau eine Lösung, nämlich $n^* = n$, $\delta^{*2} = \delta^2$. $\quad\rfloor$

Unmittelbar aus der Definition ergibt sich:

Die Faltung zweier nichtzentraler Chi-Quadrat-Verteilungen ergibt
wieder eine nichtzentrale Chi-Quadrat-Verteilung, genauer:

$$\mathcal{W}(z_i) = \chi_{n_i,\delta_i}^{'2}\ (i=1,2),\ z_i\ \text{unabhängig} \Rightarrow \mathcal{W}(z_1+z_2) = \chi_{n_1+n_2,\ \sqrt{\delta_1^2+\delta_2^2}}^{'2}.$$

Es wird sich später zeigen, daß als Prüfgrößen im klassischen Linearen
Modell Quotienten zweier unabhängiger χ^2-verteilter Zufallsvariabler
auftreten.

Definition:

Sei w eine reelle Zufallsvariable. Die Verteilung von w heißt nichtzentrale F-Verteilung $F'_{n_1,n_2,\delta}$ mit FG n_1 und n_2 und NZP δ, wenn es
zwei stoch. unabhängige Zufallsvariable z_1 und z_2 gibt mit:

$$\mathcal{W}(z_1) = \chi'^2_{n_1,\delta}, \quad \mathcal{W}(z_2) = \chi^2_{n_2}, \quad \tilde{w} = \frac{z_1/n_1}{z_2/n_2} \quad \text{und} \quad \mathcal{W}(w) = \mathcal{W}(\tilde{w})^{+)}.$$

$F'_{n_1,n_2,0}$ bezeichnet man als (zentrale) F-Verteilung F_{n_1,n_2}.

Im Spezialfall $\delta = 0$ gilt

$$E\,w = \frac{n}{n-2}$$

$$\mathrm{Var}(w) = \frac{2n^2(m+n-2)}{m(n-2)^2(n-4)}.$$

Die Formeln für den nichtzentralen Fall findet man bei Johnson und
Kotz (1970).

Theoretisch könnte man auch im Nenner eine nichtzentrale χ^2-Verteilung
und somit einen weiteren NZP zulassen. Eine solche Verteilung tritt
jedoch in praxi höchst selten auf, und man beschränkt sich bei der nichtzentralen F-Verteilung auf einen NZP.

Eine Sonderrolle nehmen die $F'_{1,n,\delta}$ ein als Verteilungen von Quotienten,
deren Zähler aus quadrierten normalverteilten Zufallsvariablen bestehen,

---

+)Leicht mißverständlich, aber suggestiv, bezeichnet man gelegentlich
mit den Verteilungssymbolen auch entsprechend verteilte Zufallsvariable
und schreibt

$$F'_{m,n,\delta} = \frac{\frac{1}{m}\chi'^2_{m,\delta}}{\frac{1}{n}\chi^2_n}.$$

so daß man auch die Quotienten selbst - was sich als zweckmäßig erwiesen hat - als Quadrate von gewissen Zufallsvariablen auffassen kann.

Definition:

Die Verteilung einer reellen Zufallsvariablen v heißt nichtzentrale
t-Verteilung $t'_{n,\delta}$ mit n FG und NZP δ, wenn es zwei stoch. unabhängige
Zufallsvariablen u und z gibt mit

$$\mathcal{W}(u) = N(\delta,1), \quad \mathcal{W}(z) = \chi_n^2, \quad \tilde{v} = \frac{u}{\sqrt{\frac{z}{n}}} \quad \text{und} \quad \mathcal{W}(v) = \mathcal{W}(\tilde{v}).$$

$t'_{n,0}$ heißt auch (zentrale) t-Verteilung t_n mit n FG.

Offenbar gilt:

$$\mathcal{W}(v) = t'_{n,\delta} \implies \mathcal{W}(v^2) = F'_{1,n,|\delta|} \; ;$$

insbesondere also:

$$\mathcal{W}(v) = t_n \implies \mathcal{W}(v^2) = F_{1,n} \; ;$$

(kurz: $t'^2_{n,\delta} = F'_{1,n,|\delta|}, \quad t_n^2 = F_{1,n}$) .

Ferner läßt sich für $\delta = 0$ zeigen:

$$E\,v = 0 \quad \text{für} \quad n > 1,$$
$$Var(v) = \frac{n}{n-2} \quad \text{für} \quad n > 2$$

(vgl. Johnson und Kotz (1970)).

Schon der üblichen Symbolik und Terminologie ist zu entnehmen, daß die
zentralen Verteilungen eine weit größere Bedeutung haben als die nichtzentralen (zumindest für den Anwender). Die nichtzentralen Verteilungen tauchen beim Testen als die Verteilungen von Prüfgrößen unter Alternativen auf, d.h. man benötigt sie zur Berechnung von Trennschärfen.
Daher sind sie in erster Linie für den Theoretiker interessant, der
Tests auch hinsichtlich ihrer Optimalitätseigenschaften untersucht.

Die behandelten Verteilungen sind alle totalstetig, d.h. besitzen Dichten, die man aus den Definitionen mit dem Transformationssatz für Dichten berechnen kann. Im (echt) nichtzentralen Fall lassen sich diese jedoch nicht in geschlossener Form, sondern nur als unendliche Reihen angeben (was nicht weiter nachteilig ist, da auch die nichtzentralen Verteilungen vertafelt sind). Den Praktiker interessieren in erster Linie die zentralen Verteilungen, die zur Konstruktion von Konfidenz- und Ablehnungsbereichen benötigt werden, genaugenommen sogar nur deren α-Fraktile[+)] und eventuell asymptotische Eigenschaften.

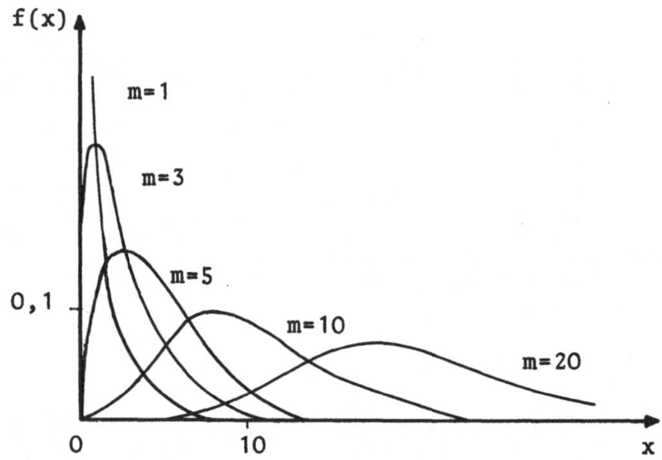

Abb. 3: Dichte von χ_m^2 für verschiedene Freiheitsgrade m .

[+)] Das α-Fraktil ($0 < \alpha < 1$) einer stetigen Verteilung läßt sich bekanntlich als Minimum der Zahlen berechnen, denen die zugehörige stetige Verteilungsfunktion den Wert $1 - \alpha$ erteilt.

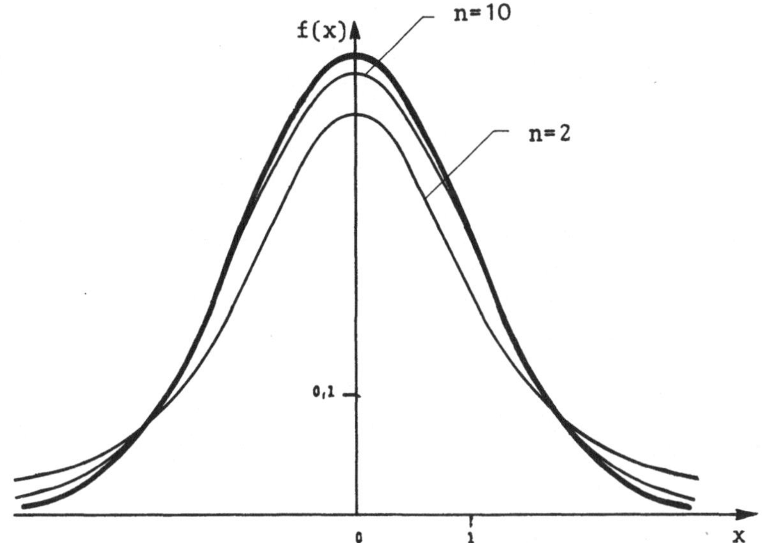

Abb. 4: Dichte von t_n für n=2 und n=10 und Dichte von N(0,1) (dicker Strich).

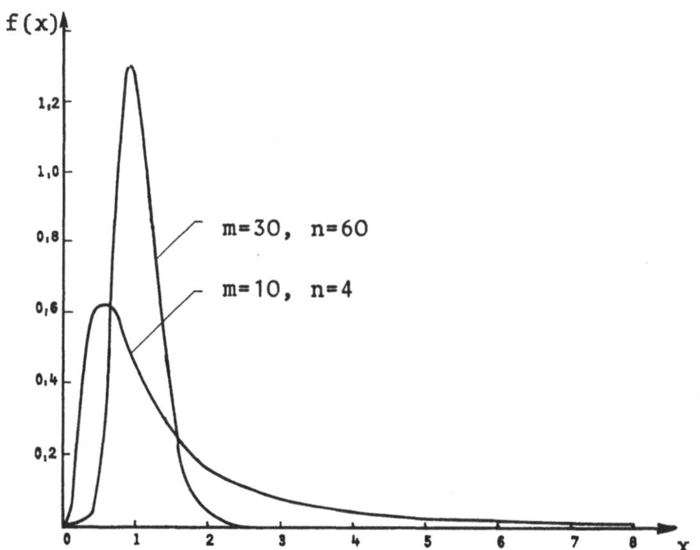

Abb. 5: Dichte von $F_{m,n}$ für (m,n) = (10,4) und (m,n) = (30,60).

(Man beachte bei den drei Diagrammen die unterschiedlichen Maßstäbe!)

<u>Satz</u>:

Für $n \to \infty$ ergibt sich:

(i) $\quad t_n \overset{}{\longrightarrow} N(0,1)$; [+]

(ii) $\quad \mathscr{W}(\dfrac{z_n - n}{\sqrt{2n}}) \longrightarrow N(0,1)$, sofern $(z_n)_{n \in \mathbb{N}}$ Folge χ_n^2-verteilter Zufallsvariabler ist, d.h. χ_n^2 wird approximiert durch $N(n,2n)$;

(iii) $\quad \mathscr{W}(m \cdot w_n) \longrightarrow \chi_m^2$, sofern $(w_n)_{n \in \mathbb{N}}$ Folge $F_{m,n}$-verteilter Zufallsvariabler ist (m fest).

<u>Beweis</u>:

Wir gehen von einer Folge $(v_i)_{i \in \mathbb{N}}$ unabhängig standard-normalverteilter Zufallsvariabler aus.

Die v_i^2 sind dann unabhängig und χ_1^2-verteilt. Nach dem zentralen Grenzwertsatz ergibt sich

$$\mathscr{W}\,(\dfrac{z_n - n}{\sqrt{2n}}) \longrightarrow N(0,1),$$

also (ii) zunächst für die spezielle Folge (z_n), $z_n := \sum\limits_{i=1}^{n} v_i^2$ (mit $\mathscr{W}(z_n) = \chi_n^2$). Das genügt aber, da es sich um eine Aussage handelt, die nur von der Folge $(\mathscr{W}(z_n))_{n \in \mathbb{N}}$ abhängt. Mit demselben Argument erhält man (i) und (iii) aus dem starken Gesetz der großen Zahlen, welches $\dfrac{z_n}{n} \xrightarrow{\text{f.s.}} E(z_1) = E(v_1^2) = 1$ (und daher auch $\sqrt{\dfrac{z_n}{n}} \xrightarrow{\text{f.s.}} 1$) für unsere Folge (z_n) liefert. $\quad\quad\quad\lrcorner$

Da die Verteilungsfunktionen sowohl von $N(0,1)$, als auch von χ_m^2 $(m \in \mathbb{N})$ streng monoton wachsen, ergeben sich nach einem allgemeinen Satz[++] für $n \to \infty$ die folgenden Konvergenzaussagen über die Fraktile[+++]:

[+] Mit dem amputierten Pfeil "$\longrightarrow$" wird die Verteilungskonvergenz (schwache Konvergenz) bezeichnet.

[++] Vgl. z.B. Witting/Nölle (1970), S. 53.

[+++] Wir bezeichnen die α-Fraktile von $N(0,1)$, t_n, χ_n^2 und $F_{m,n}$ der Reihe nach mit u_α, $t_{n;\alpha}$, $\chi_{n;\alpha}^2$ und $F_{m,n;\alpha}$.

(i) $t_{n;\alpha} \rightarrow u_\alpha$;

(ii) $\dfrac{\chi^2_{n;\alpha} - n}{\sqrt{2n}} \rightarrow u_\alpha$;

(iii) $F_{m,n;\alpha} \rightarrow \dfrac{1}{m} \chi^2_{m;\alpha}$.

Abschließend sei noch auf eine naheliegende Beziehung zwischen $F_{1,n;\alpha}$ und $t_{n;\frac{\alpha}{2}}$ hingewiesen. Es gilt nämlich

<u>Lemma</u>:

$$\left.\begin{array}{l} \sqrt{F_{1,n;\alpha}} = t_{n;\frac{\alpha}{2}} \\[2mm] \sqrt{\chi^2_{1;\alpha}} = u_{\frac{\alpha}{2}} \end{array}\right\} \qquad \text{für} \quad 0 < \alpha < 1.$$

<u>Beweis</u>:

Sei v eine t_n-verteilte Zufallsvariable. Nach Definition gilt $t_{n;\frac{\alpha}{2}} =$ min $\{\tau \in \mathbb{R} ; P(v > \tau) = \frac{\alpha}{2}\}$ = min $\{\tau \in \mathbb{R} ; P(v \leq \tau) = 1 - \frac{\alpha}{2}\}$.

Nun ist $\mathcal{W}(v) = t_n$ eine symmetrische Verteilung (dies geht aus der Dichte oder unmittelbar aus der Definition und der Symmetrie von $N(0,1)$ durch Betrachtung der bedingten Verteilung von v unter der Bedingung $z = \xi$ hervor), so daß wegen $1 - \frac{\alpha}{2} > \frac{1}{2}$ für $\alpha \in]0,1[$ zunächst $t_{n;\frac{\alpha}{2}} =$ min $\{\tau \in \mathbb{R}^+ ; P(v \leq \tau) = 1 - \frac{\alpha}{2}\}$ folgt. Für $\tau \in \mathbb{R}^+$ gilt wegen der Symmetrie von t_n:

$$P(|v| \leq \tau) = P(-\tau \leq v \leq \tau) = P(v \leq \tau) - P(v < -\tau) = P(v \leq \tau) - P(-v > \tau)$$

$$= P(v \leq \tau) - P(v > \tau) = P(v \leq \tau) - (1 - P(v \leq \tau))$$

$$= 2 P(v \leq \tau) - 1 ,$$

so daß man

$$t_{n;\frac{\alpha}{2}} = \text{min } \{\tau \in \mathbb{R}^+ ; P(|v| \leq \tau) = 1 - \alpha\}$$

$$= \text{min } \{\tau \in \mathbb{R}^+ ; P(v^2 \leq \tau^2) = 1 - \alpha\}$$

$$= \text{min } \{\sqrt{\tau}; \tau \in \mathbb{R}^+ ; P(v^2 \leq \tau) = 1 - \alpha\}$$

$$= \sqrt{F_{1,n;\alpha}}$$

erhält, da $\mathcal{W}(v^2) = F_{1,n}$ gilt und die Abbildungen $\tau \to \sqrt{\tau}$ und $\xi \to \xi^2$ auf $\mathbb{R}^+$ stetig sind und streng monoton wachsen.

Analog zeigt man: $\sqrt{\chi_{1;\alpha}^2} = u_{\frac{\alpha}{2}}$.

1. 8 Quadratische Formen normalverteilter Zufallsvariabler (Cochrans Theorem)

Nach Definition ist die quadratische (Standard-)Form $Q(u) = u'u = \sum_{i=1}^{n} u_i^2$ des $N(0,I_n)$-verteilten Zufallsvektors u χ_n^2-verteilt. Gilt $\mathcal{W}(v) = N(a,\Sigma)$ und ist $Q(v)$ eine beliebige quadratische Form in den Komponenten des Zufallsvektors v, so wird man versuchen, diese durch eine Transformation $u = T^{-1}v$ zu "standardisieren", d.h. eine Gleichung der Gestalt

$$Q(v) = u'I_s^* u = \sum_{i=1}^{s} u_i^2 \quad (s \leq n) \text{ mit } I_s^* = \begin{pmatrix} I_s, & 0 \\ 0, & 0 \end{pmatrix}$$

zu erhalten. Hat dann T die Eigenschaft, daß $\mathcal{W}(u) = \mathcal{W}(T^{-1}v) = N(0,I_n)$ gilt, so ergibt sich nämlich $\mathcal{W}((u_1,\ldots,u_s)') = N(0,I_s)$ und $\mathcal{W}(Q(v)) = \mathcal{W}(\sum_{i=1}^{s} u_i^2) = \chi_s^2$. Ein erstes Beispiel für solches Vorgehen liefert der Beweis des folgenden Satzes.

<u>Satz</u>:

Sei v n-dim. Zufallsvektor mit $\mathcal{W}(v) = N(a,\Sigma)$ und Σ positiv definit. Dann gilt

$$\mathcal{W}(Q(v-a)) = \chi_n^2$$

für die in der Dichte von v im Exponenten auftretende quadratische Form (in (x-a))

$$Q(x-a) := (x-a)' \Sigma^{-1} (x-a), \quad x \in \mathbb{R}^n .$$

<u>Beweis</u>:

Wegen $\mathcal{W}(v-a) = N(0,\Sigma)$ kann man sich o.B.d.A. auf den Fall $a = 0$ beschränken. Als positiv definite Matrix läßt sich Σ in der Form $\Sigma = TT'$ (mit invertierbarer Matrix T) darstellen, so daß $u := T^{-1}v$, wegen $\Sigma_u = (T^{-1}) \Sigma (T^{-1})' = I_n$, $N(0,I_n)$-verteilt ist. Weiter gilt offenbar $v = Tu$, $\Sigma^{-1} = T'^{-1}T^{-1}$ und

$$Q(v) = v' \Sigma^{-1} v = u'T' \Sigma^{-1} Tu$$
$$= u'T'T'^{-1} T^{-1} Tu = u'u$$

und daher

$$\mathcal{W}(Q(v)) = \mathcal{W}(u'u) = \chi_n^2.$$

Im LM interessierende quadratische Formen sind wegen des geometrischen Ursprungs der statistischen Verfahren vornehmlich Terme von pythagoreischen Zerlegungen der quadrierten Länge des Datenvektors y (bzw. von Streuungszerlegungen)[+]. Aus diesem Grunde läßt sich wohl ein wesentlicher Teil der Verteilungstheorie der Regressions-, Varianz- und Kovarianzanalyse aus einem Satz herleiten, der auf Cochran zurückgeht und bei uns - in Anlehnung an Scheffé (1959) - als einfaches Korollar des nachstehenden algebraischen Theorems erscheint.

<u>Satz</u>:

Seien Q_j (j=1,...,s) s quadratische Formen auf dem $\mathbb{R}^n$ mit $\|x\|^2 = Q_1(x) +...+ Q_s(x)$ für alle $x \in \mathbb{R}^n$, und $n_j := rg(Q_j)$[++]. Dann gibt es eine orthogonale Transformation $\xi = P'x$ des $\mathbb{R}^n$ in sich mit

$$Q_1(x) = \sum_{i=1}^{n_1} \xi_i^2, \quad Q_2(x) = \sum_{i=n_1+1}^{n_1+n_2} \xi_i^2, \ldots, Q_s(x) = \sum_{n_1+\ldots+n_{s-1}+1}^{n_1+\ldots+n_s} \xi_i^2$$

[+] Z.B. tritt die Form $Q(y)=\|\hat{e}\|^2=\hat{e}'\hat{e}$ in $\|y\|^2=\|\hat{y}\|^2+\|\hat{e}\|^2$ auf.

[++] Der Rang $rg(Q)$ einer quadratischen Form $Q(x) = x'Ax$ ist definitionsgemäß gleich dem Rang der zugehörigen, symmetrischen Matrix A. Man bezeichnet $rg(Q)$ gelegentlich auch als Anzahl der Freiheitsgrade.

für alle $x \in \mathbb{R}^n$ genau dann, wenn $n_1 + \ldots + n_s = n$ gilt[+)].

<u>Beweis:</u>

"=>" : Existiert eine orthogonale Transformation P mit den genannten Eigenschaften, dann gilt

$$\sum_{i=1}^{n_1 + \ldots + n_s} \xi_i^2 = \sum_{j=1}^{s} Q_j(x) = \|x\|^2 = \|P\xi\|^2 = \|\xi\|^2 = \sum_{i=1}^{n} \xi_i^2$$

für alle $\xi \in \mathbb{R}^n$ und damit $n_1 + \ldots + n_s = n$.

"<=" : Wir setzen $N_1 := 0$, $N_\nu := \sum_{j=1}^{\nu-1} n_j$ ($\nu = 2, \ldots, s+1$). Für jedes $j = 1, \ldots, s$ kann Q_j durch eine Hauptachsentransformation auf Diagonalgestalt gebracht werden. Ist etwa $Q_j(x) = x'A_j x$, $x \in \mathbb{R}^n$, dann erhält man $A_j = P_j'D_jP_j$ mit geeigneter Orthogonalmatrix P_j und Diagonalmatrix D_j. Wegen $rg(Q_j) = n_j$ kann D_j so gewählt werden, daß die Beziehung $(D_j)_{kk} \neq 0$ für $1 \leq k \leq n_j$ und $(D_j)_{kk} = 0$ für $n_j < k \leq n$ gilt. Dadurch erhält man

$$Q_j(x) = x'A_j x = x'P_j'D_jP_j x = \sum_{k=1}^{n_j} (D_j)_{kk} \zeta_{jk}^2 ,$$

falls ζ_{jk} die k-te Komponente des Vektors $P_j x$ darstellt. Durch die Definition $\lambda_{N_j+k} := \text{sign}[(D_j)_{kk}]$, $\eta_{N_j+k} := \sqrt{|(D_j)_{kk}|}$ und $\xi_{N_j+k} := \eta_{N_j+k} \zeta_{jk}$ für $1 \leq k \leq n_j$, $1 \leq j \leq s$ lassen sich ein Vektor $\xi = (\xi_1, \ldots, \xi_n)'$ (linear in x, d.h. $\xi = P'x$ für geeignet gewähltes P) und eine Diagonalmatrix Λ mit $(\Lambda)_{ii} = \lambda_i$, $1 \leq i \leq n$, bilden, für welche die Beziehung

$$x'x = \sum_{j=1}^{s} Q_j(x) = \sum_{j=1}^{s} \sum_{k=1}^{n_j} \lambda_{N_j+k} \, \xi_{N_j+k}^2 = \sum_{i=1}^{n} \lambda_i \, \xi_i^2 = x'P\Lambda P'x, \quad x \in \mathbb{R}^n$$

gilt. Daraus folgt $P\Lambda P' = I$. P ist somit nichtsingulär und $\Lambda = P^{-1}(P^{-1})'$ ist positiv definit und folglich $\Lambda = I$ (denn $\lambda_i = \pm 1$). Es ergibt sich deshalb $PP' = I$, d.h. P ist eine Orthogonalmatrix und

$$Q_j(x) = \sum_{k=1}^{n_j} \lambda_{N_j+k} \, \xi_{N_j+k}^2 = \sum_{i=N_j+1}^{N_{j+1}} \xi_i^2 . \qquad \rfloor$$

[+)]Man beachte, daß daher insbesondere schon aus $\sum_{j=1}^{s} n_j = n$ folgt, daß alle Q_j positiv semidefinit sind.

<u>Korollar:</u>   (Cochrans Theorem)[+]

Sei y ein Zufallsvektor mit $\mathcal{W}(y) = N(a, I_n)$ und Q_j $(j=1,\ldots,s)$ quadratische Formen auf dem $\mathbb{R}^n$ mit

$$\|y\|^2 = \sum_{j=1}^{s} Q_j(y), \quad \text{und} \quad n_j := \mathrm{rg}(Q_j) \quad (j = 1,\ldots,s).$$

a) Gilt $\sum_{j=1}^{s} n_j = n$, so sind die reellen Zufallsvariablen $Q_j(y)$ insgesamt unabhängig mit $\mathcal{W}(Q_j(y)) = \chi'^2_{n_j,\delta_j}$ $(j=1,\ldots,s)$. Dabei berechnet sich der jeweilige NZP δ_j aus

$$\delta_j^2 = Q_j(a) \qquad (j = 1,\ldots,s).$$

b) Sind die $Q_j(y)$ insgesamt unabhängig und haben nichtzentrale χ^2-Verteilungen mit n_j FG, so folgt $\sum_{j=1}^{s} n_j = n$.

<u>Beweis:</u>

a) Sei $\sum_{j=1}^{s} n_j = n$. Man überlegt sich leicht, daß der vorige Satz anwendbar ist. Ist dann P die danach existierende orthogonale Transformationsmatrix mit den angegebenen Eigenschaften und wird $z = P'y$ gesetzt, so folgt (mit N_j wie im vorigen Satz):

$$Q_j(y) = \sum_{\nu=N_j+1}^{N_{j+1}} z_\nu^2 \qquad (j = 1,\ldots,s).$$

Ferner gilt $Ez = P'a$ und wegen der Orthogonalität $\Sigma_z = P'IP = I$, so daß $\mathcal{W}(z) = N(P'a, I)$ und weiter die Unabhängigkeit der Q_j und $\mathcal{W}(Q_j(y)) = \mathcal{W}(\sum_{\nu=N_j+1}^{N_{j+1}} z_\nu^2) = \chi'^2_{n_j,\delta_j}$ folgt. Setzt man $b := P'a = Ez$, so ergibt sich für den NZP δ_j:

$$\delta_j^2 = \sum_{\nu=N_j+1}^{N_{j+1}} b_\nu^2 = Q_j(a) \qquad (j = 1,\ldots,s).$$

b) Es ist $\mathcal{W}(\|y\|^2) = \mathcal{W}(y'y) = \chi'^2_{n,\delta}$ und nach Voraussetzung von b) $\mathcal{W}(\sum_{j=1}^{s} Q_j(y)) = \chi'^2_{n_1+\ldots+n_s,\delta^*}$ (Faltungsformel), so daß $\chi'^2_{n,\delta} = \chi'^2_{n_1+\ldots+n_s,\delta^*}$ und insbesondere $n_1+\ldots+n_s = n$ folgt. $\quad\rfloor$

[+] Cochran (1934) leitete das Theorem im zentralen Fall her, der in praxi auch der wichtigste ist. Madow (1940) erweiterte den Beweis auf den nichtzentralen Fall.

Um Cochrans Theorem im Einzelfall anwenden zu können, braucht man die Ränge n_j der quadratischen Formen in der Zerlegung $\|y\|^2 = \sum_{j=1}^{s} Q_j(y)$. Ihre Bestimmung wird häufig durch Anwendung der beiden folgenden Aussagen erleichtert:

Satz:

(i) Sind Q_j ($j=1,\ldots,s$) s quadratische Formen auf dem $\mathbb{R}^n$ mit $\|x\|^2 = \sum_{j=1}^{s} Q_j(x)$, $x \in \mathbb{R}^n$, und $rg(Q_j) \leq m_j$, $\sum_{j=1}^{s} m_j \leq n$, so folgt $rg(Q_j) = m_j$ für $j=1,\ldots,s$ und $\sum_{j=1}^{s} rg(Q_j) = \sum_{j=1}^{s} m_j = n$.

(ii) Sind $Q, \tilde{Q}$ quadratische Formen auf dem $\mathbb{R}^n$ bzw. $\mathbb{R}^m$ ($m < n$) und gibt es eine lineare Abbildung $\xi = Cx$ vom $\mathbb{R}^n$ in den $\mathbb{R}^m$ mit $Q(x) = \tilde{Q}(\xi)$ für alle $x \in \mathbb{R}^n$, so gilt $rg(Q) \leq m$.

Beweis:

(i) Aus der Ungleichung $rg(A_1 + A_2) \leq rg(A_1) + rg(A_2)$ ergibt sich wegen $\|x\|^2 = \sum_{j=1}^{s} Q_j(x)$, $x \in \mathbb{R}^n$, generell die Abschätzung $n \leq \sum_{j=1}^{s} rg(Q_j)$ [+)]. Nimmt man die Voraussetzungen von (i) dazu, dann folgt $n \leq \sum_{j=1}^{s} rg(Q_j) \leq \sum_{j=1}^{s} m_j \leq n$, also $\sum_{j=1}^{s} rg(Q_j) = \sum_{j=1}^{s} m_j = n$ und daraus $rg(Q_j) = m_j$ wegen $0 \leq rg(Q_j) \leq m_j$ ($j=1,\ldots,s$).

(ii) Seien A und B die symmetrischen Matrizen mit $Q(x) = x'Ax$, $x \in \mathbb{R}^n$, und $\tilde{Q}(z) = z'Bz$, $z \in \mathbb{R}^m$. Gilt nun $Q(x) = \tilde{Q}(\xi) = \tilde{Q}(Cx)$, d.h. $x'Ax = x'C'BCx$ für alle $x \in \mathbb{R}^n$, so folgt $A = C'BC$ und daher $rg(A) \leq rg(C) \leq m$ (denn C ist eine $m \times n$-Matrix). ⌐

Cochrans Theorem wurde in erster Linie wegen seiner hervorragenden Bedeutung in der einschlägigen Literatur hier behandelt, nicht aber, weil wir es unbedingt benötigen werden. Mit den kanonischen Transformationen

---

[+)] Die hinreichende Bedingung "$\sum_{j=1}^{s} n_j = n$" in Cochrans Theorem läßt sich also durch die schwächere "$\sum_{j=1}^{s} n_j \leq n$" ersetzen.

ist uns nämlich eine Klasse orthogonaler Transformationen gegeben, vermöge derer wir die Verteilungsaussagen des Theorems meist ohne Schwierigkeiten unmittelbar ablesen können, wobei im Hinblick auf benötigte Unabhängigkeitseigenschaften die folgende Charakterisierung der stochastischen Unabhängigkeit von Linearformen normalverteilter Zufallsvariabler sich als nützlich erweisen wird.

Satz:

Es seien Φ_j $(j=1,\ldots,t)$ t Linearformen auf dem $\mathbb{R}^n$ und y ein Zufallsvektor mit $\mathcal{W}(y) = N(\mu, \sigma^2 I_n)$, $\sigma^2 > 0$. Die reellen Zufallsvariablen $\Phi_j(y)$ $(j=1,\ldots,t)$ sind genau dann insgesamt unabhängig, wenn die Φ_j (als Elemente von $\tilde{\mathbb{R}}^n$) paarweise orthogonal sind.

Beweis:

Zunächst ist klar, daß die $\Phi_j(y)$ eine gemeinsame Normalverteilung besitzen, so daß zu zeigen bleibt: Die $\Phi_j(y)$ sind genau dann paarweise unkorreliert, wenn die Φ_j paarweise orthogonal sind.

Sei also $i \neq j$ und $\Phi_i(y) = a'y$, $\Phi_j(y) = b'y$, $y \in \mathbb{R}^n$. Dann ist

$$\mathrm{Kov}(\Phi_i(y), \Phi_j(y)) = E\left[(a'y - a'\mu)(b'y - b'\mu)\right]$$
$$= E\, a'(y-\mu)(y-\mu)'b = a'E(y-\mu)(y-\mu)'b$$
$$= \sigma^2\, a'I_n b = \sigma^2\, a'b$$

und, da $\sigma^2 > 0$ vorausgesetzt war, folgt hieraus die Behauptung. $\quad\rfloor$

Viele ergänzende Aussagen zur Verteilung quadratischer Formen normalverteilter Zufallsvariabler findet man in Searle (1971).

1. 9   <u>Das klassische Lineare Modell</u>

Vom sog. klassischen Linearen Modell (KLM) spricht man, wenn die beiden
Voraussetzungen

$$E(e) = 0, \quad \Sigma_e = \sigma^2 I \qquad (\sigma^2 > 0)$$

des allgemeinen Linearen Modells verschärft werden zu der Normalitätsannahme

$$\mathcal{W}(e) = N(0, \sigma^2 I) \qquad (\sigma^2 > 0)$$

des Fehlers, bzw. zu der (wegen $y = X\beta + e$) hierzu äquivalenten Voraussetzung

$$\mathcal{W}(y) = N(X\beta, \sigma^2 I) \qquad (\sigma^2 > 0),$$

die eine parametrische Verteilungsannahme für die Stichprobe darstellt
(mit dem Parameter $\binom{\beta}{\sigma^2} \in \mathbb{R}^k \times \mathbb{R}^+$). Häufig spezifiziert man noch
den Rang von X und schreibt die Voraussetzungen des klassischen Modells
in der Form

$$(\Omega) \qquad \mathcal{W}(y) = N(X\beta, \sigma^2 I) \qquad (\sigma^2 > 0), \qquad rg(X) = r (\leq k).$$

Wir setzen (Ω) für 1.9 generell voraus und bezeichnen wie üblich die
wichtige Summe der Abweichungsquadrate $(\hat{e}'\hat{e} = \sum_{i=1}^{n} \hat{e}_i^2)$ mit S_Ω. Ferner
schließen wir den Fall "r=n" aus, bei dem β eindeutig aus dem Glei-
chungssystem $y = X\beta$ berechnet werden kann und für die Schätzung von
σ^2 keine Beobachtungen mehr zur Verfügung stehen (in diesem Entartungsfall ist $R(X) = \mathbb{R}^n$, $\hat{y} = y$, $\hat{e} = 0$, $S_\Omega = 0$ und s^2 aus 1.6 nicht
definiert). 1.7 und 1.8 liefern uns dann zunächst die notwendigen Verteilungsaussagen über schätzbare Funktionen.

<u>Satz</u>:

Sei $\psi = C\beta$ eine q-dimensionale schätzbare Funktion. Dann gilt für
den GMS $\hat{\psi} = Ay$ und die quadratische Form $\dfrac{1}{\sigma^2} \cdot S_\Omega = \dfrac{1}{\sigma^2} (y-X\hat{\beta})'(y-X\hat{\beta})$
bei beliebigem $\binom{\beta}{\sigma^2} \in \mathbb{R}^k \times \mathbb{R}^+$:

(i) $\quad \mathcal{W}(\hat{\psi}) = N(\psi, \sigma^2 AA')$;

(ii) $\quad \mathcal{W}(\frac{S_\Omega}{\sigma^2}) = \chi^2_{n-r}$;

(iii) $\quad \hat{\psi}$ und S_Ω sind unabhängig.

<u>Beweis</u>:

(i) $\quad \hat{\psi} = Ay$ ist wegen (Ω) normalverteilt. Ferner gilt $E(\hat{\psi}) = \psi$ (Erwartungstreue) und $\Sigma_{\hat{\psi}} = \Sigma_{Ay} = A \sigma^2 I A' = \sigma^2 AA'$. Zum Beweis von (ii) und (iii) verwenden wir eine kanonische Transformation $z = P'y$ (vgl. 1.6), wobei hier wegen (Ω) auch z normalverteilt ist.

In 1.6 ist hergeleitet worden:

$\hat{e}'\hat{e} = \sum\limits_{i=r+1}^{n} z_i^2$, $Ez = (\eta_1,\ldots,\eta_r, 0,\ldots,0)'$ und $\Sigma_z = \sigma^2 I$. Daraus ergibt sich die Gleichung $\frac{1}{\sigma^2} S_\Omega = \sum\limits_{i=r+1}^{n} (\frac{z_i}{\sigma})^2$, wobei die $\frac{z_i}{\sigma}$ $(i=r+1,\ldots,n)$ wegen $\mathcal{W}(z) = N(Ez, \sigma^2 I)$, also $\mathcal{W}(\frac{z}{\sigma}) = N(\frac{Ez}{\sigma}, I)$ unabhängig und standard-normalverteilt sind $(E\frac{z_i}{\sigma} = (\frac{Ez}{\sigma})_i = 0$ für $i=r+1,\ldots,n)$. Ferner liegen die $\hat{\psi}_i$ im Schätzerraum, so daß $\hat{\psi}$ Funktion allein von $z_1,\ldots,z_r$ ist (Basis des Schätzerraumes). Die z_i sind insgesamt stochastisch unabhängig (da paarweise unkorreliert), und die Unabhängigkeit von $\hat{\psi}$ und S_Ω folgt somit, da $S_\Omega = \sum\limits_{i=r+1}^{n} z_i^2$ Funktion allein von $z_{r+1},\ldots,z_n$ ist. $\quad\quad\quad\lrcorner$

Wir sind nun in der Lage, Tests und Konfidenzbereiche für schätzbare Funktionen zu entwickeln. Dabei beginnen wir mit den letzteren, da sie vom Begriff her - als notwendige Ergänzung von Punktschätzungen (im Sinne etwa einer Fehlerangabe) - eng mit der bisher behandelten Schätztheorie zusammenhängen[+].

[+] Dagegen gehören sie der Konstruktion nach in die Nähe der Testtheorie; man kann sie bekanntlich aus einer Familie von Tests gewinnen.

64

1.9.1   <u>Konfidenzbereiche für schätzbare Funktionen</u>

Wir beschränken uns hier auf schätzbare Funktionen $\psi = (\psi_1,\ldots,\psi_q)' = C\beta$, deren Komponenten ψ_j linear unabhängige Linearformen in $\beta \in \mathbb{R}^k$ darstellen (was durchaus sinnvoll ist, da man andernfalls gewisse Komponenten als Linearkombination eines linear unabhängigen Teilsystems berechnen und somit von vornherein weglassen kann). Da C eine $q \times k$-Matrix ist, sind die ψ_j offenbar genau dann linear unabhängig, wenn $\mathrm{rg}(C) = q(\leq k)$ gilt.

<u>Lemma</u>:

Sei $\hat{\psi} = Ay$ der GMS für die q-dim. schätzbare Funktion $\psi = C\beta$, $B := AA'$ (also $\sum_{\hat{\psi}} = \sigma^2 B$) und $\mathrm{rg}(C) = q$. Dann gilt $q \leq r$, B ist invertierbar und $\dfrac{1}{\sigma^2}(\hat{\psi}-\psi)' B^{-1}(\hat{\psi}-\psi)$ hat für alle $\binom{\beta}{\sigma^2} \in \mathbb{R}^k \times \mathbb{R}^+$ eine χ_q^2-Verteilung.

<u>Beweis</u>:

Es ist $AX\beta = E\hat{\psi} = \psi = C\beta$ für alle $\beta \in \mathbb{R}^k$, also $C = AX$, und daher $q = \mathrm{rg}(C) \leq \min(\mathrm{rg}(A), \mathrm{rg}(X))$. Also $q \leq r = \mathrm{rg}(X)$ und $q \leq \mathrm{rg}(A) = \mathrm{rg}(AA') = \mathrm{rg}(B)$. Andererseits gilt trivialerweise $\mathrm{rg}(B) \leq q$ für die $q \times q$-Matrix B, so daß wir $\mathrm{rg}(B) = q$ und die Invertierbarkeit von B erhalten. Wegen $\mathcal{W}(\hat{\psi}) = N(\psi, \sigma^2 B)$ folgt

$$\mathcal{W}(\sigma^{-2}(\hat{\psi} - \psi)' B^{-1}(\hat{\psi} - \psi)) = \chi_q^2$$

nach 1.8.   ⌐

Unter einem Konfidenzbereich zum Niveau $1-\alpha$ $(0 < \alpha < 1)$ für eine q-dimensionale schätzbare Funktion ψ verstehen wir in Übereinstimmung mit der allgemeinen Terminologie eine Abbildung K auf dem Stichprobenraum, deren Bilder Teilmengen des $\mathbb{R}^q$ sind, so daß gilt:

$$P_{\binom{\beta}{\sigma^2}}(\{y \in \mathbb{R}^n ; K(y) \ni \psi\}) \geq 1-\alpha \quad \text{für alle} \quad \binom{\beta}{\sigma^2} \in \mathbb{R}^k \times \mathbb{R}^+ \quad [+]$$

"Vernünftige" Konfidenzbereiche liegen bei symmetrischen Verteilungen häufig punktsymmetrisch zu einem Punkt, der sich als Wert einer Schätzfunktion für den betreffenden Parameter anbietet[++].

Sei ψ nun eine q-dim. schätzbare Funktion, deren Komponenten ψ_i linear unabhängig sind. Dann liefert uns das soeben bewiesene Lemma mit

$$K^*(y) := \{\chi \in \mathbb{R}^q ; \frac{1}{\sigma^2}(\hat{\psi}(y)-\chi)' \, B^{-1} \, (\hat{\psi}(y)-\chi) \leq \chi^2_{q;\alpha}\}$$

einen solchen Bereich für ψ, der allerdings noch von dem unbekannten Parameter $\sigma^2 \in \mathbb{R}^+$ abhängt und deshalb nicht verwendet werden kann.

Glücklicherweise ist auch hier ein auf der Idee des t-Tests basierendes Vorgehen ("Studentisieren") erfolgreich. Ersetzt man nämlich σ^2 durch den Schätzer s^2 aus 1.6, so erhält man den Quotienten zweier (stochastisch unabhängiger und bis auf eine Proportionalitätskonstante χ^2-verteilter) quadratischer Formen in y, den man noch mit q^{-1} normieren muß, um eine F-Verteilung zu bekommen.

Es hat dann

$$\frac{1}{q} \frac{(\hat{\psi} - \psi)' \, B^{-1} \, (\hat{\psi} - \psi)}{s^2} = \frac{(\hat{\psi} - \psi)' \, B^{-1} \, (\hat{\psi} - \psi) \, / \, q \, \sigma^2}{S_\Omega \, / \, (n-r) \, \sigma^2}$$

nach 1.7, obigem Satz und dem Lemma eine $F_{q,n-r}$-Verteilung für alle $\binom{\beta}{\sigma^2} \in \mathbb{R}^k \times \mathbb{R}^+$, (so daß es keine Rolle spielt, welches $\binom{\beta}{\sigma^2}$ nun in Wirklichkeit vorliegt). Setzt man also

---

[+] Bei vorliegender Stichprobe y bezeichnen wir auch die Menge K(y) selbst als Konfidenzbereich. Das Symbol $\ni$ wird verwendet, um an die Lesemöglichkeit "K(y) überdeckt ψ" zu erinnern.

[++] Dabei hängt die "Güte" des Konfidenzbereiches dann eng mit der der zugehörigen Schätzfunktion zusammen.

66

$$K_\psi(y) := \{\chi \in \mathbb{R}^q ; \frac{1}{q} \frac{(\hat{\psi}(y)-\chi)'B^{-1}(\hat{\psi}(y)-\chi)}{s^2(y)} \leq F_{q,n-r;\alpha}\} \, ,$$

$$A_\psi\binom{\beta}{\sigma^2} := \{y \in \mathbb{R}^n ; \frac{1}{q} \frac{(\hat{\psi}(y)-\psi\binom{\beta}{\sigma^2}))'B^{-1}(\hat{\psi}(y)-\psi\binom{\beta}{\sigma^2}))}{s^2(y)}$$

$$\leq F_{q,n-r;\alpha}\} \, ,$$

so gilt zunächst nach Definition des α-Fraktiles offenbar

$$P_{\binom{\beta}{\sigma^2}}(A_\psi\binom{\beta}{\sigma^2})) = 1-\alpha \quad \text{für alle} \quad \binom{\beta}{\sigma^2} \in \mathbb{R}^k \times \mathbb{R}^+ .$$

Da man ferner die Gleichung $A_\psi = \{y \in \mathbb{R}^n ; K_\psi(y) \ni \psi\}$ hat, folgt

$$P_{\binom{\beta}{\sigma^2}}(\{y \in \mathbb{R}^n ; K_\psi(y) \ni \psi\binom{\beta}{\sigma^2})\}) = 1-\alpha$$

für alle $\binom{\beta}{\sigma^2} \in \mathbb{R}^k \times \mathbb{R}^+$.

$K_\psi(y)$ stellt also einen Konfidenzbereich für ψ zum Niveau $1-\alpha$, und zwar (da B^{-1} eine positiv definite Matrix ist) ein q-dim. Hyperellipsoid dar[+)].

Betrachten wir noch den für die Praxis wichtigen Spezialfall $q = 1$, $\psi = c'\beta$ $(c \in \mathbb{R}^k)$:

Dann ist $\hat{\psi} = a'y$ $(a \in \mathbb{R}^n)$ als GMS für ψ, $B = \|a\|^2 = \sum\limits_{i=1}^{n} a_i^2$ und

$$\hat{\sigma}_{\hat{\psi}}^2 := \|a\|^2 s^2$$

als erwartungstreuer Schätzer für die Varianz $\sigma_{\hat{\psi}}^2 = \|a\|^2 \sigma^2$ in natürlicher Weise gegeben. Man erhält

$$K_\psi(y) = \{\xi \in \mathbb{R} ; \left(\frac{\hat{\psi}(y) - \xi}{\hat{\sigma}_{\hat{\psi}}(y)}\right)^2 \leq F_{1,n-r;\alpha}\}$$

bzw. - nach 1.7 -

$$K_\psi(y) = \{\xi \in \mathbb{R}; \frac{|\hat{\psi}(y) - \xi|}{\hat{\sigma}_{\hat{\psi}}(y)} \leq t_{n-r;\frac{\alpha}{2}}\}$$

$$= \{\xi \in \mathbb{R} ; \hat{\psi}(y) - t_{n-r;\frac{\alpha}{2}} \hat{\sigma}_{\hat{\psi}}(y) \leq \xi \leq \hat{\psi}(y) + t_{n-r;\frac{\alpha}{2}} \hat{\sigma}_{\hat{\psi}}(y)\} \, ,$$

[+)]Es hat sich die (für $q \geq 3$ etwas verkürzte) Sprechweise "Konfidenzellipsoid" eingebürgert.

also ein Konfidenzintervall.

Als Beispiel werde die bekannte Aufgabe, aufgrund einer Zufallsstichprobe vom Umfang n aus einer $N(\mu,\sigma^2)$-verteilten Grundgesamtheit ein Konfidenzintervall für den Mittelwert μ zu konstruieren, in das KLM eingebettet:

Mit der Bezeichnung $1 := (1,\ldots,1)'$ aus 1.4 gelte also

$$\mathcal{W}(y) = N(1\mu, \sigma^2 I), \quad \begin{pmatrix}\mu\\\sigma^2\end{pmatrix} \in \mathbb{R} \times \mathbb{R}^+ ,$$

d.h. $X = 1$, $r = k = 1$ und $\beta = \mu$. Dann ist $\psi(\mu) := \mu$ ($= \frac{1}{n} 1'1\mu$) schätzbare Funktion mit GMS $\hat{\mu} = (X'X)^{-1}X'y = (1'1)^{-1}1'y = \frac{1}{n} 1'y = \bar{y}$, und man erhält $\hat{\sigma}_{\hat{\mu}}^2 = \left\|\frac{1}{n}1\right\|^2 s^2 = \frac{1}{n^2} \|1\|^2 s^2 = \frac{s^2}{n}$ und für s^2 das Gewohnte, nämlich

$$s^2 = \frac{1}{n-1} \hat{e}'\hat{e} = \frac{1}{n-1} (y - 1\bar{y})' (y - 1\bar{y}) = \frac{1}{n-1} \sum_{i=1}^{n} (y_i - \bar{y})^2 .$$

Als Konfidenzintervall zum Niveau $1-\alpha$ ergibt sich

$$K(y) = \{\mu \in \mathbb{R} ; \bar{y} - t_{n-1;\frac{\alpha}{2}} \frac{s(y)}{\sqrt{n}} \leq \mu \leq \bar{y} + t_{n-1;\frac{\alpha}{2}} \frac{s(y)}{\sqrt{n}}\} ,$$

also das vom Einstichprobenproblem her Bekannte.

Experimentalphysiker arbeiten bei Messungen häufig mit Konfidenzintervallen der Gestalt

$$\tilde{K}_\tau(y) = \{\mu \in \mathbb{R} ; \bar{y} - \tau \cdot \frac{s(y)}{\sqrt{n}} \leq \mu \leq \bar{y} + \tau \cdot \frac{s(y)}{\sqrt{n}}\}$$

mit $\tau = 1$ (sog. 1σ-Regel), $\tau = 2$ (2σ-Regel) oder $\tau = 3$ (3σ-Regel). Wenn n hinreichend groß ist oder σ bekannt ist und anstelle von s eingesetzt werden kann, so entsprechen: $\tau = 1$ einem 68,3% ($= 1-\alpha$)-, $\tau = 2$ einem 95,4% - und $\tau = 3$ einem 99,73%-Niveau. Ist σ unbekannt und der Stichprobenumfang nicht groß genug, so sind die Niveaus niedriger. Es wird dem Statistiker daher unverständlich bleiben, weshalb in der praktischen Physik weitgehend mit $\tau = 1$ gearbeitet wird (allgemein sind Niveaus zwischen 95% und 99,5% üblich).

1.9.2   <u>Tests typischer Hypothesen</u>

So wie es beim Schätzen von parametrischen Funktionen zweckmäßig ist,
sich auf identifizierbare Funktionen zu beschränken, ist es beim Testen
naheliegend, nur gewisse Hypothesen H (d.h. nichtleere Teilmengen des
Parameterbereichs) zuzulassen, die wir prüfbar nennen wollen.

<u>Definition</u>:

Sei $\theta \in \Gamma$ Parameter eines statistischen Testproblems, der die Verteilung der Stichprobe bestimmt und $\emptyset \neq H \subset \Gamma$ die zu testende Hypothese. H heißt prüfbar, wenn es kein Paar (θ, η) mit $\mathcal{W}_\theta(y) = \mathcal{W}_\eta(y)$
von Parametern gibt, so daß θ in der Hypothese und η in der Alterna-
tive liegt, wenn also für alle $(\theta, \eta) \in \Gamma \times \Gamma$ gilt:
$(\mathcal{W}_\theta(y) = \mathcal{W}_\eta(y)) \Rightarrow$ (θ und η sind beide aus H oder beide nicht aus H).

Bei Anwendung des KLM begegnen dem Praktiker typischerweise Hypothesen
der Gestalt $H_\psi := \{\binom{\beta}{\sigma^2} \in \mathbb{R}^k \times \mathbb{R}^+ ; \; \psi(\beta) = 0\}$, wobei ψ eine q-dim.
parametrische Funktion ist.
Es läßt sich ein Zusammenhang zwischen der Prüfbarkeit von H_ψ und der
Identifizierbarkeit von ψ vermuten, der in der Tat existiert.

<u>Satz</u>:

Sei ψ eine q-dim. parametrische Funktion.
H_ψ ist genau dann prüfbar, wenn ψ identifizierbar (d.h. schätzbar) ist.

<u>Beweis</u>:

"$\Leftarrow$" folgt unmittelbar aus den Definitionen.
"$\Rightarrow$" : Sei H_ψ prüfbar. Wir zeigen die Schätzbarkeit von ψ: Es ist
$\psi = C\beta$ mit einer $q \times k$-Matrix C. Da im KLM die Verteilung der Stichprobe $(N(X\beta; \sigma^2 I))$ allein von $X\beta$ und σ^2 charakterisiert ist, gilt nach
Voraussetzung für alle β, $\tilde{\beta}$, σ^2 mit $\binom{\beta}{\sigma^2} \in H_\psi$:

$$X\beta = X\tilde{\beta} \Rightarrow C\beta = C\tilde{\beta} \quad (= 0) \ ;$$

$$\text{bzw.} \quad X(\beta-\tilde{\beta}) = 0 \Rightarrow (\beta-\tilde{\beta})'C' = C(\beta-\tilde{\beta}) = 0.$$

Nun läßt sich jeder Vektor $\gamma \in \mathbb{R}^k$ darstellen als $\gamma = \beta-\tilde{\beta}$ mit $\psi(\beta) = 0$ und $\tilde{\beta} \in \mathbb{R}^k$ ($H_\psi \neq \emptyset$, da $\binom{0}{\sigma^2} \in H_\psi$ für beliebiges $\sigma^2 > 0$). Daher ergibt sich die Schätzbarkeit von ψ ebenso wie in 1.5 beim Beweis der Äquivalenz von Schätzbarkeit und Identifizierbarkeit. ⌐

Im folgenden legen wir prüfbare Hypothesen H_ψ zugrunde, bei denen die zugehörige (schätzbare) Funktion $\psi = (\psi_1,\ldots,\psi_q)'$ q linear unabhängige Komponenten besitzt[+] (insbesondere gilt also $q \leq r = rg(X)$ nach dem Lemma). Ferner sei A die eindeutig bestimmte $q \times n$-Matrix mit Zeilenvektoren aus $R(X)$ und $\psi = AX\beta$. Wegen der linearen Unabhängigkeit der ψ_j gilt $q \leq rg(AX) \leq rg(A) \leq q$, also $rg(A) = q$, so daß auch die Zeilenvektoren von A linear unabhängig sind. Da ψ von β nur über den Mittelvektor $\mu = X\beta$ abhängt, hat es sich eingebürgert, den Parameterbereich $\mathbb{R}^k \times \mathbb{R}^+$ ebenso wie die Modellvoraussetzung mit Ω zu bezeichnen und in der Form $\Omega = \{\binom{\beta}{\sigma^2} \in \mathbb{R}^k \times \mathbb{R}^+, \ \mu = X\beta \in V_r\}$ mit $V_r := R(X)$ anzugeben, um die Dimension r von $R(X)$ gleich ablesen zu können und den geometrischen Aspekt stärker zu betonen.

Setzt man andererseits

$$V_{r-q} := \{\mu \in \mathbb{R}^n; \ p_{r+1}'\mu = \ldots p_n'\mu = \chi_1'\mu = \ldots \chi_q'\mu = 0\}$$

mit den n-r Vektoren $p_{r+1},\ldots,p_n$ einer kanonischen Basis, die $R(X)^\perp$ aufspannen, und den q linear unabhängigen Zeilenvektoren χ_i von A, die in $R(X)$ liegen, so ist V_{r-q} die Lösungsgesamtheit eines linearen Systems von n-r+q linear unabhängigen Gleichungen von der Dimension $r-q = n-(n-r+q)$, und man stellt aus den erwähnten Motiven auch die Hypothese H_ψ gern in der Form

---

[+] Solche Hypothesen wollen wir "typisch" nennen.

$$\omega := \{(\begin{smallmatrix}\beta\\\sigma^2\end{smallmatrix}) \in \mathbb{R}^k \times \mathbb{R}^+ ; \quad \mu = X\beta \in V_{r-q}\} \quad \text{dar}[+)].$$

Zur Konstruktion eines Tests für ω gegen $\Omega-\omega$ können wir entweder nach einem bewährten Prinzip versuchen, einen Likelihood-Quotententest zu bestimmen, oder wir wählen eine Testgröße, die von der Methode der kleinsten Quadrate nahegelegt wird.

Wie sich noch herausstellen wird, erhält man auf beiden Wegen den gleichen Test.

Weiterhin konsequent den geometrischen Aspekt im Linearen Modell betonend, wollen wir zunächst den zweiten Weg wählen und mit der geometrischen Motivation beginnen. Zuvor jedoch sei an einige elementare Begriffe und Tatsachen der Testtheorie erinnert:

Da beim Testen nur zwei Entscheidungen (für oder gegen die Hypothese) möglich sind, ist ein Entscheidungsverfahren, d.h. ein Test, gegeben durch eine Teilmenge S_K des Stichprobenraumes, dem Ablehnungs- oder kritischen Bereich, wobei die Entscheidungsvorschrift gerade darin besteht, die Hypothese H abzulehnen, wenn die Stichprobe in S_K liegt[++)].

S_K wird meistens vermöge einer Prüfgröße (oder Teststatistik) - d.h. einer auf dem Stichprobenraum $\mathbb{R}^n$ erklärten reellwertigen Funktion - T definiert in der Form

$$S_K := \{y \in \mathbb{R}^n ; \ T(y) > c\} =: [T > c] .$$

Um einen Test zum Niveau α zu erhalten, bestimmt man dabei ein c (in Abhängigkeit von $\alpha \in {]}0,1{[}$) mit der Eigenschaft

$$P_\theta (S_K) \leq \alpha \qquad \text{für alle} \quad \theta \in H.$$

[+)] Daß $\omega = H_\psi$ gilt, ist leicht einzusehen, denn bei $\theta = (\begin{smallmatrix}\beta\\\sigma^2\end{smallmatrix}) \in H_\psi$ ist $\psi(\beta) = AX\beta = 0$. Für $\mu = X\beta$ erhält man also $\chi_1'\mu = \ldots = \chi_q'\mu = 0$ zu den (wegen $\mu \in R(X) = V_r$) trivialen Gleichungen $p_{r+1}'\mu = \ldots = p_n'\mu = 0$. Es folgt $\theta \in \omega$. Umgekehrt ergibt sich für $\theta \in \omega$ unmittelbar $\psi(\beta) = AX\beta = A\mu = 0$, d.h. $\theta \in H_\psi$.

[++)] In praxi kommt man im allgemeinen ohne Randomisierung aus, da entweder die Verteilungen der Testgrößen stetig sind, oder man sich auf gewisse Niveaus α beschränken kann.

Und zwar wählt man ein minimales $c = c_\alpha$ mit dieser Eigenschaft, damit die Trennschärfe des Tests, d.h. $P_\theta(S_K)$ für θ aus K (der Alternative), möglichst groß wird.

Wenn die Verteilung von T für alle $\theta \in H$ die gleiche ist, (wie es sich im KLM ergeben wird), erweist sich c_α als α- Fraktil dieser Verteilung.

Ein kritischer Bereich (d.h. also ein Test) läßt sich von verschiedenen Prüfgrößen erzeugen. Ist nämlich $h : T(\mathbb{R}^n) \to \mathbb{R}$ stetig und streng monoton wachsend (insbesondere also bijektiv), so gilt offenbar

$$T(y) > c \iff h \circ T(y) > h(c)$$

für alle $y \in \mathbb{R}^n$, $c \in \mathbb{R}$ und daher

$$[T > c_\alpha] = [h \circ T > h(c_\alpha)] \ .$$

Wie eine kurze Überlegung zeigt, ergibt sich daher unter der Voraussetzung, daß $\mathcal{W}_\theta(T)$ auf H nicht von θ abhängt, $h(c_\alpha)$ als α-Fraktil der Verteilung von $h \circ T$ unter $\theta \in H$. Auch $\mathcal{W}_\theta(h \circ T)$ hängt dann auf H nicht von θ ab.

Vermöge einer stetigen und streng monoton fallenden Abbildung g lassen sich auch kritsche Bereiche S_K behandeln, die von der Konstruktion her in der Form

$$S_K := [T < c_\alpha{}^*]$$

(wobei hier $c_\alpha{}^*$ maximal ist unter den $c \in \mathbb{R}$ mit $P_\theta(T < c) \leq \alpha$ für alle $\theta \in H$) gegeben sind (wie z.B. bei Likelihood-Quotiententests). Man erhält nämlich mit

$$S_K = [T < c_\alpha{}^*] = [g \circ T > g(c_\alpha{}^*)]$$

sofort die gewohnte Darstellung, wobei unter der erwähnten Voraussetzung wieder $g(c_\alpha{}^*)$ mit dem α-Fraktil der Verteilung von $g \circ T$ übereinstimmt. Gibt es keinen gleichmäßig besten Test (eventuell bzgl. einer eingeschränkten Klasse von Tests zum Niveau α), d.h. keinen, der die Trennschärfe (in dieser Klasse) für jedes θ aus der Alternative maximiert,

oder kennt man kein Verfahren, einen solchen zu konstruieren, und ist
auch sonst kein Test ausgezeichnet, andererseits aber die Verteilungsannahme dominiert, d.h. die Verteilung der Stichprobe für jeden Parameter θ durch eine Dichte p_θ (etwa bzgl. des Lebesgue-Maßes) gegeben,
so kann man sich mit der Likelihood-Idee behelfen (die, wenn es welche
gibt, häufig beste Tests liefert). Der Likelihood-Quotiententest (LQ-
Test) beruht auf der durch

$$\lambda(y) \;=\; \frac{\sup\limits_{\theta \in H} p_\theta(y)}{\sup\limits_{\theta \in H+K} p_\theta(y)}$$

definierten Prüfgröße mit der Idee, daß (bei $0 < \lambda \leq 1$) $\lambda = 1$ gerade
dann gilt, wenn das unter der vorliegenden Stichprobe y "wahrschein-
lichste" θ (nach der M.L.-Idee dasjenige, welches den Wert der Dichte
maximiert) in H liegt. Dieser Idee folgend, werden zu kleine Werte
von λ Anlass dazu geben, die Hypothese abzulehnen. Der Ablehnungsbereich des Likelihood-Quotiententests liegt also in der Form $S_K =$
$[\lambda < c_\alpha^{\;*}]$ vor.

Beim KLM bietet sich als intuitive Prüfgröße für die Hypothese
"$\mu \in V_{r-q}$" die Güte der Approximation des Datenvektors y durch den
linearen Teilraum V_{r-q} im Vergleich zu derjenigen durch $V_r = R(X)$
an, d.h. mit anderen Worten der Quotient

$$T \;:= \; \frac{\|\, y - \hat{y}_\omega \,\|}{\|\, y - \hat{y}_\Omega \,\|}$$

aus den beiden Approximationsfehlern (wobei wir $\hat{y}_\Omega := \hat{y} := P_{V_r}(y)$
und $\hat{y}_\omega := P_{V_{r-q}}(y)$ setzen)[+].

[+] Man beachte die hier als bekannt vorausgesetzte Eigenschaft der orthogonalen Projektion: Sind L und R zwei lineare Teilräume des $\mathbb{R}^n$ mit
$L \subset R$, so folgt $P_L = P_L \circ P_R$. Insbesondere gilt also z.B. die Gleichung
$\hat{y}_\omega = P_{V_{r-q}}(\hat{y}_\Omega)$. Es ergeben sich daher aus dem Satz des Pythagoras fol-
gende orthogonale Zerlegungen: $\|y\|^2 = \|\hat{y}_\Omega\|^2 + \|y - \hat{y}_\Omega\|^2$,
$$\|y\|^2 = \|\hat{y}_\omega\|^2 + \|y - \hat{y}_\omega\|^2,$$
$$\|\hat{y}_\Omega\|^2 = \|\hat{y}_\omega\|^2 + \|\hat{y}_\Omega - \hat{y}_\omega\|^2.$$

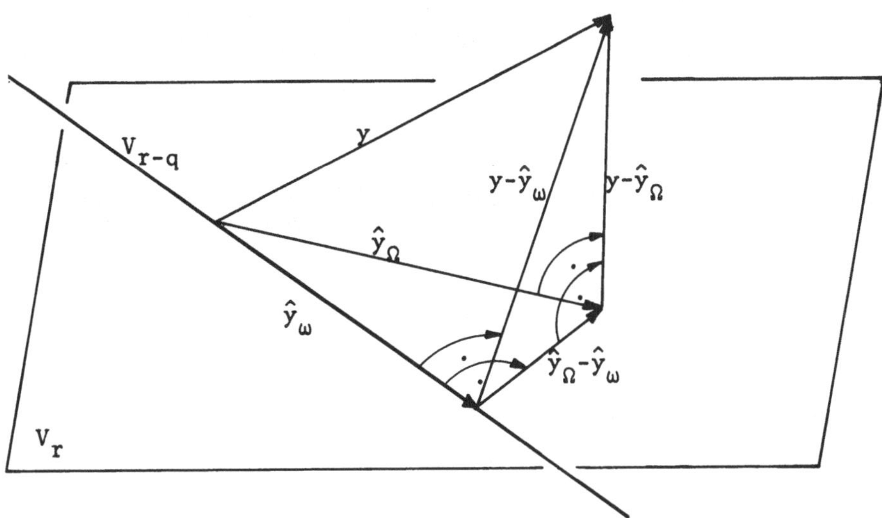

Abb. 6: Zerlegung des Vektors y in die für das Testen von ω gegen Ω erforderlichen Teilvektoren.

Der Satz des Pythagoras liefert $\|y - \hat{y}_\omega\|^2 = \|y - \hat{y}_\Omega\|^2 + \|\hat{y}_\Omega - \hat{y}_\omega\|^2$, insbesondere also $T \geq 1$. Man wird die Hypothese annehmen, wenn T von 1 nicht zu weit entfernt ist, andernfalls verwerfen, also $S_K :=$ $[T > c_\alpha]$ setzen. Um den so definierten Test tatsächlich anwenden zu können, müssen wir die Prüfgröße noch einigen stetigen und streng monoton wachsenden Abbildungen unterwerfen (wobei nach den obigen Bemerkungen der Test nicht verändert wird).

Zunächst wird man zu T^2 - einem Quotienten zweier quadratischer Formen - übergehen, um die Verteilung der Prüfgröße bzw. deren α-Fraktil besser in den Griff zu bekommen.

Man ist damit allerdings noch nicht am Ziel, da sich Zähler und Nenner von T^2 als abhängig erweisen, wie eine kanonische Darstellung des KLM zeigt. Dazu wählen wir eine dem Testproblem angepaßte kanonische Basis, so daß über die sonstigen Eigenschaften hinaus die Basisvektoren

$p_{q+1}, \ldots, p_r$ den linearen Teilraum V_{r-q} erzeugen. Insgesamt hat man also folgende Situation:

$$\underbrace{p_1, \ldots, p_q}_{V_q} ; \quad \underbrace{p_{q+1}, \ldots, p_r}_{V_{r-q}} ; \quad p_{r+1}, \ldots, p_n \qquad +)$$

Orthonormalbasis des:

$$\underbrace{V_q \quad V_{r-q}}_{V_r} \qquad \underbrace{\phantom{V_{r-q}}}_{V_{n-q}}$$

$$\underbrace{\phantom{V_r \qquad V_{n-q}}}_{V_n}$$

Wenden wir nun die kanonische Transformation $z = P'y$ mit $P = (p_1, \ldots, p_n)$ an, so gilt für alle $\binom{\beta}{\sigma^2} \in \Omega$ nach 1.6 und 1.7:

$$W_{\binom{\beta}{\sigma^2}}(z) = N(\eta, \sigma^2 I) \quad \text{mit} \quad \eta_{r+1} = \ldots = \eta_n = 0 \; .$$

Darüberhinaus gilt offenbar ferner $\eta_1 = \ldots = \eta_q = 0$ für $\binom{\beta}{\sigma^2} \in \omega \; (c\Omega)$. Man erhält wie in 1.6

$$S_\Omega = \| y - \hat{y}_\Omega \|^2 = \sum_{i=r+1}^{n} z_i^2 \qquad \text{und}$$

$$S_\omega := \| y - \hat{y}_\omega \|^2 = \sum_{i=1}^{q} z_i^2 + \sum_{i=r+1}^{n} z_i^2, \qquad \text{also}$$

$$T^2 = \frac{S_\omega}{S_\Omega} = \frac{\sum\limits_{i=1}^{q} z_i^2 + \sum\limits_{i=r+1}^{n} z_i^2}{\sum\limits_{i=r+1}^{n} z_i^2} \; .$$

Da $\sum\limits_{i=r+1}^{n} z_i^2$ in beiden auftaucht, sind Zähler und Nenner von T^2 abhängig. Dieses Dilemma läßt sich allerdings leicht dadurch beheben, daß wir T^2 um eine Einheit verkleinern, denn

---

+) Die Zeilenvektoren χ_j der Matrix A aus $\psi = AX\beta$ und $\hat{\psi} = Ay$ bilden dann also eine Basis des von $p_1, \ldots, p_q$ aufgespannten V_q !

$$T^2 - 1 = \frac{S_\omega - S_\Omega}{S_\Omega} = \frac{\sum\limits_{i=1}^{q} z_i^2}{\sum\limits_{i=r+1}^{n} z_i^2}$$

ist offenbar Quotient zweier unabhängiger quadratischer Formen. Nach dem ersten Satz aus 1.9 wissen wir, daß $\mathcal{W}_{\binom{\beta}{\sigma^2}}\left(\frac{S_\Omega}{\sigma^2}\right) = \chi^2_{n-r}$ für alle $\binom{\beta}{\sigma^2} \in \Omega$ gilt. Analog wie dort ergibt sich die Verteilung von $\frac{S_\omega - S_\Omega}{\sigma^2}$ unter ω; es gilt nämlich

$$\mathcal{W}_{\binom{\beta}{\sigma^2}}\left(\frac{S_\omega - S_\Omega}{\sigma^2}\right) = \mathcal{W}_{\binom{\beta}{\sigma^2}}\left(\sum_{i=1}^{q}\left(\frac{z_i}{\sigma}\right)\right) = \chi^2_q \quad \text{für alle} \quad \binom{\beta}{\sigma^2} \in \omega.$$

Wenn wir T^2-1 also noch mit $\frac{n-r}{q}$ normieren, d.h. zu

$$F := \frac{(S_\omega - S_\Omega)/q}{S_\Omega/(n-r)} \geq 0$$

übergehen, erhalten wir $\mathcal{W}_{\binom{\beta}{\sigma^2}}(F) = F_{q,n-r}$ für alle $\binom{\beta}{\sigma^2} \in \omega$ [+] und unseren Test in der Form

$$S_K = [F > F_{q,n-r;\alpha}] \, ,$$

in der er wegen $S_\omega - S_\Omega = \|\hat{y}_\Omega - \hat{y}_\omega\|^2$ (Satz des Pythagoras) noch eine weitere Interpretation zuläßt:

Der F-Test verwirft die Hypothese, daß μ in V_{r-q} liegt, dann, wenn die "beste" Schätzung von μ unter ω zu stark von der unter Ω abweicht, wobei als Vergleichseinheit die Größe $S_\Omega = \|y - \hat{y}_\Omega\|^2$ herangezogen wird, die ein Maß für die Zufallsstreuung , d.h. dafür darstellt, wie gut oder wie schlecht die Daten zu der Modellvoraussetzung "$\mu \in V_r$" passen.

Berechnen wir nun den Likelihood-Quotienten unseres Testproblems:

Es ist $\theta = \binom{\beta}{\sigma^2} \in \Omega$ und

$$p_\theta(y) = (2\pi\sigma^2)^{-\frac{n}{2}} e^{-\frac{1}{2\sigma^2}(y-X\beta)'I(y-X\beta)} = (2\pi\sigma^2)^{-\frac{n}{2}} e^{-\frac{1}{2\sigma^2}\|y-X\beta\|^2} \, .$$

[+] Cochrans Theorem liefert uns dieses Ergebnis aufgrund der pythagoreischen Zerlegung $\|y\|^2 = \|\hat{y}_\omega\|^2 + \|\hat{y}_\Omega - \hat{y}_\omega\|^2 + \|y - \hat{y}_\Omega\|^2$.

Da die Abbildung $\xi \to e^{-\xi}$ streng monoton fällt, wird $p_{\binom{\beta}{\sigma^2}}(y)$ für festes $\sigma^2 \in \mathbb{R}^+$ bei demjenigen $\beta \in \mathbb{R}^k = \Omega_{\sigma^2}$ (bzw. $\beta \in \omega_{\sigma^2} = \{\beta \in \mathbb{R}^k ; \binom{\beta}{\sigma^2} \in \omega\}$) auf Ω_{σ^2} (bzw. ω_{σ^2}) maximal, bei dem $\|y-X\beta\|^2$ minimal wird, also gerade bei $\beta = \hat{\beta}_\Omega$ (bzw. $\beta = \hat{\beta}_\omega$) mit $X\hat{\beta}_\Omega = P_{V_r}(y)$ (bzw. $X\hat{\beta}_\omega = P_{V_{r-q}}(y)$) und dem minimalen Abstandsquadrat $S_\Omega = \|y-X\hat{\beta}_\Omega\|^2$ (bzw. $S_\omega = \|y-X\hat{\beta}_\omega\|^2$) von V_r (bzw. V_{r-q}).

Da sich, grob gesprochen, Suprema über mehrdimensionale Bereiche iteriert berechnen lassen[+], gilt es noch, ein $\hat{\sigma}_\Omega^2$ (bzw. $\hat{\sigma}_\omega^2$) zu finden, welches

$$f_\Omega(\sigma^2) = (2\pi\sigma^2)^{-\frac{n}{2}} e^{-\frac{1}{2\sigma^2} S_\Omega} \quad (\text{bzw.} \quad f_\omega(\sigma^2) = (2\pi\sigma^2)^{-\frac{n}{2}} e^{-\frac{1}{2\sigma^2} S_\omega})$$

maximiert.

Da der Logarithmus streng monoton fällt, erhält man die beiden leicht zu behandelnden Bestimmungsgleichungen

$$\frac{d \log f_\Omega(\sigma^2)}{d\sigma^2}\bigg|_{\sigma^2 = \hat{\sigma}_\Omega^2} = 0 \qquad \text{und}$$

$$\frac{d \log f_\omega(\sigma^2)}{d\sigma^2}\bigg|_{\sigma^2 = \hat{\sigma}_\omega^2} = 0 \, ,$$

aus denen sich $\hat{\sigma}_\Omega^2$ und $\hat{\sigma}_\omega^2$ unmittelbar berechnen lassen als

$$\hat{\sigma}_\Omega^2 = \frac{S_\Omega}{n} \, , \qquad \hat{\sigma}_\omega^2 = \frac{S_\omega}{n} \quad [++] \, .$$

[+] Die präzise und einfach zu beweisende Formulierung dieses Sachverhalts lautet folgendermaßen: Ist $f : D \to \overline{\mathbb{R}}$ eine Abbildung mit $\emptyset \neq D \subset B \times C$ und $D_b := \{c \in C; (b,c) \in D\}$ für $b \in B$ der b-Schnitt von D, so gilt $\sup\limits_{(b,c)\in D} f(b,c) = \sup\limits_{b\in pr_1(D)} \sup\limits_{c\in D_b} f(b,c)$, mit $pr_1(b,c) := b$.

[++] Es ist (z.B. über die 2. Ableitungen) leicht nachzuweisen, daß diese Werte f_Ω bzw. f_ω in der Tat maximieren.

An dieser Stelle sind einige ergänzende Bemerkungen zur Schätztheorie im KLM angebracht: Die Überlegungen zum L.Q.-Test lehren, daß sich im KLM der GMS $\hat{\mu} = X\hat{\beta}(=\hat{y}_\Omega)$ für den Mittelvektor $\mu = X\beta$ ebenso wie im Falle r=k der (dann definierte) GMS $\hat{\beta}$ auch als Maximum-Likelihood

Insgesamt ergibt sich der Likelihood-Quotient als $\lambda = \left(\dfrac{S_\omega}{S_\Omega}\right)^{-\frac{n}{2}}$. Über-
gang zu $g(\lambda) := \dfrac{n-r}{q}(\lambda^{-\frac{2}{n}} - 1)$ vermöge der streng monoton fallenden
Funktion $g : \,]0,1] \to \mathbb{R}$ zeigt, daß der L.Q.-Test $[\lambda < c_\alpha^{\,*}]$ mit dem
F-Test $[F > F_{q,n-r;\alpha}] = [g \circ \lambda > g(c_\alpha^{\,*})]$ übereinstimmt.

Wir sind beim KLM in der glücklichen Lage, die Verteilung der Prüfgröße auch auf der Alternative $\Omega - \omega$ unmittelbar angeben und damit Aussagen über die Trennschärfe des Tests machen zu können. Auf $\Omega - \omega$
hängt $\mathcal{W}_{\binom{\beta}{\sigma^2}}(F)$ vom speziellen Parameter $\binom{\beta}{\sigma^2}$ ab, und zwar entnehmen
wir der kanonischen Transformation $z = P'y$, daß auf Ω allgemein

$$\mathcal{W}_{\binom{\beta}{\sigma^2}}(\sigma^{-2}(S_\omega - S_\Omega)) = \mathcal{W}_{\binom{\beta}{\sigma^2}}\left(\sigma^{-2}\sum_{i=1}^{q} z_i^2\right) = \chi'^{\,2}_{q,\delta} \quad \text{gilt mit}$$

$$\delta^2 = \sum_{i=1}^{q}\left(\frac{\eta_i}{\sigma}\right)^2 = \frac{1}{\sigma^2}\sum_{i=1}^{q}\eta_i^2 = \frac{1}{\sigma^2}\left\|\mu - P_{V_{r-q}}(\mu)\right\|^2 \quad (= 0 \text{ für } \binom{\beta}{\sigma^2} \in \omega).$$

Wir hatten die Verteilung von $\sigma^{-2}S_\Omega$ schon berechnet als

$$\mathcal{W}_{\binom{\beta}{\sigma^2}}(\sigma^{-2}S_\Omega) = \chi^2_{n-r} \quad \text{(auf ganz } \Omega \text{ unabhängig vom speziellen Parameter),}$$

so daß allgemein gilt:

$$\mathcal{W}_{\binom{\beta}{\sigma^2}}(F) = F'_{q,n-r,\delta} \quad \text{mit } \delta^2 = \sigma^{-2}\sum_{i=1}^{q}\eta_i^2 \quad {}^{+)}.$$

Schätzer gewinnen läßt. Dagegen ergibt sich als M.L.-
Schätzer für σ^2 nicht $s^2 = S_\Omega/(n-r)$, sondern der nach 1.6 verzerrte
Schätzer $\hat{\sigma}_\Omega^2$. Im übrigen läßt sich unter den schärferen Voraussetzungen
des KLM nachweisen, daß die eindimensionalen GMS $\hat{\psi}$ und s^2 kleinste Varianz sogar in der Menge aller erwartungtreuen Schätzer besitzen (vgl.
z.B. Witting/Nölle (1970), S. 39).

${}^{+)}$Da ja die kanonische Transformation $z = P'y$ in praxi nicht durchge-
führt wird, berechnet man den NZP δ besser aus der Formel $\sigma^2\delta^2 = \sum_{i=1}^{q}\left(\sum_{j=1}^{n} P_{ji}\, E(y_j)\right)^2$, die sich aus $\sigma^2\delta^2 = \sum_{i=1}^{q}\eta_i^2$ und $\eta_i =$
$E(z_i) = E\left(\sum_{j=1}^{n} P_{ji}\, y_j\right) = \sum_{j=1}^{n} P_{ji}\, E(y_j)$ ergibt.
(Merkregel: Ersetzt man in $S_\omega - S_\Omega$ alle auftretenden Beobachtungen
y_i durch ihre Erwartungswerte, so erhält man $\sigma^2\delta^2$).

Die Abhängigkeit von σ^2 (auf $\Omega - \omega$) war zu erwarten. Es scheint intuitiv
klar, daß ganz allgemein die Güte statistischer Aussagen von der zu-
fallsbedingten Variabilität der eingehenden Daten beeinflußt wird, und
zwar wird es sicherlich desto schwieriger sein, Abweichungen von einer
Hypothese zu erkennen, je größer diese Variabilität ist.

Diese Plausibilitätsbetrachtung findet beim F-Test ihre Bestätigung
in der umgekehrten Proportionalität von δ^2 und σ^2 und dem folgenden

<u>Satz</u>:

Die Trennschärfe

$$P_{(\frac{\beta}{\sigma^2})}(F > F_{q,n-r;\alpha})$$

des F-Tests ist für jedes Tripel $(q, n-r, \alpha) \in \mathbb{N} \times \mathbb{N} \times \,]0,1[$ eine monoton
wachsende Funktion von $\delta = \delta(\frac{\beta}{\sigma^2})$.

<u>Beweis</u>:

Wegen $\mathcal{W}_{(\frac{\beta}{\sigma^2})}(F) = F'_{q,n-r,\delta}$ hängt die Trennschärfe von $(\frac{\beta}{\sigma^2})$ nur über
$\delta = \delta\,(\frac{\beta}{\sigma^2})$ ab und läßt sich somit als Funktion von δ auffassen. Bezeichnen wir diese mit g, so hat man in vereinfachter Schreibweise

$$g(\delta) = P(F'_{q,n-r,\delta} > F_{q,n-r;\alpha}) = P\left(\frac{\chi'^2_{q,\delta}/q}{\chi^2_n/(n-r)} > F_{q,n-r;\alpha}\right)$$

mit unabhängigen und ihren Bezeichnungen entsprechend verteilten Zu-
fallsvariablen $\chi'^2_{q,\delta}$ und χ^2_n.
Wegen $\mathcal{W}(\chi'^2_{q,\delta}) = \mathcal{W}((u_1+\delta)^2 + \sum_{i=2}^{q} u_i^2)$ mit $\mathcal{W}(u) = N(0, I_q)$ (vgl.
S. 49) können wir $g(\delta)$ berechnen in der Form

$$g(\delta) = P\left(\frac{(u_1+\delta)^2 + \sum_{i=2}^{q} u_i^2}{\chi^2_n} > \frac{q}{n-r}\,F_{q,n-r;\alpha}\right)$$

mit einem von χ^2_n unabhängigen und $N(0, I_q)$-verteilten Zufallsvektor
$u = (u_1, \ldots, u_q)$.

Zunächst zeigen wir, daß die Funktion $h(\delta) := P((u_1+\delta)^2 > c)$ für $c \in \mathbb{R}^+$ in δ streng monoton wächst. Es gilt

$$h(\delta) = 1 - P((u_1+\delta)^2 \le c) = 1 - P(-\sqrt{c}-\delta \le u_1 \le \sqrt{c}-\delta)$$

$$= 1 - \int_{-\sqrt{c}-\delta}^{\sqrt{c}-\delta} \frac{1}{\sqrt{2\pi}} \, e^{-\frac{x^2}{2}} \, dx,$$

und deshalb

$$h'(\delta) = - \frac{1}{\sqrt{2\pi}} (e^{-(-\sqrt{c}-\delta)^2/2} - e^{-(\sqrt{c}-\delta)^2/2})$$

$$= \frac{1}{\sqrt{2\pi}} e^{-(\sqrt{c}-\delta)^2/2} (1 - e^{-2\delta\sqrt{c}}) > 0.$$

Dann betrachtet man $g(\delta_2) - g(\delta_1)$ zunächst unter der Bedingung $(u_2,\ldots,u_q, X_n^2) = (\tau_2,\ldots,\tau_q,\xi^2)$. Allgemein gilt

$$P(A) = \int P(A|Z = z) \; P_Z(dz)$$

für beliebige Zufallsvariable Z mit Werten in einem $\mathbb{R}^d$ ($d \in \mathbb{N}$). Mit $Q := \mathcal{W}(u_2,\ldots,u_q, X_n^2)^{+)}$ ergibt sich in unserem speziellen Fall

$$g(\delta) = \int P \left(\frac{(u_1+\delta)^2 + \sum_2^q u_i^2}{X_n^2} > \frac{q}{n-r} F_{q,n-r;\alpha} \; \middle| \right.$$

$$\left. u_2 = \tau_2,\ldots,u_q = \tau_q, X_n^2 = \xi^2\right) Q(d(\tau_2,\ldots,\tau_q, \xi^2)).$$

Da u_1 unabhängig ist von $(u_2,\ldots,u_n, X_n^2)$, vereinfacht sich die unter dem Integral stehende bedingte Wahrscheinlichkeit zu

$$h(\delta,\tau_2,\ldots,\tau_q, \xi^2) := P((u_1+\delta)^2 > c(\tau_2,\ldots,\tau_q, \xi^2)),$$

wobei $c(\tau_1,\ldots,\tau_q, \xi^2) := \xi^2 \cdot \frac{q}{n-r} \cdot F_{q,n-r;\alpha} - \sum_2^q \tau_i^2$ gesetzt wurde. Für $0 < \delta_1 < \delta_2$ und $\tau := (\tau_2,\ldots,\tau_q, \xi^2)$ erhält man daher

$$g(\delta_2) - g(\delta_1) = \int (h(\delta_2;\tau) - h(\delta_1;\tau)) \, Q(d\tau).$$

Ferner gilt offenbar $h(\delta_2;\tau) - h(\delta_1;\tau) > 0$ für alle $\tau \in A :=$ $\{\tau \in \mathbb{R}^{q-1} \times \mathbb{R}^+; c(\tau) > 0\}$ nach dem ersten Teil des Beweises und

---

$^{+)}$Bei $q = 1$ setzt man $Q := \mathcal{W}(X_m^2)$ und $\sum_2^q u_i^2 := 0$ und der Beweis bleibt richtig.

$h(\delta_2;\tau) = h(\delta_1;\tau) = 1$ (d.h. $h(\delta_2;\tau) - h(\delta_1;\tau) = 0$) für alle $\tau \in A^c$ wegen $P((u_1+\delta)^2 \geq 0) = 1$. Q ist das Produktmaß aus $N(0,I_{q-1})$ und der χ_n^2-Verteilung, so daß sich leicht $Q(A) > 0$ und daher insgesamt

$$g(\delta_2) - g(\delta_1) = \int_A (h(\delta_2;\tau) - h(\delta_1;\tau)\, Q(d\tau) > 0$$

ergibt. ⌐

Da die spezielle Alternative $\binom{\beta}{\sigma^2} \in \Omega - \omega$ in relativ übersichtlicher Weise in die Verteilung der Teststatistik F und damit in die Trennschärfe des F-Tests eingeht, kann man ihn in verschiedener Hinsicht gut mit anderen Tests vergleichen. Als Resultat solcher Untersuchungen ergeben sich einige Optimalitätseigenschaften, auf die wir im Rahmen dieser Darstellung nicht eingehen können[+].

Der F-Test und der in Abschnitt 1.9.1 entwickelte Konfidenzbereich hängen eng miteinander zusammen. Und zwar ist uns zunächst mit dem Konfidenzbereich $K_\psi(y)$ vermöge $\tilde{S}_K := \{y \in \mathbb{R}^n ; 0 \notin K_\psi(y)\}$ in natürlicher Weise ein Test zum Niveau α für ω gegen $\Omega - \omega$ gegeben. Dieser stimmt mit dem F-Test überein, d.h. es gilt $\tilde{S}_K = S_K$, wie unmittelbar

---

[+] Der interessierte Leser sei an Scheffé (1959) § 2.10 oder Witting/Nölle (1970) § 1.5 verwiesen. Wir erwähnen hier nur die wohl wichtigste Eigenschaft: Ist G die Gruppe von affinen Transformationen $\pi : \mathbb{R}^n \rightarrow \mathbb{R}^n$ der Darstellung $\pi(x) = c\,C\,x + d$, $x \in \mathbb{R}^n$ mit $c \in \mathbb{R} - \{0\}$, $d \in V_{r-q}$ und einer orthogonalen Matrix C, die den V_r und den V_{r-q} jeweils in sich abbildet $(C(V_r) = V_r, C(V_{r-q}) = V_{r-q})$, so ist beim KLM das Testproblem ω gegen $\Omega - \omega$ (im üblichen Sinn) invariant gegen G und der F-Test (im üblichen Sinn) gleichmäßig bester invarianter Test zum Niveau α für dieses Testproblem.
Da in praxi von der Skalenqualität der eingehenden Größen häufig ohnehin nahegelegt wird, nur Tests zuzulassen, die gegen G invariant sind, und es überdies wegen der "Größe" der Alternative $\Omega - \omega$ aussichtslos ist, unter allen Tests zum Niveau α einen gleichmäßig besten zu finden, ist der F-Test, im Rahmen des KLM, in der Regel der empfehlenswerteste Test zum Niveau α für das Problem ω gegen $\Omega - \omega$.

aus der Gleichung

$$\hat{\psi}' \, B^{-1} \, \hat{\psi} = S_\omega - S_\Omega$$

folgt, deren etwas länglichen, aber unkomplizierten Beweis mit Methoden der linearen Algebra wir hier auslassen (s.z.B. Scheffé (1959), S. 31, 32, 40). Andererseits läßt sich K_ψ nach einem allgemeinen Konstruktionsprinzip aus den Annahmebereichen des F-Tests für eine gewisse Familie von Testproblemen gewinnen, wobei einige Optimalitätseigenschaften des Tests in einem wohldefinierten Sinn auf den Konfidenzbereich übergehen (vgl. Witting/Nölle (1970), S. 14). Damit erhält der von uns nur unter verteilungstheoretischen Gesichtspunkten hergeleitete Konfidenzbereich K_ψ, was Motivation und Güte angeht, nachträglich eine Rechtfertigung aus dem F-Test.

Wir wollen die bisher hergeleiteten Resultate über Konfidenzbereiche und Tests anhand der einfachen Regression veranschaulichen. Es gelte also $y_i = \alpha + \beta(x_i - \bar{x}) + e_i$ $(i=1,\ldots,n)$, wobei die e_i unabhängig und $N(0, \sigma^2)$-verteilt seien. Die auf S. 15 hergeleiteten GMS $\hat{\alpha}$ und $\hat{\beta}$ sind dann unter diesen Voraussetzungen unkorreliert normalverteilt und damit auch unabhängig. Aus

$$\mathcal{W}(\hat{\alpha}) = N(\alpha, \frac{\sigma^2}{n}) \quad \text{und} \quad \mathcal{W}(\hat{\beta}) = N(\beta, \frac{\sigma^2}{\Sigma(x_i - \bar{x})^2})$$

erhält man zunächst die Konfidenzbereiche

$$K_\alpha(y) = \left\{ \xi \in \mathbb{R} \, ; \, \hat{\alpha} - t_{n-2;\frac{\alpha}{2}} \frac{s}{\sqrt{n}} \leq \xi \leq \hat{\alpha} + t_{n-2;\frac{\alpha}{2}} \frac{s}{\sqrt{n}} \right\}$$

und

$$K_\beta(y) = \left\{ \xi \in \mathbb{R} \, ; \, \hat{\beta} - t_{n-2;\frac{\alpha}{2}} \frac{s}{\sqrt{\Sigma(x_i - \bar{x})^2}} \leq \xi \leq \hat{\beta} + t_{n-2;\frac{\alpha}{2}} \frac{s}{\sqrt{\Sigma(x_i - \bar{x})^2}} \right\}$$

mit $s^2 = \sum_{i=1}^{n} (y_i - \hat{\alpha} - \hat{\beta}(x_i - \bar{x}))^2/(n-2) = (\sum_{i=1}^{n} (y_i - \bar{y})^2 - \hat{\beta}^2 \sum_{i=1}^{n} (x_i - \bar{x})^2)/(n-2)$.

Für das Paar $\binom{\alpha}{\beta}$ ergibt sich entsprechend

$$K_{\binom{\alpha}{\beta}}(y) = \{\chi \in \mathbb{R}^2 \; ; \; n(\hat{\alpha}-\chi_1)^2 + \sum_{i=1}^{n} (x_i-\bar{x})^2 \, (\hat{\beta}-\chi_2)^2 \leq 2s^2 \, F_{2,n-2;\alpha}\},$$

also eine Ellipse mit Mittelpunkt $(\hat{\alpha},\hat{\beta})'$ und achsenparallelen Hauptachsen.

Parametrische Funktionen von der Form $\psi\binom{\alpha}{\beta} := \alpha + \beta(x-\bar{x})$ (für festes x) sind im Bereich der Regressionsanalyse von besonderer Bedeutung, denn sie stellen den Wert der Regressionsgeraden an der Stelle x dar. Für sie erhält man den GMS $\hat{\psi} = \hat{\alpha} + \hat{\beta}(x-\bar{x})$ mit $\sigma^2_{\hat{\psi}} = \sigma^2(\frac{1}{n} + \frac{(x-\bar{x})^2}{\Sigma(x_i-\bar{x})^2})$ und entsprechendem Konfidenzintervall

$$K_{\psi}(y) = \left\{ \xi \in \mathbb{R} \; ; \; |\xi - \hat{\alpha} - \hat{\beta}(x-\bar{x})| \leq s \left(\frac{1}{n} + \frac{(x-\bar{x})^2}{\Sigma(x_i-\bar{x})^2}\right)^{\frac{1}{2}} t_{n-2;\frac{\alpha}{2}} \right\} .$$

Dieser Vertrauensbereich für die schätzbare Funktion $\alpha + \beta(x-\bar{x})$ sollte nicht verwechselt werden mit einem Vorhersageintervall, welches in diesem Zusammenhang ebenfalls häufig gewünscht wird. Werden zunächst die Parameter α und β aufgrund von n Beobachtungen geschätzt, und will man dann eine Vorhersage über einen zukünftigen Wert $y_{n+1} = \alpha + \beta(x_{n+1}-\bar{x}) + e_{n+1}$ machen (wobei $\bar{x} = \sum_1^n x_i/n$), dann liegt die "Schätzung" $\hat{y}_{n+1} := \hat{\alpha} + \hat{\beta}(x_{n+1}-\bar{x})$ nahe. Offensichtlich ist $z := y_{n+1} - \hat{\alpha} - \hat{\beta}(x_{n+1}-\bar{x})$ normalverteilt mit

$$E(z) = 0 \quad \text{und} \quad Var(z) = \sigma^2\left(1 + \frac{1}{n} + \frac{(x-\bar{x})^2}{\Sigma(x_i-\bar{x})^2}\right),$$

und z ist unabhängig von s^2. Folglich gilt

$$P\left(|y_{n+1} - \hat{\alpha} - \hat{\beta}(x_{n+1}-\bar{x})| \leq s \left(1 + \frac{1}{n} + \frac{(x_{n+1}-\bar{x})^2}{\Sigma(x_i-\bar{x})^2}\right)^{\frac{1}{2}} t_{n-2;\frac{\alpha}{2}}\right) = 1 - \alpha.$$

Das "Vorhersageintervall"

$$\tilde{K}_{\psi}(y) := \left\{ \xi \in \mathbb{R} \; ; \; |\xi - \hat{\alpha} - \hat{\beta}(x_{n+1}-\bar{x})| \leq s \left(1 + \frac{1}{n} + \frac{(x_{n+1}-\bar{x})^2}{\Sigma(x_i-\bar{x})^2}\right)^{\frac{1}{2}} t_{n-2;\frac{\alpha}{2}} \right\}$$

ist somit, wegen der Variabilität von e_{n+1}, wesentlich breiter als $K_{\psi}(y)$. Es ist kein Konfidenzintervall für eine parametrische Funktion.

Manchmal ist es erforderlich, statt eines Konfidenzbereiches für $\psi_x := \alpha + \beta(x-\bar{x})$, wobei ein $x \in \mathbb{R}$ festgehalten wird, Bereiche $K_x(y)$ für mehrere oder gar alle $x \in \mathbb{R}$ zu ermitteln, welche die Eigenschaft haben

$$P_{\binom{\beta}{\sigma^2}}(y \in \mathbb{R}^n ; K_x(y) \ni \psi_x \text{ für alle } x \in \mathbb{R}) \geq 1 - \alpha.$$

Aus naheliegenden Gründen werden solche Bereiche "simultane Konfidenzintervalle" genannt. Eine Methode, solche simultanen Intervalle zu konstruieren, wird im nächsten Abschnitt behandelt (Scheffé-Methode).

Die wohl wichtigste Hypothese im Rahmen der einfachen Regressionsanalyse ist $H : \beta = 0$ gegenüber $K : \beta \neq 0$. Ein entsprechender Test ergibt sich aufgrund der Überlegung, daß $S_\Omega = \sum_1^n (y_i - \hat{\alpha} - \hat{\beta}(x_i-\bar{x}))^2$ und $S_\omega^2 = \sum_1^n (y_i-\bar{y})^2$ gilt, denn die Projektion $P_{V_{r-q}}(y)$ auf den durch ω bestimmten linearen Teilraum hat die Form $c(1, 1,\ldots,1)'$ und es folgt unmittelbar, daß $c = \bar{y}$ gelten muß. Daraus erhält man $S_\omega - S_\Omega = \hat{\beta}^2 \sum(x_i-\bar{x})^2$ und damit den Ablehnungsbereich

$$S_K = \left\{ y \in \mathbb{R}^n ; \frac{\hat{\beta}^2 \sum(x_i-\bar{x})^2}{[\sum(y_i-\bar{y})^2 - \hat{\beta}^2 \sum(x_i-\bar{x})^2]/(n-2)} \geq F_{1,n-2;\alpha} \right\}.$$

Nach einfachen Umformungen ergeben sich die beiden weiteren Versionen

$$S_K = \left\{ y \in \mathbb{R}^n ; \frac{|\hat{\beta}|}{\sqrt{\hat{\sigma}^2_{\hat{\beta}}}} \geq t_{n-2;\frac{\alpha}{2}} \right\}$$

und

$$S_K = \left\{ y \in \mathbb{R}^n ; |\hat{\beta}| \geq \left(\frac{F_{1,n-2;\alpha}}{n-2+F_{1,n-2;\alpha}} \cdot \frac{\sum_1^n(y_i-\bar{y})^2}{\sum_1^n(x_i-\bar{x})^2} \right)^{\frac{1}{2}} \right\},$$

welche die Intuition manchmal mehr ansprechen als die erste.

Lautet in der einfachen Regressionsanalyse die Hypothese $H : \beta = \beta_0 (\neq 0)$, dann paßt dieser Fall zunächst nicht in den Rahmen der oben entwickelten Theorie. Schreibt man jedoch $\tilde{y}_i := y_i - \beta_0(x_i-\bar{x}) = \alpha + (\beta-\beta_0)(x_i-\bar{x}) + e_i$ $(i=1,\ldots,n)$, dann gelten für $\tilde{y} := (\tilde{y}_1, \tilde{y}_2,\ldots,\tilde{y}_n)'$ und $\tilde{\beta} := \beta - \beta_0$

die Voraussetzungen der einfachen Regressionsanalyse und die Hypothese lautet $H : \tilde{\beta} = 0$. Durch Einsetzen der $\tilde{y}$-Werte in eine der obigen Formeln (mit $\hat{\tilde{\beta}} = \sum_1^n \tilde{y}_i (x_i - \bar{x}) / \sum_1^n (x_i - \bar{x})^2$) erhält man den Ablehnungsbereich für H. Entsprechend kann man bei einer Hypothese $H : \alpha = \alpha_0 \neq 0$ verfahren (siehe hierzu auch Abschnitt 2.5).

1.9.3 <u>Simultane Konfidenzintervalle (S-Methode der multiplen Vergleiche)</u>

Für eine eindimensionale schätzbare Funktion ψ mit GMS $\hat{\psi}$ hatten wir das Konfidenzintervall

$$K_\psi = \{\xi \in \mathbb{R} ; \hat{\psi} - \hat{\sigma}_{\hat{\psi}} \cdot t_{n-r, \frac{\alpha}{2}} \leq \xi \leq \hat{\psi} + \hat{\sigma}_{\hat{\psi}} \cdot t_{n-r, \frac{\alpha}{2}}\}$$

bekommen. Dieses läßt sich allerdings nur auf eine einzige schätzbare Funktion anwenden, die im Prinzip vor Erhebung der Stichprobe festliegen muß, nicht aber (bei ein und derselben Stichprobe) auf mehrere oder auf eine, die man erst nach Kenntnisnahme der Daten auswählt. Da die Datenerhebung in der Regel kostspielig ist, häufig vom Statistiker auch gar nicht mehr nachvollzogen werden kann, genügt in vielen Fällen jedoch die Angabe eines Konfidenzintervalles für eine einzige vorgegebene schätzbare Funktion nicht, sondern der Statistiker steht vor der Aufgabe, bei vorliegender Stichprobe simultan über verschiedene ψ etwas aussagen zu müssen.

Ist etwa $L_q = \{\psi = c'\phi; c \in \mathbb{R}^q\}$ ein linearer Teilraum schätzbarer Funktionen, der von den q linear unabhängigen Funktionen ϕ_i aufgespannt wird, so gilt es dann, eine Familie $(\tilde{K}_\psi)_{\psi \in L_q}$ von Intervall-Schätzfunktionen anzugeben mit

$$(*) \qquad P_{\binom{\beta}{\sigma^2}} \left(\bigcap_{\psi \in L_q} \tilde{A}_\psi \left(\tbinom{\beta}{\sigma^2}\right) \right) \geq 1 - \alpha, \quad \text{für alle} \quad \tbinom{\beta}{\sigma^2} \in \Omega,$$

wobei wieder

$$\tilde{A}_\psi \left(\begin{smallmatrix}\beta\\\sigma^2\end{smallmatrix}\right) := \{y \in \mathbb{R}^n\,;\ \tilde{K}_\psi (y) \ni \psi \left(\begin{smallmatrix}\beta\\\sigma^2\end{smallmatrix}\right)\}$$

gesetzt wurde. Mit anderen Worten, die Wahrscheinlichkeit dafür, daß
alle $\psi \in L_q$ im zugehörigen $\tilde{K}_\psi$ liegen, darf nicht kleiner als $1 - \alpha$ sein.
Eine solche Familie $(\tilde{K}_\psi)$ wollen wir eine Familie simultaner Konfidenzintervalle für die $\psi \in L_q$ nennen[+].

Es liegt nahe, für simultane Aussagen über alle $\psi \in L_q$ den gemeinsamen
Konfidenzbereich $K_{(\phi_1,\ldots,\phi_q)}$, für die Basisfunktionen $\phi_1,\ldots,\phi_q$
des L_q heranzuziehen. Dieser Idee nachgehend erhielt Scheffé eine
Familie simultaner Konfidenzintervalle $(\tilde{K}_\psi)_{\psi \in L_q}$, die dadurch charakterisiert ist, daß dem Paar $(\psi,y) \in L_q \times \mathbb{R}^n$ das Intervall $\tilde{K}_\psi(y) :=$
$\{\xi \in \mathbb{R}\,;\ \hat{\psi}(y) - S \cdot \hat{\sigma}_{\hat{\psi}}(y) \leq \xi \leq \hat{\psi}(y) + S \cdot \hat{\sigma}_{\hat{\psi}}(y)\}$ mit $S := \sqrt{q \cdot F_{q,n-r;\alpha}}$
zugeordnet wird (sogenannte Scheffé-Intervalle der multiplen Ver-
gleiche[++], kurz: S-Intervalle).

[+] Wegen $\cap\, \tilde{A}_\psi \subset \tilde{A}_\lambda$, $\psi \in L_q$ für jedes einzelne $\lambda \in L_q$ (bei festem Parametervektor $\left(\begin{smallmatrix}\beta\\\sigma^2\end{smallmatrix}\right) \in \Omega$), stellt $(\tilde{K}_\psi)_{\psi \in L_q}$ insbesondere auch eine Familie
von Konfidenzintervallen zum Niveau $1 - \alpha$ dar, wobei in der Regel $P(\tilde{A}_\psi)$
sogar echt größer als $1 - \alpha$ ist ($\psi \in L_q$). Man nennt ein solches Konfidenzintervall, dessen Niveau eventuell höher als gefordert ist, "konservativ". Der Sinn dieser Bezeichnung wird beim Testen deutlich.
Ein konservativer Test, d.h. ein Test, der das α-Niveau nicht notwendig
voll ausschöpft, dessen Fehler 1. Art eventuell unter α bleibt, wird
in der Regel konservativer entscheiden als einer, der das Niveau α
auch erreicht, d.h. im Durchschnitt falsche Hypothesen nicht so oft
ablehnen wie dieser. Entsprechend wird ein konservatives Konfidenzintervall durchschnittlich breiter sein als eines, welches das Niveau
$1 - \alpha$ exakt einhält.

[++] Der Name erklärt sich aus den Anwendungen in der Varianzanalyse
(vgl. Kapitel III).

86

Zum Nachweis von (*) muß man sich überlegen, in welcher Menge die Linearformen $c'\chi$ des Vektors $\chi \in \mathbb{R}^q$ variieren, wenn χ das Hyperellipsoid $\tilde{E}(a,M) := \{\chi \in \mathbb{R}^q ; (\chi-a)' M(\chi-a) \leq 1\}$ (mit Zentrum $a \in \mathbb{R}^q$ und positiv definiter Matrix M) durchläuft. Wir zitieren hier ohne Beweis ein diesbezügliches Lemma aus der Analytischen Geometrie, welches ein Hyperellipsoid vermöge aller Linearformen $c'\chi$ charakterisiert (den Beweis findet man z.B. bei Scheffé, Anhang III).

<u>Lemma</u>:

$$\chi \in \tilde{E}(a,M) \iff |c'(\chi-a)| \leq \sqrt{c' M^{-1} c} \quad \forall\, c \in \mathbb{R}^q \quad {}^{+)}.$$

Es ist nun

$$K_\phi(y) = \{\chi \in \mathbb{R}^q ; (\hat{\phi}(y)-\chi)' M(y) (\hat{\phi}(y)-\chi) \leq 1\} = \tilde{E}(\hat{\phi}(y), M(y))$$

mit $M(y) := (q \cdot s^2(y) \cdot F_{q,n-r;\alpha}\, B)^{-1}$ $(\sigma^2 B = \Sigma_\phi)$. Nach dem Lemma gilt also:

$$K_\phi(y) = \bigcap_{c\,\in\,\mathbb{R}^q} \{\chi \in \mathbb{R}^q ; |c'(\chi-\hat{\phi}(y))| \leq \sqrt{c'M^{-1}c}\}$$

$$= \bigcap_{c\,\in\,\mathbb{R}^q} \{\chi \in \mathbb{R}^q ; c'\hat{\phi}(y) - S\sqrt{s^2(y)\, c'Bc} \leq c'\chi$$

$$\leq c'\hat{\phi}(y) + S\sqrt{s^2(y)\, c'Bc}\,\}\,.$$

Da der $\mathbb{R}^q$ vermöge $c \to \psi_c := c'\phi$ bijektiv auf den L_q abgebildet wird, erhält man für alle $y \in \mathbb{R}^n$ und alle $\binom{\beta}{\sigma^2} \in \Omega$ die folgende Äquivalenz:

${}^{+)}$D.h. $\tilde{E}(a,M) = \bigcap_{c\,\in\,\mathbb{R}^q} \{\chi \in \mathbb{R}^q ; |c'(\chi-a)| \leq \sqrt{c'M^{-1}c}\}$. Die Gleichungen $\pm c'(\chi-a) = \sqrt{c'M^{-1}c}$ stellen die beiden möglichen Tangentialhyperebenen an das Hyperellipsoid $\tilde{E}(a,M)$ orthogonal zu c dar. Daher wird durch $|c'(\chi-a)| \leq \sqrt{c'M^{-1}c}$ der "Streifen" zwischen diesen beschrieben, in welchem auch das Zentrum a liegt. Das Lemma stellt also eine plausible Tatsache fest, nämlich, daß ein Punkt des $\mathbb{R}^q$ genau dann im Hyperellipsoid $\tilde{E}(a,M)$ liegt, wenn er sich zwischen allen Tangentialhyperebenen befindet.

$$K_\phi(y) \ni \phi(\textstyle{\beta \atop \sigma^2}) \iff \{\xi \in \mathbb{R} \; ; \; \hat\psi(y) - S\,\hat\sigma_{\hat\psi}(y) \leq \xi$$

$$\leq \hat\psi(y) + S\,\hat\sigma_{\hat\psi}(y)\} \ni \psi(\textstyle{\beta \atop \sigma^2}) \; \forall\, \psi \in L_q \; .$$

Es ergibt sich $\{y; K_\phi(y) \ni \phi(\textstyle{\beta \atop \sigma^2})\} = \bigcap\limits_{\psi \in L_q} \{y; \tilde K_\psi(y) \ni \psi(\textstyle{\beta \atop \sigma^2})\}$ und damit
(*) (mit dem Gleichheitszeichen).

Man sieht daraus auch, daß die S-Intervalle exakt die gleiche Information vermitteln wie das Konfidenzellipsoid $K_\phi(y)$. Die S-Intervalle werden in praxi vorgezogen, weil sie einfacher zu überschauen sind als das Hyperellipsoid (jedenfalls für q > 3). Der Vergleich zwischen $\tilde K_\psi$ und K_ψ für festes $\psi \in L_q$ [+] lehrt, daß man q zwar so groß wie nötig [++], aber auch so klein wie möglich wählen sollte.

Kann man sich auf q = 1 beschränken (d.h. ist wirklich nur eine schätzbare Funktion zu untersuchen), so ergibt sich $\tilde K_\psi = K_\psi$, wie zu erwarten war.

Für größere q empfiehlt Scheffé im Hinblick darauf, daß die Familie $(\tilde K_\psi)$ sich bei Verwendung für einen echten Teilraum des L_q konservativ verhält, bei der Wahl des Niveaus nicht allzu zurückhaltend zu sein (z.B. mit α = 0,1 zu arbeiten), damit die $\tilde K_\psi(y)$ nicht übermäßig breit werden.

Die S-Intervalle finden noch eine weitere, recht nützliche Anwendung im Zusammenhang mit dem F-Test.
Ist $H_\phi = \{(\textstyle{\beta \atop \sigma^2}) \in \mathbb{R}^k \times \mathbb{R}^+ \; ; \; \phi_1(\beta) = \ldots = \phi_q(\beta) = 0\}$ eine typische Hypothese, die zum Niveau α getestet werden soll, und entscheidet der F-Test für die Alternative, so möchte der praktische Statistiker nämlich

---

[+] Es ergibt sich wegen $S = \sqrt{q}\,\sqrt{F_{q,n-r;\alpha}}$, daß $\tilde K_\psi$ ungefähr $\sqrt{q}$-fach so breit ist wie K_ψ, da $\sqrt{F_{q,n-r;\alpha}}$ verglichen mit $\sqrt{q}$ in Abhängigkeit von q nur geringfügig schwankt.

[++] Der L_q muß alle schätzbaren Funktionen enthalten, die für das Problem von Interesse sind.

häufig gern wissen, welche der ϕ_j bzw. welche der Linearkombinationen $\sum_{j=1}^{q} c_j\phi_j$ für die Ablehnung verantwortlich sind. Eine Antwort auf diese Frage geben - nach Scheffé - die S-Intervalle zum Niveau $1-\alpha$ bezüglich des von $\phi_1,\dots,\phi_q$ aufgespannten L_q.

Wie die abschließenden Überlegungen zeigen, können in der Tat gerade diejenigen $\psi = c'\phi \in L_q$ für die Ablehnung von H_ϕ in einem gewissen Sinn "verantwortlich" gemacht werden, deren zugehörige S-Intervalle den Nullpunkt nicht enthalten, deren GMS also gemäß der folgenden Definition signifikant von Null verschieden sind.

Definition:

Für $\psi \in L_q$ heißt $\hat{\psi}(y)$ (nach dem S-Kriterium) signifikant von Null verschieden (significantly different from zero, kurz: sdfz) zum Niveau $1-\alpha$ (bei vorliegender Stichprobe y), wenn das zugehörige S-Intervall $[\hat{\psi}(y) - S \cdot \hat{\sigma}_{\hat{\psi}}(y), \ \hat{\psi}(y) + S \cdot \hat{\sigma}_{\hat{\psi}}(y)]$ Null nicht enthält, d.h., wenn $|\hat{\psi}(y)| > S \cdot \hat{\sigma}_{\hat{\psi}}(y)$ gilt.

Ist L_1 der von $\psi \in L_q$ aufgespannte eindimensionale Teilraum des L_q, aus dem man die Nullfunktion herausgenommen hat, also $L_1 = \{\lambda\psi; \ \lambda \neq 0\}$ und $\hat{L}_1 = \{\lambda\hat{\psi}; \ \lambda \neq 0\}$, so kommt offenbar die Eigenschaft "sdfz" entweder allen GMS aus $\hat{L}_1$ oder keinem zu, denn für $\lambda \neq 0$ gilt $\hat{\sigma}_{\lambda\hat{\psi}} = |\lambda| \ \hat{\sigma}_{\hat{\psi}}$ [+)]. Um signifikant von Null verschiedene GMS von schätzbaren Funktionen aus L_q zu finden, braucht man also nur ein Repräsentantensystem von normierten $\psi \in L_q$ zu betrachten, etwa $L_q' := \{\psi \in L_q; \ \mathrm{Var}(\hat{\psi}) = \sigma^2\}$ (es gilt dann $\hat{\sigma}_{\hat{\psi}}^2 = s^2 \ \forall \ \psi \in L_q'$).

Definition:

Zur Stichprobe y sei $\psi_{y,max} \in L_q'$ definiert durch die Forderung $\hat{\psi}_{y,max}(y) = \max_{\psi \in L_q'} \hat{\psi}(y)$.

[+)] Für $\psi = a'X\beta$ mit $\hat{\psi} = a'y$ war definiert $\hat{\sigma}_{\hat{\psi}}^2 = s^2\|a\|^2$. Es ergibt sich $\lambda\hat{\psi} = \lambda a'y$ und $\hat{\sigma}_{\lambda\hat{\psi}}^2 = s^2\lambda^2\|a\|^2 = \lambda^2 \ \hat{\sigma}_{\hat{\psi}}^2$.

<u>Lemma</u>:

Im KLM sei die typische Hypothese $H_\phi = \{ \binom{\beta}{\sigma^2} \in \mathbb{R}^k \times \mathbb{R}^+ ;$

$\phi_1(\beta) = \ldots = \phi_q(\beta) = 0 \} = \omega = \{ \binom{\beta}{\sigma^2} \in \mathbb{R}^k \times \mathbb{R}^+ ; \quad \mu = X\beta \in V_{r-q} \}$ zu testen.

Dann gilt für jede Stichprobe y:

(i) $\qquad (S_\omega - S_\Omega)(y) = \hat{\psi}^2_{y,max}(y)$;

(ii) $\qquad \hat{\psi}_{y,max}(y)$ sdfz $<=> \exists \psi \in L_q$ mit $\hat{\psi}(y)$ sdfz ;

(iii) $\qquad F(y) > F_{q,n-r;\alpha}$ (d.h. der F-Test verwirft H_ϕ)

$\qquad <=> \exists \psi \in L_q$ mit $\hat{\psi}(y)$ sdfz.

<u>Beweis</u>:

(i) Unter der bereits häufig benutzten kanonischen Transformation

$z = P'y$ geht $\mu = X\beta$ über in $\eta = P'\mu$ mit $\eta_{r+1} = \ldots = \eta_n = 0$, so daß

überdies auf ω $\eta_1 = \ldots = \eta_q = 0$ gilt. Jede eindimensionale schätz-

bare Funktion hat dann die kanonische Darstellung

$$\psi(\beta) = a'X\beta = a'\mu = a'P\eta = b'\eta = \sum_{i=1}^{r} b_i \eta_i, \quad b \in \mathbb{R}^n .$$

Im folgenden gilt es, $\hat{\psi}^2_{y,max}(y)$ als Funktion von z zu schreiben:

Wird mit L_q wieder der von $\phi_1, \ldots, \phi_q$ aufgespannte lineare Raum schätz-

barer Funktionen bezeichnet, so gilt offenbar

$$H_\phi = \omega = \{ \binom{\beta}{\sigma^2} \in \mathbb{R}^k \times \mathbb{R}^+ ; \quad \psi(\beta) = \sum_{i=1}^{r} b_i \eta_i = 0 \quad \forall \psi \in L_q \}.$$

Andererseits hat man

$$\omega = \{ \binom{\beta}{\sigma^2} \in \mathbb{R}^k \times \mathbb{R}^+ ; \quad \eta_1(\beta) = \ldots = \eta_q(\beta) = 0 \} .$$

Daraus ergibt sich für $\psi \in L_q$ als notwendige Bedingung, daß nur die

ersten q Komponenten $\eta_1, \ldots, \eta_q$ in der Linearkombination auftreten

können, d.h. es gilt:

$$\psi \in L_q \Rightarrow \psi = \sum_{i=1}^{q} b_i \eta_i .$$

Andererseits liegt auch jedes ψ der Gestalt $\psi = b'\eta$ mit $b \in \mathbb{R}^n$,

$b_{q+1} = \ldots = b_n = 0$ in L_q, denn:

Betrachten wir die lineare Transformation $T : \mathbb{R}^q \to \mathbb{R}^n$, $T := (AP)'$.
Wegen $rg(A) = q$ und $rg(P) = n$ hat T den Rang q und der Bildraum
$T(\mathbb{R}^q)$ die Dimension q. Die Elemente t_{ij} von T berechnen sich als die
Skalarprodukte $\chi_j' p_i$. Da die Zeilenvektoren $\chi_1, \ldots, \chi_q$ von A den
V_q und $p_{q+1}, \ldots, p_n$ den dazu totalsenkrechten V_{n-q} aufspannen, gilt
$t_{ij} = 0$ für $i = q+1, \ldots, n$. Setzt man $b := Tc$, so folgt $b_i = 0$ für
$i = q+1, \ldots, n$ und beliebige $c \in \mathbb{R}^q$, d.h. $T(\mathbb{R}^q) \subset \{b \in \mathbb{R}^n; \ b_i = 0$
für $i \geq q+1\} =: \tilde{\mathbb{R}}^q$ und schließlich $T(\mathbb{R}^q) = \tilde{\mathbb{R}}^q$ wegen $\dim T(\mathbb{R}^q) =$
$\dim (\tilde{\mathbb{R}}^q) = q$. Insbesondere gibt es daher zu jedem $b \in \tilde{\mathbb{R}}^q$ ein
$c \in \mathbb{R}^q$ mit $(AP)'c = b$ bzw. $c'AP = b'$, so daß sich $\psi = b'\eta$ mit
$b \in \tilde{\mathbb{R}}^q$ in der Tat darstellen läßt in der Form $\psi = b'\eta = c'AP\eta = c'A\mu =$
$c'AX\beta = c'\phi$, also in L_q liegt. Insgesamt haben wir die folgende (kanonische) Darstellung des L_q:

$$L_q = \{\psi; \ \psi \text{ eindimensionale schätzbare Funktion,}$$

$$\psi := \sum_{i=1}^{q} b_i \eta_i, \quad b = (b_1, \ldots, b_q)' \in \mathbb{R}^q \} \ .$$

Für $\psi = \sum_{i=1}^{q} b_i \eta_i \in L_q$ gilt weiterhin offenbar $\hat{\psi} = a'y = a'Pz = \sum_{i=1}^{q} b_i z_i$, also $Var(\hat{\psi}) = \sigma^2 \sum_{i=1}^{q} b_i^2$ und wir erhalten:

$$L_q' = \{\psi = \sum_{i=1}^{q} b_i \eta_i \in L_q; \ \sum_{i=1}^{q} b_i^2 = 1\} \ .$$

Fassen wir die ersten Komponenten $z_1, \ldots, z_q$ von z zusammen zu $\tilde{z} \in \mathbb{R}^q$,
so muß bei der Berechnung von $\hat{\psi}_{y,max}$ also offenbar $\hat{\psi} = b'\tilde{z}$ bei
festem $\tilde{z}$ durch Wahl von $b \in \mathbb{R}^q$ unter der Nebenbedingung $\|b\| = 1$
maximiert werden. $b'\tilde{z}$ mit $\|b\| = 1$ gibt gerade die Länge der Pro-
jektion des festen Vektors $\tilde{z}$ auf dem variablen Einheitsvektor $b \in \mathbb{R}^q$
an. Diese wird bekanntlich maximiert, wenn $b = b_{max} = \lambda \tilde{z}$ gilt. Wegen
$\|b_{max}\|^2 = \lambda^2 \|\tilde{z}\|^2 = 1$ ergibt sich $\lambda = \pm \dfrac{1}{\|\tilde{z}\|}$ und $\hat{\psi}_{y,max}^2 = (b'_{max}\tilde{z})^2 =$
$(\pm \dfrac{\tilde{z}'\tilde{z}}{\|\tilde{z}\|})^2 = \|\tilde{z}\|^2 = \sum_{i=1}^{q} z_i^2 = S_\omega - S_\Omega.$

(ii) "$=>$" ist wegen $\psi_{y,max} \in L_q'$ trivial.

"$\leq$" : Nach Voraussetzung und vorangegangenen Überlegungen existiert $\psi_o \in L'_q$ mit $\hat{\psi}_o(y)$ sdfz, d.h. mit $|\hat{\psi}_o(y)| > S \hat{\sigma}_{\hat{\psi}_o}(y) = S s(y)$. Da $S s(y)$ nicht von $\psi \in L'_q$ abhängt, bleibt die Ungleichung $|\hat{\psi}_{y,max}(y)| \geq |\hat{\psi}_o(y)|$ zu zeigen.

Im Fall, daß $\hat{\psi}_o(y) \geq 0$ gilt, ist wegen $\hat{\psi}_{y,max}(y) \geq \hat{\psi}_o(y) \geq 0$ alles bewiesen. Bei $\hat{\psi}_o(y) < 0$ muß man berücksichtigen, daß auch $-\psi_o \in L'_q$ und daher $\hat{\psi}_{y,max}(y) \geq -\hat{\psi}_o(y)^{+)} = |\hat{\psi}_o(y)|$, d.h. $|\hat{\psi}_{y,max}(y)| \geq |\hat{\psi}_o(y)|$ gilt.

(iii)   Unter Benutzung von (i) ergibt sich folgende Kette von Äquivalenzen:

$\hat{\psi}_{y,max}(y)$ sdfz $<=> |\hat{\psi}_{y,max}(y)| > S s(y) <=> \hat{\psi}^2_{y,max}(y) > S^2 s^2(y)$ $<=> (S_\omega - S_\Omega)(y) > q \cdot F_{q,n-r;\alpha} \cdot s^2(y) <=> F(y) > F_{q,n-r;\alpha}$. Mit (ii) folgt die Behauptung. $\rfloor$

Es wird sich zeigen, daß der Hauptanwendungsbereich der in diesem Abschnitt entwickelten Theorie die Varianzanalyse ist (siehe z.B. Abschnitt 3.1.3). Wie bereits erörtert, sind aber auch im Bereich der Regressionsanalyse zuweilen simultane Konfidenzbereiche für eine Familie von schätzbaren Funktionen erforderlich. Wir wollen die Scheffé-Methode an dem in Abschnitt 1.9.2 behandelten Beispiel der einfachen Regression illustrieren:

Sei $y_i = \alpha + \beta(x_i - \bar{x}) + e_i$ $(i=1,\ldots,n)$ mit unabhängigen, $N(0,\sigma^2)$-verteilten Fehlern. Im vorhergehenden Abschnitt wurde gezeigt, daß unter der Voraussetzung $\sum(x_i - \bar{x})^2 > 0$ der parametrischen Funktion $\psi = \alpha + \beta(x - \bar{x})$ (x fest) das Konfidenzintervall

$$K_x(y) = \{\xi \in \mathbb{R}; |\xi - \hat{\alpha} - \hat{\beta}(x - \bar{x})| \leq \hat{\sigma}_{\hat{\psi}} t_{n-2;\alpha}\}$$

entspricht. Will man Konfidenzaussagen über $\psi_x = \alpha + \beta(x - \bar{x})$ für

---

$+)$ Da offenbar $(-\hat{\psi}_o)(y) = -\hat{\psi}_o(y)$ gilt.

mehrere oder gar alle $x \in \mathbb{R}$ machen, dann betrachtet man zunächst

$$L_2 := \{\psi;\ \psi = v\alpha + w\beta,\quad v,w \in \mathbb{R}\}\ .$$

Offensichtlich gilt $\psi_x = \alpha + \beta(x-\bar{x}) \in L_2$ für alle $x \in \mathbb{R}$, und L_2 ist der kleinste lineare Raum mit dieser Eigenschaft. Wendet man hierauf die Scheffé-Methode an, dann erhält man die auf S. 85 angegebene Familie $(\tilde{K}_\psi)_{\psi \in L_2}$ von Konfidenzintervallen. Da

$$L_2^{'} := \{\psi;\ \psi = \alpha + \beta(x-\bar{x}),\quad x \in \mathbb{R}\}$$

(echte) Teilmenge von L_2 ist, hat man in $(\tilde{K}_x)_{x \in \mathbb{R}}$ mit

$$\tilde{K}_x(y) := \left\{ \xi \in \mathbb{R};\ |\xi - \hat{\alpha} - \hat{\beta}(x-\bar{x})| \leq S \cdot s \cdot \left(\frac{1}{n} + \frac{(x-\bar{x})^2}{\Sigma(x_i-\bar{x})^2} \right)^{\frac{1}{2}} \right\}$$

und $S = (2\ F_{2,n-2;\alpha})^{\frac{1}{2}}$ eine (konservative) Familie simultaner Konfidenzintervalle. Diese Intervalle wurden bereits 1929 von Working und Hotelling hergeleitet und werden allgemein als Working-Hotelling-Intervalle bezeichnet.

1.10   Das verallgemeinerte Lineare Modell

Bei bestimmten Problemen (insbesondere in der Ökonometrie) kann man nicht ohne weiteres annehmen, daß die Fehler unkorreliert sind oder gleiche Varianzen haben, sondern muß die Voraussetzung $\Sigma_e = \sigma^2 I$ abschwächen zu $\Sigma_e = \sigma^2 \Sigma$ mit unbekanntem $\sigma^2 > 0$ aber bekannter (positiv semidefiniter) Matrix Σ, was gerade bedeutet, daß alle Varianzen bis auf einen gemeinsamen Faktor (σ^2) und alle Korrelationen bekannt sind. Wir werden hier noch verlangen, daß Σ sogar invertierbar, d.h., positiv definit ist[+].

Definition:

Das verallgemeinerte Lineare Modell (VLM) ist charakterisiert durch
die Gleichungen

$$y = X\beta + e, \qquad E(e) = 0, \qquad \Sigma_e = \sigma^2 \Sigma$$

mit einer fest vorgegebenen positiv definiten Matrix Σ.

Bei der Theorie des allgemeinen LM in 1.5 taucht die Kovarianzmatrix
des Fehlervektors das erste Mal im Beweis des Satzes von Gauß-Markoff
auf. Daher läßt sich ohne weiteres die Definition der linearen Schätzbarkeit einer parametrischen Funktion aus 1.5 nebst nachfolgender
Theorie - mit Ausnahme des Satzes von Gauß-Markoff - auf das VLM übertragen. Man kann also auch im VLM nach der Methode der kleinsten
Quadrate vorgehen und bekommt auf diese Weise für jede schätzbare
Funktion ψ ein LES $\hat{\psi}$, der allerdings im allgemeinen die für $\Sigma = I$
garantierte Optimalitätseigenschaft im Falle $\Sigma \neq I$ nicht mehr haben
wird[++].

[+] Bekanntlich ist die Kovarianzmatrix eines Zufallsvektors genau dann
singulär, wenn seine Verteilung degeneriert (d.h. auf einen echten
affinen Teilraum konzentriert) ist. Eine Verteilungsannahme, die den
Fehlervektor a priori mit Wahrscheinlichkeit Eins auf einen echten
affinen Teilraum beschränkt, dürfte nur in Spezialfällen sinnvoll sein.

[++] In der Tat wird man die Approximation des Datenvektors y durch seine
orthogonale Projektion $\hat{y}$ auf R(X) nur dann intuitiv für gut halten,
wenn die zufallsbedingte Variabilität der Beobachtungswerte nach allen
Seiten gleich, der Fehler sozusagen isotrop ist. Nimmt man eine solche
Isotropie des Fehlers mangels genauerer Information irrtümlich an, d.h.
arbeitet man mit der Kovarianzmatrix $\sigma^2 I$, obwohl in Wirklichkeit eine
andere vorliegt, so besteht ein gewisser Trost in der (nach den ange-
stellten Überlegungen weiterhin existierenden) Erwartungstreue des
Schätzer $\hat{\psi}$.

Es gibt aber einen Weg, sich einen im Sinne des Satzes von Gauß-Markoff optimalen Schätzer $\check{\psi}$ für ψ zu verschaffen, indem man mittels eines Isomorphismus T des $\mathbb{R}^n$ auf sich das VLM in ein Lineares Modell mit dem Datenvektor $y^* = Ty$ und $X^* = TX$ als Matrix der kontrollierten Größen transformiert.

Da Σ positiv definit ist, gibt es nämlich eine invertierbare Matrix $H = T^{-1}$ mit $\Sigma = HH'$, d.h. $T\Sigma T' = I$.

Wird nun $y^* := Ty$, $x_j^* := Tx_j$ $(j=1,\ldots,k)$, $X^* := (x_1,\ldots,x_k) = TX$ und $e^* := Te$ gesetzt, so folgt

$$y^* = Ty = T(X\beta + e) = X^*\beta + e^*, \qquad E\,e^* = TEe = 0,$$

$$\Sigma_{e*} = T\,\Sigma_e\,T' = \sigma^2\,T\Sigma T' = \sigma^2\,I,$$

und das VLM geht über in das lineare Hilfsmodell (LHM)

$$y^* = X^*\beta + e^*, \qquad E(e^*) = 0, \qquad \Sigma_{e*} = \sigma^2\,I,$$

mit denselben Parametern $\beta_1,\ldots,\beta_k$ und σ^2 (als einzigem auftretenden Nebenparameter).

Wegen $AX = AT^{-1}X^*$ und $BX^* = BTX$ für alle Matrizen A und B mit n Spalten ist eine parametrische Funktion $\psi = C\beta$ nach 1.5 genau dann schätzbar im VLM, wenn sie im LHM schätzbar ist.

Hat man eine q-dimensionale schätzbare Funktion ψ, so besteht offenbar ein intuitives Vorgehen, zu einem Schätzer bzw. unter der Normalitätsannahme zu einem Konfidenzbereich für ψ, und - im Falle, daß die Komponenten von ψ linear unabhängig sind - zu einem Test für die Hypothese H_ψ zu kommen, darin, den Datenvektor y zu $y^* = Ty$ zu transformieren, y^* als Stichprobe zu behandeln und im LHM weiterzurechnen.

Dabei sind allerdings zwei Punkte zu beachten:

1. Es ist in der Regel bei Anwendungen zu mühevoll, die transformierten Daten (d.h. im wesentlichen die Transformationsmatrix T) explizit auszurechnen, und man zieht es vor, Formeln zu benutzen, die sich auf die Originaldaten y und die bekannte Matrix Σ beziehen (ohne daß T in ihnen verwendet wird).

2. Man sollte vorsichtig sein bei der Übertragung von Eigenschaften (z.B. Erwartungstreue, Optimalität etc.), die ein statistisches Verfahren im LHM besitzt, auf das VLM (also nach Umrechnung auf die Originaldaten y), in welchem diese Eigenschaften auch einen wohldefinierten Sinn haben. Im VLM müssen solche Eigenschaften erneut nachgewiesen werden.

Bevor wir die unter 1. erwähnten Formeln herleiten, knüpfen wir an Punkt 2 an und weisen exemplarisch nach, daß der in der geschilderten Art und Weise aus dem GMS $\hat{\psi}^*$ für ψ im LHM gewonnene Schätzer $\check{\psi}$ im VLM tatsächlich komponentenweise kleinste Varianz in der Menge der LES hat. Dabei müssen wir zunächst die Zuordnung der LES des LHM zu denen des VLM etwas formalisieren: Der Dualraum $\tilde{\mathbb{R}}^n$ ist offenbar die Menge der (eindimensionalen) linearen Schätzer sowohl für das VLM als auch für das LHM, so daß die Menge der linearen Schätzer für ψ im VLM mit der im LHM übereinstimmt. Bezeichnet Δ_ψ (bzw. Δ_ψ^*) die Menge der LES für ψ im VLM (bzw. im LHM), so wird dagegen $\Delta_\psi = \Delta_\psi^*$ i.allg. nicht gelten, denn:

Sei etwa der lineare Schätzer $\Phi^* : \mathbb{R}^n \to \mathbb{R}^q$, $\Phi^*(\xi) = A\xi$ erwartungstreu im LHM, d.h. gelte

$$\psi(\theta) = E_\theta \, \Phi^*(y^*) = A \, E_\theta \, y^* = AX^*\beta \quad \text{für alle } \theta \in \Gamma.$$

Angenommen Φ^* ist erwartungstreu auch im VLM. Dann gilt

$$\psi(\theta) = E_\theta \, \Phi^*(y) = A \, E_\theta \, y = AX\beta \quad \text{für alle} \quad \theta \in \Gamma ,$$

und damit $AX\beta = AX^*\beta = ATX\beta$ für alle $\beta \in \mathbb{R}^k$ oder $A(T-I)\mu = 0$ für alle $\mu \in R(X)$. Ist $T-I$ regulär (was durch geeignete Wahl von Σ leicht erreicht werden kann) dann folgt für A eine einschränkende Rangbedingung (nämlich $rg(A) \leqq n-r$, $r := rg(X) = \dim R(X)$) und somit bei geeignet gewähltem ψ ein Widerspruch.

Diese Betrachtungen lassen aber auch erkennen, daß es eine natürliche Bijektion τ zwischen $\Delta_\psi{}^*$ und Δ_ψ gibt. Ordnet man nämlich dem linearen Schätzer Φ^* aus $\Delta_\psi{}^*$ denjenigen linearen Schätzer $\Phi =: \tau(\Phi^*)$ zu, für den $\Phi(y) = \Phi^*(y^*)$ gilt (also $\Phi(\xi) = \Phi^*(T\xi) = AT\xi$ bei $\Phi^*(\xi) = A\xi$, $\xi \in \mathbb{R}^n)^{+)}$, so folgt offenbar $\tau(\Phi^*) \in \Delta_\psi$.

<u>Definition</u>:

Sei $\hat{\psi}^* \in \Delta_\psi{}^*$ der GMS für ψ im LHM. Dann heißt $\check{\psi} := \tau(\hat{\psi}^*) \in \Delta_\psi$ Aitken-Schätzer oder Verallgemeinerter Gauß-Markoff-Schätzer (VGMS) für ψ.

<u>Satz</u>:   (Gauß-Markoff-Aitken)

Im VLM ist der VGMS $\check{\psi}$ charakterisiert als der eindeutig bestimmte LES für ψ mit komponentenweise kleinster Varianz in Δ_ψ.

<u>Beweis</u>:

O.B.d.A. sei ψ eindimensional. Dann erhält man (wegen $\tau(\Phi^*)(y) = \Phi^*(y^*)$ für alle $\Phi^* \in \Delta_\psi{}^*$ und $\tau^{-1}(\Phi)(y^*) = \Phi(y)$ für alle $\Phi \in \Delta_\psi$) die Gleichungskette

$$Var(\check{\psi}(y)) = Var(\tau(\hat{\psi}^*)(y)) = Var(\hat{\psi}^*(y^*)) = \inf_{\Phi^* \in \Delta_\psi{}^*} Var(\Phi^*(y^*))$$

$$= \inf_{\Phi \in \Delta_\psi} Var(\tau^{-1}(\Phi)(y^*)) = \inf_{\Phi \in \Delta_\psi} Var(\Phi(y))$$

$^{+)}$Die Umkehrabbildung τ^{-1} überführt $\Phi(\xi) = D\xi$ in $\Phi^* = \tau^{-1}(\Phi)$, definiert durch $\Phi^*(\xi) := \Phi(T^{-1}\xi) = D\,T^{-1}\xi$, $\xi \in \mathbb{R}^n$.

(wobei der Index θ unterdrückt wurde) aufgrund der Bijektivität von τ [+)].

Die Eindeutigkeitsaussage ergibt sich indirekt aus der Charakterisierung des GMS $\hat{\psi}^*$ im LHM, da aus zwei verschiedenen LES minimaler Varianz im VLM mit analoger Argumentation auf zwei verschiedene LES minimaler Varianz im LHM geschlossen werden könnte.

Auch bei Verwendung einer falschen Kovarianzmatrix $\sigma^2 B$ anstelle von $\sigma^2 \Sigma$ ist der Schätzer $\check{\psi}$ wenigstens noch erwartungstreu. Nach früheren Überlegungen stellt nämlich $\hat{\psi}^*$ im transformierten Modell einen LES dar, welche Kovarianzmatrix auch immer vorliegen mag, und diese Eigenschaft geht auf $\check{\psi} = \tau(\hat{\psi}^*)$ über, da τ Δ_ψ^* auf Δ_ψ abbildet.

Für das Folgende empfiehlt es sich, die Abbildung τ auf ganz $\mathcal{F}^n :=$ $\{f^*;\ f^*$ auf dem $\mathbb{R}^n$ erklärte Abbildung$\}$ fortzusetzen, indem man

$$\tau(f^*)(\xi) := f^*(T\xi), \quad \xi \in \mathbb{R}^n$$

definiert. Man erhält eine Bijektion der Menge $\mathcal{F}^n$ auf sich mit der Eigenschaft

$$\tau(f^*)(y) = f^*(y^*) \quad \text{für alle}\ f^* \in \mathcal{F}^n.$$

Offenbar ist uns daher in $s^2 := \tau(s^{*2})$ im VLM ein erwartungstreuer Schätzer für σ^2 gegeben. Explizit berechnet s^2 sich aus den Daten in der Form

$$s^2(y) = s^{*2}(y^*) = \frac{1}{n-r}(y^*-X^*\hat{\beta}^*)'(y^*-X^*\hat{\beta}^*) = \frac{1}{n-r}(T(y-X\hat{\beta}^*))'(T(y-X\hat{\beta}^*))$$

[+)] Wir beziehen uns hierbei auf den folgenden einfachen Satz: Sind B, C zwei nichtleere Mengen und $g : B \to C$, $h : C \to \overline{\mathbb{R}}$ zwei beliebige Abbildungen, so erhält man

$$\inf_{c \in C} h(c) = \inf_{b \in B} h(g(b)),$$

sofern g surjektiv ist.

98

$$= \frac{1}{n-r}(y-X\check{\beta})' \, T'T(y-X\check{\beta}), \qquad \text{d.h. (wegen } T'T = \Sigma^{-1})$$

$$s^2(y) = \frac{1}{n-r}(y-X\check{\beta})' \, \Sigma^{-1}(y-X\check{\beta}) \text{ (mit } \check{\beta} := \tau(\hat{\beta}^*)).$$

In dieser Formel taucht die Transformationsmatrix T nicht mehr auf, und es wäre vorteilhaft, ihre häufig mühevolle Berechnung zu vermeiden und auch den VGMS $\check{\psi}(y)$ ohne Kenntnis von T ermitteln zu können.

Im LHM gilt für $\psi = C\beta$ die Beziehung $\hat{\psi}^* = C\hat{\beta}^*$, wobei die Lösung $\hat{\beta}^*$ der NGLN $X^{*\prime}X^*\hat{\beta}^* = X^{*\prime}y^*$ gerade $S^*(y^*,b) = (y^*-X^*b)'(y^*-X^*b) = \|y^*-X^*b\|^2$ als Funktion von b minimiert. Definieren wir nun S vermöge $S(\cdot,b) := \tau(S^*(\cdot,b))$ für alle $b \in \mathbb{R}^k$, so gilt

$$\check{\beta}(y) = \hat{\beta}^*(y^*), \qquad S(y,b) = S^*(y^*,b), \qquad (b \in \mathbb{R}^k)$$

und es ergibt sich unmittelbar, daß $\check{\beta}$ (als Funktion von y) $S(y,b) = S^*(y^*,b) = (y-Xb)' \, \Sigma^{-1}(y-Xb)$ [+)] als Funktion von b minimiert. Weiterhin überlegt man sich ebenso wie in 1.3, daß für festes y genau die Lösungen $\check{\beta}$ der sog. verallgemeinerten (oder gewichteten) Normalgleichungen (VNGLN)

$$X'\Sigma^{-1}X\check{\beta} = X'\Sigma^{-1}y$$

das Minimierungsproblem lösen[++)], wobei es offenbar zu jeder Lösung $\hat{\beta}^*$ der NGLN im LHM eine Lösung $\check{\beta}$ der VNGLN im VLM (und umgekehrt) gibt mit $\hat{\beta}^*(y^*) = \check{\beta}(y)$. Ferner hat man $\hat{\psi}^*(y^*) = C\hat{\beta}^*(y^*)$ für jede Lösung $\hat{\beta}^*$ der NGLN im LHM und $\check{\psi}(y) = \hat{\psi}^*(y^*)$, so daß sich insgesamt auch

---

[+)] Man spricht hier von der gewichteten Summe der Quadrate. Versteht man - wie üblich - unter der transformierten Norm $\|\cdot\|_H$ einer regulären Transformation H des $\mathbb{R}^n$ auf sich die vermöge $\|\xi\|_H := \|H^{-1}\xi\|$ definierte, so ergibt sich in dieser Terminologie $S(y,b) = \|y-Xb\|^2_{T^{-1}}$.

[++)] Es gilt hier $\frac{\partial S(y,b)}{\partial b} = -2 \, X'\Sigma^{-1}y + 2 \, X'\Sigma^{-1}Xb$, da die Matriy $X'\Sigma^{-1}X$ wegen der Symmetrie von Σ^{-1} symmetrisch ist.

im VLM die Gleichung

$$\check{\psi}(y) = C\check{\beta}(y)$$

ergibt, wobei zur Berechnung von $\check{\beta}$ als (beliebige) Lösung der VNGLN
die Transformationsmatrix T nicht benötigt wird.

Hat X und damit $X'\Sigma^{-1}X$ vollen Rang, dann ist β schätzbar, und es
gelten die Beziehungen

$$\check{\beta} = (X'\Sigma^{-1}X)^{-1} X'\Sigma^{-1}y \;,$$

$$\Sigma_{\check{\beta}} = \sigma^2 (X'\Sigma^{-1}X)^{-1} \;.$$

Ist im VLM die Zusatzvoraussetzung $\mathcal{W}(e) = N(0,\sigma^2\Sigma)$, $\sigma^2 > 0$, d.h.

$$\mathcal{W}(y) = N(X\beta,\sigma^2\Sigma), \quad \sigma^2 > 0, \quad rg(X) = r(\leq k \leq n)$$

erfüllt (sog. VKLM), so wird das LHM zu einem KLM (kurz: KLHM) mit
$rg(X^*) = rg(X) = r$.

Dabei hat der Parameterraum Ω die Darstellung

$$\Omega = \{(\textstyle{\beta \atop \sigma^2}) \in \mathbb{R}^k \times \mathbb{R}^+ ; \quad \mu = X\beta \in V_r\} = \{(\textstyle{\beta \atop \sigma^2}) \in \mathbb{R}^k \times \mathbb{R}^+ ;$$

$$\mu^* = X^*\beta \in V_r^* := T(V_r)\} \;.$$

Sei nun $\phi = C\beta$ eine q-dim. schätzbare Funktion mit linear unabhängigen Komponenten

$$H_\phi = \{(\textstyle{\beta \atop \sigma^2}) \in \mathbb{R}^k \times \mathbb{R}^+ ; \phi(\beta) = 0\} = \omega = \{(\textstyle{\beta \atop \sigma^2}) \in \mathbb{R}^k \times \mathbb{R}^+ ; \mu = X\beta \in V_{r-q}\}$$

$$= \{(\textstyle{\beta \atop \sigma^2}) \in \mathbb{R}^k \times \mathbb{R}^+ ; \mu^* = X^*\beta \in V_{r-q}^* := T(V_{r-q})\}$$

die zugehörige typische Hypothese und $L_q = \{\psi; \psi = d'\phi, \; d \in \mathbb{R}^q\}$
der von den ϕ_j aufgespannte q-dim. Raum eindimensionaler schätzbarer
Funktionen.

Zur Konstruktion eines $(1-\alpha)$-Konfidenzbereiches K_ϕ, einer Teststatistik F und einer Familie $(\tilde{K}_\psi)_{\psi \in L_q}$ von simultanen Konfidenzintervallen im VKLM bietet sich wiederum die Abbildung τ an.

Sind nämlich K_ϕ^*, F^* und $(\tilde{K}_\psi^*)$ die entsprechenden Verfahren im KLHM, und setzt man

$$K_\phi := \tau(K_\phi^*), \quad F := \tau(F^*) \quad \text{und} \quad \tilde{K}_\psi := \tau(\tilde{K}_\psi^*), \quad \psi \in L_q,$$

so gilt dann wieder

$$K_\phi(y) = K_\phi^*(y^*), \quad F(y) = F^*(y^*), \quad \tilde{K}_\psi(y) = \tilde{K}_\psi^*(y^*) \quad (\psi \in L_q)$$

nach Konstruktion, und daher sind die gewünschten Wahrscheinlichkeitsaussagen trivialerweise erfüllt.

Es bleibt zu überlegen, wie sich die Verfahren ohne Verwendung von T aus den Originaldaten berechnen lassen.

Man überzeugt sich leicht von den folgenden Formeln:

$$K_\phi(y) = K_\phi^*(y^*) = \left\{ \chi \in \mathbb{R}^q \; ; \; \frac{(\hat{\phi}^*(y^*)-\chi)' \, \Sigma_{\hat{\phi}^*(y^*)}^{-1} \, (\hat{\phi}^*(y^*)-\chi)/q}{s^{*2}(y^*)/\sigma^2(n-r)} \leq F_{q,n-r;\alpha} \right\}$$

$$= \left\{ \chi \in \mathbb{R}^q \; ; \; \frac{(\check{\phi}(y)-\chi)' \, \Sigma_{\check{\phi}(y)}^{-1} \, (\check{\phi}(y)-\chi)/q}{s^2(y)/\sigma^2(n-r)} \leq F_{q,n-r;\alpha} \right\} ,$$

$$\tilde{K}_\psi(y) = \tilde{K}_\psi^*(y^*) = \left\{ \xi \in \mathbb{R} \; ; \; \hat{\psi}^*(y^*) - S\sqrt{\frac{s^{*2}(y^*)}{\sigma^2} \operatorname{Var}(\hat{\psi}^*(y^*))} \leq \xi \right.$$

$$\left. \leq \hat{\psi}^*(y^*) + S\sqrt{\frac{s^{*2}(y^*)}{\sigma^2} \operatorname{Var}(\hat{\psi}^*(y^*))} \right\}$$

$$= \left\{ \xi \in \mathbb{R} \; ; \; \check{\psi}(y) - S\sqrt{\frac{s^2(y)}{\sigma^2} \operatorname{Var}(\check{\psi}(y))} \leq \xi \leq \check{\psi}(y) + S\sqrt{\frac{s^2(y)}{\sigma^2} \operatorname{Var}(\check{\psi}(y))} \right\}$$

wobei sich das auftretende unbekannte σ^2 [+] im aktuellen Einzelfall

---

[+] In der Originaldarstellung von $K_\phi^*(y^*)$ (bzw. von $\tilde{K}_\psi^*(y^*)$) wird $\sigma^{-2}(AA')^{-1} = \Sigma_{\hat{\phi}^*(y^*)}^{-1}$ (bzw. $\hat{\sigma}_{\hat{\psi}^*}^{*2} = \|a\|^2 \, s^{*2}(y^*) = \frac{s^{*2}(y^*)}{\sigma^2} \operatorname{Var}(\hat{\psi}^*(y^*))$)) verwendet (bei $\hat{\phi}^*(y^*) = Ay^*$ bzw. $\hat{\psi}^*(y^*) = a'y^*$), so daß sich σ^2 von vornherein wegkürzt und in den Formeln nicht mehr auftritt. Sie hat an dieser Stelle nur den Nachteil, daß A (bzw. a) schwerlich ohne explizite Kenntnis von T bestimmbar ist.

wegkürzt, da es als Faktor in der Kovarianz $\sum_{\phi}^{\vee}(y)$ (bzw. in der Varianz von $\check{\psi}(y)$) auftritt, die man aus der Gleichung $\check{\phi}(y) = C\check{\beta}(y)$ (bzw. $\check{\psi}(y) = C\check{\beta}(y)$) berechnen kann. Die F-Statistik hat den Wert:

$$F(y) = F^*(y^*) = \frac{n-r}{q} \frac{S_\omega^*(y^*) - S_\Omega^*(y^*)}{S_\Omega^*(y^*)} = \frac{n-r}{q} \frac{\|y^* - \hat{y}_\omega^*\|^2 - \|y^* - \hat{y}_\Omega^*\|^2}{\|y^* - \hat{y}_\Omega^*\|^2} \; .$$

Nun gilt

$$\hat{y}_\Omega^*(y^*) = X^*\hat{\beta}_\Omega^*(y^*) = TX\,\hat{\beta}_\Omega^*(y^*) = TX\,\check{\beta}_\Omega(y) ,$$

$$\hat{y}_\omega^*(y^*) = X^*\hat{\beta}^*(y^*) = TX\,\hat{\beta}_\omega^*(y^*) = TX\,\check{\beta}_\omega(y) ,$$

$$(\text{mit } \check{\beta}_\Omega := \tau(\hat{\beta}_\Omega^*), \quad \check{\beta}_\omega := \tau(\check{\beta}_\omega^*)),$$

wobei $\check{\beta}_\Omega = \check{\beta}$ (bzw. $\check{\beta}_\omega$) $S(y,b) = \|y - Xb\|^2_{T^{-1}}$ auf $\Omega_{\sigma^2} = \mathbb{R}^k$ (bzw. auf $\omega_{\sigma^2} = \{\beta \in \mathbb{R}^k ; \; \binom{\beta}{\sigma^2} \in \omega\} = \{\beta \in \mathbb{R}^k ; \; \mu = X\beta \in V_{r-q}\} = \{\beta \in \mathbb{R}^k ; \; \mu^* = X^*\beta \in V_{r-q}^*\}$) für alle σ^2 minimiert.

Setzen wir also $\check{y}_\Omega := X\check{\beta}_\Omega$, $\check{y}_\omega := X\check{\beta}_\omega$, so ergibt sich $\hat{y}_\Omega^*(y^*) = T\check{y}_\Omega(y)$, $\hat{y}_\omega^*(y^*) = T\check{y}_\omega(y)$ [+)] und

$$F(y) = \frac{n-r}{q} \frac{\|y - \check{y}_\omega\|^2_{T^{-1}} - \|y - \check{y}_\Omega\|^2_{T^{-1}}}{\|y - \check{y}_\Omega\|^2_{T^{-1}}} =: \frac{(\check{S}_\omega - \check{S}_\Omega)/q}{\check{S}_\Omega/(n-r)} ,$$

wobei $\|\cdot\|^2_{T^{-1}}$ von T nur über die bekannte Matrix $T'T = \Sigma^{-1}$ abhängt $(\|\xi\|^2_{T^{-1}} = \|T\xi\|^2 = (T\xi)'T\xi = \xi'T'T\xi = \xi'\Sigma^{-1}\xi).$

Offenbar stellt $\check{y}_\Omega$ (bzw. $\check{y}_\omega$) die Projektion von y auf V_r (bzw. auf V_{r-q}) bezüglich des von T^{-1} induzierten Skalarproduktes $[\cdot,\cdot]_{T^{-1}}$ dar. Dabei definiert man für eine beliebige reguläre Transformation H $[\cdot,\cdot]_H$ durch $[\xi,\eta]_H := (H^{-1}\xi)'(H^{-1}\eta) = \xi'(H^{-1})'H^{-1}\eta$ (so daß $\|\xi\|^2_H = [\xi,\xi]_H$

[+)] Hier gilt also nicht $\check{y}_\Omega = \tau(\hat{y}_\Omega^*)$, $\check{y}_\omega = \tau(\hat{y}_\omega^*)$. Das liegt daran, daß $\hat{y}_\Omega^*$ im LHM eine andere schätzbare Funktion (als GMS) schätzt als $\check{y}_\Omega$ im VLM (als VGMS). $\hat{y}_\Omega^* = X^*\hat{\beta}_\Omega^* = X^*\hat{\beta}^*$ schätzt nämlich $\mu^* = X^*\beta = TX\beta$, $\check{y}_\Omega = X\check{\beta}_\Omega$ dagegen $\mu = X\beta$; (analoges gilt für $\hat{y}_\omega^*$ und $\check{y}_\omega$).

gilt). $[\cdot,\cdot]_{T^{-1}}$ hängt ebenso wie $\|\cdot\|_{T^{-1}}$ von T nur über $T'T = \Sigma^{-1}$ ab (man könnte daher die für unsere Zwecke bessere Bezeichnung $[\cdot,\cdot]_{\Sigma}$, $\|\cdot\|_{\Sigma}$ einführen). Insgesamt läßt sich also das Vorgehen im VLM (VKLM) mit einem Satz folgendermaßen chrakterisieren: Man verfahre wie im Linearen Modell (bzw. im KLM), nur verwende man statt dem üblichen euklidischen Skalarprodukt und zugehöriger (euklidischer) Norm das von T^{-1} (bzw. Σ) induzierte (und zugehörige Norm). Bei der sog. koordinatenfreien Behandlung des Linearen Modells, die eine spezielle Betrachtung des VLM überflüssig macht, wird aus dieser Tatsache in gewisser Weise die Konsequenz gezogen, indem man Erwartungswerte und Kovarianzmatrizen, allgemein Verteilungen von Zufallsvariablen, die Werte in einem Vektorraum annehmen (sogar die Definition einer solchen Zufallsvariablen) in Bezug auf irgendein zugrundeliegendes inneres Produkt definiert (beim Koeffizientenvektor von Linearformen ist einem eine solche Abhängigkeit vom Skalarprodukt aus der linearen Algebra bekannt). Ohne näher darauf eingehen zu können[+], sei nur erwähnt, daß im Falle $\Sigma_y = \sigma^2\Sigma$, $\sigma^2 > 0$, Σ positiv definit, für den auf $[\cdot,\cdot]_{\Sigma}$ ($[\xi,\eta]_{\Sigma} := \xi' \Sigma^{-1}\eta$) bezogenen verallgemeinerten Kovarianzoperator $\tilde{\Sigma}_y$ stets $\tilde{\Sigma}_y = \sigma^2 I$ gilt. Die Methode der kleinsten Quadrate und die darauf aufbauende Theorie des Linearen Modells (bzw. des KLM) läßt sich ohne weiteres bezüglich der von $[\cdot,\cdot]_{\Sigma}$ dem $\mathbb{R}^n$ aufgeprägten metrischen Struktur durchführen, wobei man die oben hergeleiteten Sätze und Formeln des VLM von vornherein erhält.

Überlegen wir uns abschließend, wie aus n Zufallsvariablen mit gleichem Erwartungswert μ, aber unterschiedlichen Varianzen ein LES für μ mit kleinster Streuung ermittelt werden kann.

[+] Genaueres findet man z.B. bei Eicker/Wichura (1965).

Vorgegeben sei also eine Stichprobe $y = (y_1, \ldots, y_n)'$ mit stochastisch unabhängigen Komponenten, $E(y_i) = \mu \in \mathbb{R}$ (unbekannt) und $\mathrm{Var}(y_i) = c_i \sigma^2 > 0$ (c_i bekannt), $i = 1, \ldots, n$. Mit $r = k = 1$, $X := 1 = (1, \ldots, 1)'$, $\beta := \mu$, $\Sigma := \sigma^2 \begin{pmatrix} c_1 & & 0 \\ & \ddots & \\ 0 & & c_n \end{pmatrix}$ und $e := y - \mu 1$ erhält man das VLM

$$y = 1\mu + e, \quad E(e) = 0, \quad \Sigma_e = \Sigma.$$

Allgemein werden die VNGLN im Falle des vollen Ranges ($r = k$) gelöst durch

$$\overset{\vee}{\beta} = (X' \, \Sigma^{-1} \, X)^{-1} \, X' \, \Sigma^{-1} \, y.$$

Speziell ergibt sich

$$\Sigma^{-1} = \frac{1}{\sigma^2} \begin{pmatrix} c_1^{-1} & & 0 \\ & \ddots & \\ 0 & & c_n^{-1} \end{pmatrix}, \quad X' \, \Sigma^{-1} = 1' \, \Sigma^{-1} = \frac{1}{\sigma^2} (c_1^{-1}, \ldots, c_n^{-1}),$$

$$X' \, \Sigma^{-1} \, X = \frac{1}{\sigma^2} (c_1^{-1}, \ldots, c_n^{-1}) \, 1 = \frac{1}{\sigma^2} \sum_{i=1}^{n} \frac{1}{c_i}$$

und $\qquad X' \, \Sigma^{-1} \, y = \dfrac{1}{\sigma^2} \displaystyle\sum_{i=1}^{n} \dfrac{y_i}{c_i}$,

insgesamt also

$$\overset{\vee}{\mu} = \frac{\sum y_i / c_i}{\sum 1 / c_i} .$$

Statt des einfachen arithmetischen Mittels (Gewichte $g_i = \frac{1}{n}$) erhalten wir als LES mit kleinster Varianz ein gewichtetes arithmetisches Mittel aus den Daten mit den i.allg. verschiedenen Gewichten $g_i = \dfrac{1}{c_i \sum_{j=1}^{n} c_j^{-1}}$ (in beiden Fällen gilt $\displaystyle\sum_{i=1}^{n} g_i = 1$).

Dieses Ergebnis konnte man auch ad hoc vermuten, denn Beobachtungswerte, die weniger streuen, enthalten mehr Information bezüglich μ als solche mit großer Streuung und sollten dementsprechend in die Schätzung mit größerem Gewicht eingehen.

104

Ein anderes elementares Problem, bei welchem die Theorie des VLM zur
Anwendung kommt, tritt im Rahmen der einfachen linearen Regression
auf. Werden an der Stelle x_i mehrere Messungen $y_{i1},\ldots,y_{in_i}$ durchgeführt, die unabhängig und identisch verteilt sind, dann nimmt man
häufig eine unmittelbare Datenreduktion vor, und geht statt mit den
ursprüglichen Werten y_{ij} $(i=1,\ldots,m;\ j=1,\ldots,n_i)$ gleich mit den Durchschnitten $y_i := \sum_{j=1}^{n_i} y_{ij}/n_i$ in den Regressionsansatz ein. (α und β
sind für die beiden Ansätze identisch.) Wegen $\mathrm{Var}(y_i) = \sigma^2/n_i$ sind
die Varianzen der y_i im allgemeinen verschieden. Es wird dem Leser
empfohlen, optimale Schätzer (im Sinne dieses Abschnittes) für α,β
herzuleiten, welche nur von (x_i,y_i) $(i=1,\ldots,n)$ abhängen und deren
Varianzschätzer zu ermitteln.

II. Ergänzungen zur Regressionsanalyse

2. 1   <u>Stochastische Regressoren</u>

Bei der Regressionsanalyse pflegt man die k erklärenden (d.h. die x-)
Variablen Regressoren (oder "unabhängige Variable"), und die erklärte
(also die y-) Variable Regressand (oder "abhängige Variable") zu nennen.
Die Anwendung der in Kapitel I dargelegten Methoden und Verfahren in
der Regressionsanalyse scheint in praxi häufig dadurch grundsätzlich
in Frage gestellt zu sein, daß von der Kontrolle der x-Variablen keine
Rede sein kann. Bei einer Untersuchung etwa, wie Konsumausgaben von dem
Einkommen und dem Vermögen einer Familie abhängen, dürfte es kaum sinnvoll sein, n Paare von Werten für Einkommen und Vermögen vorzuschreiben
und dann nach Familien zu suchen, bei denen diese gerade zutreffen,
sondern man wird z.B. n Familien durch eine Stichprobe bestimmen, und
jeweils Einkommen, Vermögen und Höhe der Konsumausgaben gleichzeitig
feststellen.

Man muß also häufig davon ausgehen, daß auch die Regressoren Zufallsvariable sind, und den in die Rechnung eingehenden Wert x_{ij} als i-te
Realisation des j-ten Regressors ansehen. Aufgrund dieser Tatsache
tauchen bei der Regressionsanalyse manche speziellen Probleme auf,
die bedeutungslos bzw. nichtexistent wären, könnte man über die Matrix
X und damit über $(X'X)^{-1}$ und $X^{+} = (X'X)^{-1}X'$ frei verfügen. Zunächst

muß jedoch grundsätzlich überlegt werden, weshalb und unter welchen Bedingungen wir im Falle stochastischer Regressoren die Theorie des allgemeinen LM verwenden können.

Ausgangspunkt ist dabei eine gemeinsame Verteilung von X und y[+], deren genaue Kenntnis uns aus der Modellgleichung $y = X\beta + e$ eindeutig die Verteilung von e bzw. die gemeinsame Verteilung von e und X liefern würde[++].

Ist $\tilde{X}$ die Realisation von X in einer vorliegenden Stichprobe (bei der also y und X erhoben wurde), so läßt sich die Anwendung der Theorie des Linearen Modells mit dem folgenden Argument in gewisser Hinsicht rechtfertigen. Es gelten nämlich alle Wahrscheinlichkeitsaussagen des Linearen Modells bedingt (unter der Bedingung $X = \tilde{X}$), sofern seine Voraussetzungen unter dieser Bedingung, d.h. die Gleichungen

$$(*) \quad y = X\beta + e, \quad E(e|X = \tilde{X}) = 0, \quad \textstyle\sum_{e|X=\tilde{X}} = E(ee'|X = \tilde{X}) = \sigma^2 I$$

erfüllt sind[+++].

Ein solcher Ansatz ist allerdings nur sinnvoll, wenn man annehmen kann, daß (*) für alle denkbaren Realisationen $\tilde{X}$ richtig ist, die dem interessierenden Beobachtungsbereich entstammen können.

[+] D.h. genaugenommen der $n \cdot k + n = n(k+1)$ reellen Zufallsvariablen $x_{11}, \ldots, x_{1k}, \ldots, x_{n1}, \ldots, x_{nk}, \; y_1, \ldots, y_n$.

[++] Von dieser verlangen wir generell, daß X mit Wahrscheinlichkeit 1 vollen Rang hat, daß die Erwartungswerte $E(X'X)$, $E((X'X)^{-1})$ und $E(X^+)$ existieren, und $\det(E(X'X)^{-1}) \neq 0$ gilt.

[+++] Für das KLM wird bei dieser bedingten Betrachtungsweise entsprechend gefordert, daß $N(\tilde{X}\beta, \sigma^2 I)$ die bedingte Verteilung von y unter $X = \tilde{X}$ darstellt, während man beim VLM nur I durch eine positiv-definite Matrix Σ zu ersetzen braucht.

Nun beinhaltet die Vorstellung von der Kontrollierbarkeit der x-Variablen noch etwas mehr als die bloße Tatsache, daß sie nichtstochastische Größen sind (d.h. in der praktischen Konsequenz: daß sie bei
Wiederholung des Experimentes konstant gehalten werden können), nämlich
auch noch die Überzeugung, daß keine Größe, die im Rahmen des linearen
Ansatzes systematischen Einfluß hat, vergessen wurde.

Wir hatten in 1.1 angedeutet, daß man sich die Störvariable e zusammengesetzt denken kann aus einem Meßfehler bei der Messung von y und einer
Variablen, welche die unsystematische Wirkung all der Größen mißt, die
wegen der im linearen Ansatz liegenden Idealisierung weggefallen sind
(kurz: Idealisierungsfehler).

Unterläuft einem nun der Fehler, einen oder mehrere Regressoren weg-
zulassen, dessen Möglichkeit man bei stochastischen Regressoren ver-
stärkt in Betracht ziehen muß, so enthält die Störvariable eine syste-
matische Komponente und die Bedingung $E(e|X = \tilde{X}) = 0$ kann (und wird
i.allg.) - wie nachfolgend erläutert - verletzt sein[+]:
Sei etwa

$$y = (X, x_{k+1})\ (\beta_1, \ldots, \beta_k,\ \beta_{k+1})' + e = X\beta + x_{k+1}\ \beta_{k+1} + e$$

ein Ansatz mit $\beta_{k+1} \neq 0$, der die Modellvoraussetzungen (*), also ins-
besondere $E(e|X = \tilde{X},\ x_{k+1} = \tilde{x}_{k+1}) = 0$ für alle $(\tilde{X}, \tilde{x}_{k+1})$ aus dem
Experimentierbereich erfüllt.
Für den Ansatz $y = X\beta + e^*$ gilt dann

$$e^* = x_{k+1}\ \beta_{k+1} + e, \quad \text{d.h.}$$

[+]Man spricht bei Anwendung eines Modells auf die Realität auch von
Spezifikation und entsprechend bei Nichterfülltsein einer oder mehrerer
Modellvoraussetzungen von Spezifikationsfehlern.

$$E(e^* \mid X = \tilde{X}) = E(x_{k+1}\, \beta_{k+1} + e \mid X = \tilde{X})$$

$$= E(x_{k+1}\, \beta_{k+1} \mid X = \tilde{X}) + E(e \mid X = \tilde{X})$$

$$= \beta_{k+1}\, E(x_{k+1} \mid X = \tilde{X}) + \int E(e \mid X = \tilde{X},\, x_{k+1} = \tilde{x}_{k+1})\, P_{x_{k+1}}\, (d\tilde{x}_{k+1})$$

$$= \beta_{k+1}\, E(x_{k+1} \mid X = \tilde{X}) \neq 0,$$

falls nur $E(x_{k+1} \mid X = \tilde{X})$ von Null verschieden ist, d.h.:
Die Unterschlagung eines Regressors bedeutet dann einen Spezifikationsfehler, wenn der bedingte Erwartungswert des ausgelassenen Regressors
unter der Bedingung der restlichen Regressoren von Null verschieden
ist, was in der Regel der Fall sein wird.

Mit Sicherheit liegt ein Spezifikationsfehler dann vor, wenn die Störvariable mit einem einzelnen bzw. mit einer Linearkombination der Regressoren kontemporär (d.h. zum selben Zeitpunkt bzw. bei derselben
Nummer des Versuches) korreliert ist, wenn es also ein $i \in \{1,\ldots,n\}$
und reelle Zahlen $\lambda_1,\ldots,\lambda_k$ gibt mit $\mathrm{Korr}(e_i, \sum_{j=1}^{k} \lambda_j\, x_{ij}) \neq 0$.
Aus $E(e \mid X = \tilde{X}) = 0$, d.h. $E(e_i \mid X = \tilde{X}) = 0$ folgt nämlich

$$E(e_i \cdot \textstyle\sum_j \lambda_j\, x_{ij} \mid X = \tilde{X}) = E(e_i \cdot \textstyle\sum_j \lambda_j\, \tilde{x}_{ij} \mid X = \tilde{X})$$

$$= \textstyle\sum_j \lambda_j\, \tilde{x}_{ij}\, E(e_i \mid X = \tilde{X}) = 0$$

und weiter $E(e_i \cdot \sum_j \lambda_j\, x_{ij}) = \int E(e_i \cdot \sum_j \lambda_j\, x_{ij} \mid X = \tilde{X})\, P_X\, (d\tilde{X}) = 0$,
d.h. $\mathrm{Korr}(e_i, \sum_j \lambda_j\, x_{ij}) = 0$ für alle $i=1,\ldots,n$ und beliebige λ_j.

Überlegungen dieser Art sind insofern nützlich, als man die Modellvoraussetzungen ja selten unmittelbar nachprüfen bzw. nachweisen kann,
sondern in der Regel mit dem Prinzip "vom unzureichenden Grunde" argu-
mentieren, also alle denkbaren oder bekannten Möglichkeiten, einen
Spezifikationsfehler zu begehen, ausschalten muß.

Erzwingt man die für (*) notwendige Bedingung der kontemporären Unkorreliertheit durch die Forderung der stochastischen Unabhängigkeit von

X und e, so kommt man zu den folgenden, in der ökonometrischen Literatur häufig zu findenden Modellvoraussetzungen

$$(**) \quad \begin{array}{ll} \text{(i)} & y = X\beta + e, \quad E(e) = 0, \quad \Sigma_e = \sigma^2 I \\ \text{(ii)} & e \text{ und } X \text{ sind stochastisch unabhängig,} \end{array}$$

die offenbar (*) zur Folge haben, also stärker, und doch in praxi wohl kaum schwerer zu verifizieren sind[+].

Das bedingte Vorgehen (und damit das von (i) und (ii) beschriebene Modell) erhält volle Legitimität erst durch den (hier ausgelassenen) Nachweis[++], daß alle dabei auftretenden (der Theorie des allgemeinen LM entnommenen) Verfahren ihre statistischen Eigenschaften im wesentlichen auch unbedingt behalten[+++], während dieses Resultat nur noch asymptotisch und unter gewissen Einschränkungen gültig bleibt, wenn man statt (*) (bzw. statt (i) und (ii)) (i) und die kontemporäre Unkorrelierbarkeit von e mit allen x_j (j=1,...,k) voraussetzt (s.z.B. Schönfeld (1971), § 8.4 und § 8.5 oder Goldberger (1964), Kapitel 6).

In der Ökonometrie treten häufig Probleme auf, die zufriedenstellend nur durch Verwendung noch allgemeinerer Regressionsmodelle (y = Xβ + e)

[+] Außerdem haben sie den rein didaktischen Vorzug, die Voraussetzungen des allgemeinen LM nur zu modifizieren, indem sie anstelle der Kontrollierbarkeit von X die Bedingung (ii) fordern.

[++] Die diesem zugrundeliegende Idee ist einfach. Besitzt nämlich die bedingte Verteilung von e unter X eine bestimmte Eigenschaft, die nicht von der speziellen Realisation $\tilde{X}$ von X abhängt, so überträgt sich diese, grob gesprochen, auf die (unbedingte Rand-) Verteilung von e.

[+++] Man braucht sich deshalb bei der Häufigkeitsinterpretation der wahrscheinlichkeitstheoretischen Ergebnisse nicht nur auf solche (gedachten) Wiederholungen des Experimentes zu beschränken, bei denen die Regressoren konstant gehalten werden können.

behandelt werden können, bei denen dann X und e in den verschiedensten Weisen stochastisch abhängig sein dürfen. Die aus der Theorie des Linearen Modells stammenden Verfahren bilden auch zur Untersuchung solcher komplizierten Modelle einen natürlichen Ausgangspunkt.

Wir werden uns im weiteren Verlauf des zweiten Kapitels (mit Ausnahme von Abschnitt 2.6[+]) weiterhin der Ergebnisse und der Terminologie aus Kapitel I bedienen, und dabei stets annehmen, daß X vollen Rang hat. Sofern die Regressoren stochastisch sind, setze man (**) voraus und verstehe alle wahrscheinlichkeitstheoretischen Aussagen (zunächst) bedingt (im Sinne der Erörterung dieses Paragraphen).

2. 2   Zweistufige Regression

Gelegentlich liegen die Regressoren in natürlicher Weise in zwei Gruppen zusammengefaßt vor, so daß die Matrix $X = (X_1, X_2)$ in zwei Matrizen X_1 und X_2 mit den Dimensionen $n \times k_1$ bzw. $n \times k_2$ zerlegt ist $(k_1 + k_2 = k)$[++].

Ein solcher Fall kommt typischerweise vor, wenn:

[+] In 2.6 wird mit dem "Fehler-in-den-Variablen-Modell" wenigstens ein Beispiel für die komplizierten Regressionsmodelle in seinen Grundzügen behandelt. Im übrigen muß auf die einschlägige Lehrbuchliteratur (z.B.: Dhrymes (1970), Goldberger (1964), Johnston (1972), Kmenta (1971), Malinvaud (1970), Schneeweiß (1971), Schönfeld (1971) und Theil (1971)) verwiesen werden.

[++] Wegen $rg(X) = k$ haben dann auch X_1 und X_2 jeweils vollen Rang $(k_1$ bzw. $k_2)$.

(i) β_1 bereits aus einem unzureichenden Ansatz $y = X_1\beta_1 + \tilde{e}$ geschätzt wurde und X_2 die ausgelassenen und im erweiterten Modell neu hinzukommenden Regressoren enthält[+);

(ii) X_1 aus "uninteressanten" Regressoren besteht, die in den Ansatz nur zur Vermeidung von Spezifikationsfehlern aufgenommen worden sind, während man indes nur β_2 schätzen will;

(iii) X_1 Regressoren enthält, über deren Wirkung a priori Informationen zur Verfügung stehen, z.B. in Form der genauen Kenntnis von $\beta_1 = \tilde{\beta}_1$ oder eines, von der vorliegenden Stichprobe unabhängigen, erwartungstreuen Schätzers $\tilde{\beta}_1$. Man spricht dann auch von einem externen Schätzer für β_1.

Unser Regressionsansatz lautet bei einer solchen Zerlegung

$$y = X\beta + e = X_1\beta_1 + X_2\beta_2 + e,$$

was in der Form

$$y - X_1\beta_1 = X_2\beta_2 + e$$

die Vermutung nahelegen könnte, der GMS $\hat{\beta}$ für β ließe sich zweistufig in dem Sinn erhalten, daß zunächst nur β_1 für sich aus $y = X_1\beta_1 + \tilde{e}$ (etwa durch $\tilde{\beta}_1$) geschätzt (1. Stufe), dann der durch $X_1\tilde{\beta}_1$ geschätzte Einfluß von β_1 aus y herausgenommen[++), und schließlich die Schätzung $\tilde{\beta}_2$ für β_2 aus dem "bereinigten" Ansatz $y^* = X_2\beta_2 + e^*$ ($y^* := y - X_1\tilde{\beta}_1$) gewonnen wird (2. Stufe). Diese Vermutung ist - wie wir noch sehen werden - i.allg. falsch. Dabei unterläuft einem der Fehler unmittelbar nur auf der ersten Stufe, wodurch aber dann der Einfluß $X_1\beta_1$ von

---

[+) Den Koeffizientenvektor β zerlegt man zweckmäßigerweise auch in zwei Teilvektoren $\beta_1 \in \mathbb{R}^{k_1}$ und $\beta_2 \in \mathbb{R}^{k_2}$.

[++) In üblicher Sprechweise heißt das, die Daten werden vom (geschätzten) Einfluß von β_1 "bereinigt".

β_1 falsch geschätzt und deswegen auch das Ergebnis der zweiten Stufe verfälscht wird.

Zur Berechnung des GMS $\hat{\beta}$ aus

$$y = X_1\beta_1 + X_2\beta_2 + e$$

ist es zweckmäßig, folgende Matrizen einzuführen:

$$M_j := I - X_j X_j^+ = I - X_j(X_j'X_j)^{-1} X_j' \qquad (j = 1,2)$$
$$H_1 := X_1'M_2X_1 , \qquad H_2 = X_2'M_1 X_2.$$

[+)]

Die NGLN lauten:

$$X_1'X_1\hat{\beta}_1 + X_1'X_2\hat{\beta}_2 = X_1'y$$
$$X_2'X_1\hat{\beta}_1 + X_2'X_2\hat{\beta}_2 = X_2'y.$$

Die zweite (Matrix-) Gleichung liefert

$$\hat{\beta}_2 = X_2^+ (y - X_1\hat{\beta}_1),$$

woraus sich durch Einsetzen in die erste

$$\hat{\beta}_1 = H_1^{-1} X_1' M_2 y$$

ergibt. Aus Symmetriegründen erhält man ferner den entsprechenden Formelsatz

$$\hat{\beta}_1 = X_1^+ (y - X_2\hat{\beta}_2), \qquad \hat{\beta}_2 = H_2^{-1} X_2' M_1 y.$$

Man berechnet daraus leicht

$$\tilde{\beta}_1 = X_1^+ y = \hat{\beta}_1 + X_1^+ X_2\hat{\beta}_2,$$
$$\tilde{\beta}_2 = X_2^+ (y - X_1\tilde{\beta}_1) = X_2^+ (y - X_1 X_1^+ y) = X_2^+ M_1 y$$

[+)] Man verifiziert leicht, daß die H_j symmetrische und die M_j idempotente symmetrische Matrizen sind mit $M_j X_j = 0$, j=1,2 (dabei heißt eine Matrix M idempotent, wenn $M^2 = M$ gilt). Es läßt sich auch zeigen, daß die H_j invertierbar sind. Dies folgt letzten Endes aus der eindeutigen Lösbarkeit der NGLN, d.h. der Existenz von $(X'X)^{-1}$ (vgl. z.B. Theil (1971), S. 146).

$$= (X_2'X_2)^{-1} X_2' M_1 y = (X_2'X_2)^{-1} H_2 \hat{\beta}_2$$

$$= (I - X_2^+ X_1 X_1^+ X_2) \hat{\beta}_2.$$

$\tilde{\beta} = \left(\begin{smallmatrix}\tilde{\beta}_1\\\beta_2\end{smallmatrix}\right)$ und $\hat{\beta} = \left(\begin{smallmatrix}\hat{\beta}_1\\\beta_2\end{smallmatrix}\right)$ stimmen (als Schätzfunktionen) also genau dann überein, wenn $X_1^+ X_2 = (X_1'X_1)^{-1} X_1'X_2 = 0$ d.h., wenn $X_1'X_2 = 0$ gilt.

Indes, sind X_1 und X_2 orthogonal, lassen sich β_1 und β_2 korrekt sogar völlig getrennt aus den beiden Regressionen

$$y = X_1\beta_1 + \tilde{e}, \qquad y = X_2\beta_2 + \tilde{\tilde{e}}$$

schätzen[+], denn dann gilt $\hat{\beta}_2 = X_2^+ (y - X_1\hat{\beta}_1) = X_2^+ y - X_2^+ X_1 \hat{\beta}_1 =$
$X_2^+ y - (X_2'X_2)^{-1} X_2' X_1 \hat{\beta}_1 = X_2^+ y = \tilde{\tilde{\beta}}_2.$

Sind X_1 und X_2 nicht orthogonal, dann darf man in Situationen vom Typ (i) die Schätzungen aus dem ersten, unzureichenden Ansatz nicht weiterverwenden. Tut man es in Unkenntnis der Theorie doch, so ist der Fehler schwerwiegend, da $\tilde{\beta}$ wegen

$$E \tilde{\beta}_1 = E(\hat{\beta}_1) + X_1^+ X_2 E(\hat{\beta}_2) = \beta_1 + X_1^+ X_2 \beta_2 \quad {}^{[++]} \quad \text{und}$$

$$E \tilde{\beta}_2 = E(\hat{\beta}_2) - X_2^+ X_1 X_1^+ X_2 E(\hat{\beta}_2) = \beta_2 - X_2^+ X_1 X_1^+ X_2 \beta_2, \text{ also}$$

$$E(\tilde{\beta}) = \beta + \begin{pmatrix} X_1^+ X_2 \\ -X_2^+ X_1 X_1^+ X_2 \end{pmatrix} \beta_2$$

(bei $\beta_2 \neq 0$) verzerrt ist.

Allerdings läßt sich durch eine gewisse Modifikation des zweistufigen Vorgehens erreichen, daß man wenigstens noch für β_2 den GMS $\hat{\beta}_2$ erhält.

[+] Obwohl diese auch dann i.allg. nicht die Modellvoraussetzungen erfüllen, welche eben nur hinreichend, aber nicht notwendig dafür sind, daß man mit der Methode der kleinsten Quadrate GMS bekommt.

[++] Diese Gleichung allein gibt auch Aufschluß darüber, was passiert, wenn man es beim ersten fehlerhaften Ansatz beläßt.

114

Dabei besteht die wesentliche Änderung darin, nicht nur y, sondern auch X_2 vom Einfluß von X_1 zu bereinigen. Auf der ersten Stufe wird also neben $y = X_1 \beta_1 + \tilde{e}$ auch noch eine sog. Hilfsregression

$$X_2 = X_1 B_{21} + E_{21}$$

(von X_2 auf X_1) durchgeführt, wobei man formal die Methode der kleinsten Quadrate (spaltenweise auf die k_2 Spalten der Matrizengleichung) anwendet. Es ergibt sich die Minimum-Quadrat-Approximation

$$\hat{B}_{21} = X_1^{+} X_2$$

und das Matrixresiduum

$$\hat{E}_{21} = X_2 - X_1 \hat{B}_{21} = X_2 - X_1 X_1^{+} X_2 = M_1 X_2 .$$

$\hat{E}_{21}$ stellt den Teil von X_2 dar, der nicht von X_1 erklärt wird (in der Tat ist $\hat{E}_{21}$ orthogonal zu X_1, denn $X_1' \hat{E}_{21} = X_1' M_1 X_2 = 0$). Auf der zweiten Stufe schätzen wir β_2 wieder aus

$$y^{*} = \hat{E}_{21} \beta_2 + e^{*} \qquad (y^{*} := y - X_1 \tilde{\beta}_1)^{+)} .$$

Wegen $\hat{E}_{21}' \hat{E}_{21} = X_2' M_1' M_1 X_2 = X_2' M_1^2 X_2 = X_2' M_1 X_2 = H_2$ gilt dann in der Tat $\tilde{\beta}_2 = \hat{E}_{21}^{+} (y - X_1 \tilde{\beta}_1) = (\hat{E}_{21}' \hat{E}_{21})^{-1} \hat{E}_{21}' (y - X_1 \tilde{\beta}_1)$

$$= H_2^{-1} X_2' M_1' y - H_2^{-1} X_2' M_1' X_1 \tilde{\beta}_1 = H_2^{-1} X_2' M_1 y = \hat{\beta}_2 .$$

Diese Rechnung zeigt auch, daß man y gar nicht vom Einfluß von X_1 zu bereinigen braucht, da wegen der Orthogonalität von X_1 und M_1 $\tilde{\beta}_2 = \hat{\beta}_2 = \hat{E}_{21}^{+} y$ gilt. Das Verfahren reduziert sich also auf die folgenden beiden Schritte:

$$X_2 = X_1 B_{21} + E_{21} \qquad \text{(1. Stufe, Hilfsregression mit } \hat{B}_{21} = X_1^{+} X_2$$
$$\text{und Residuum } \hat{E}_{21} = X_2 - X_1 \hat{B}_{21} = M_1 X_2)$$

$^{+)}$Aufgrund der Abschätzung

$$k_2 = rg(H_2) = rg(X_2' M_1 X_2) \leq rg(M_1 X_2) = rg(\hat{E}_{21})$$

hat die $k_2 \times n$-Matrix $\hat{E}_{21}$ den vollen Rang (k_2).

$$y = \hat{E}_{21} \beta_2 + e^* \qquad (2. \text{ Stufe}),$$

und liefert den GMS für β_2 (und nur für β_2). Da man ferner wegen $\hat{\beta}_1 = \tilde{\beta}_1 - X_1^+ X_2 \hat{\beta}_2$, also

$$
\begin{aligned}
y - X\hat{\beta} &= y - X_1 \hat{\beta}_1 - X_2 \hat{\beta}_2 = y - X_1 \tilde{\beta}_1 + X_1 X_1^+ X_2 \hat{\beta}_2 - X_2 \hat{\beta}_2 \\
&= y - X_1 \tilde{\beta}_1 - \hat{E}_{21} \hat{\beta}_2 = y - X_1 X_1^+ y - M_1 X_2 \hat{\beta}_2 = M_1 y - M_1 X_2 \hat{\beta}_2 \\
&= M_1 (y - X_2 \hat{\beta}_2)
\end{aligned}
$$

auch zur Berechnung von

$$
s^2 = \frac{(y-X\hat{\beta})'\,(y-X\hat{\beta})}{n-k} = \frac{(y-X_2\hat{\beta}_2)'M_1'M_1(y-X_2\hat{\beta}_2)}{n-k}
$$

$$
= \frac{(y-X_2\hat{\beta}_2)'\,M_1\,(y-X_2\hat{\beta}_2)}{n-k}
$$

$\hat{\beta}_1$ bzw. den geschätzten Anteil $X_1 \hat{\beta}_1$ von X_1 nicht benötigt, kann das geschilderte Verfahren bei Situationen vom Typ (ii) eine beträchtliche Arbeitsersparnis bedeuten.

So denkt man sich wirtschaftliche Zeitreihen z.B. zusammengesetzt aus einer Trend-[+], einer Saison- und einer unerklärten Restkomponente, wobei häufig nur eine von den beiden erklärenden Komponenten von Interesse ist, und dementsprechend entweder eine "Trend-" oder eine "Saisonbereinigung" durchgeführt wird.

Betrachten wir abschließend noch einmal die (Vektor-) Gleichung

$$(*) \qquad \hat{\beta}_2 = X_2^+ (y - X_1 \hat{\beta}_1)$$

unter dem Aspekt (iii), d.h., nehmen wir an, es sei aus einer früheren (von der vorliegenden unabhängigen) Stichprobe ein erwartungstreuer Schätzer $\tilde{\beta}_1$ für β_1 verfügbar. Übertrifft dieser $\hat{\beta}_1$, im Sinne, daß

[+] Die Trendkomponente wird gelegentlich auch noch weiter unterteilt in einen langfristigen Trend (im engeren Sinne) und einen Konjunkturzyklus.

$\Sigma_{\hat{\beta}_1} - \Sigma_{\tilde{\beta}_1}$ positiv-semidefinit ist, so legt (*) nahe, β_2 durch

$$\tilde{\beta}_2 := X_2^+ (y - X_1 \tilde{\beta}_1)$$

zu schätzen[+]. Wegen

$$
\begin{aligned}
E(\tilde{\beta}_2) &= X_2^+ E(y) - X_2^+ X_1 E(\tilde{\beta}_1) = X_2^+ X\beta - X_2^+ X_1 \beta_1 \\
&= X_2^+ (X_1 \beta_1 + X_2 \beta_2) - X_2^+ X_1 \beta_1 = X_2^+ X_2 \beta_2 \\
&= (X_2' X_2)^{-1} X_2' X_2 \beta_2 = \beta_2
\end{aligned}
$$

ist $\tilde{\beta}_2$ nämlich zunächst einmal erwartungstreu. Weiterhin vererbt sich die Überlegenheit des Schätzers $\tilde{\beta}_1$ über $\hat{\beta}_1$ infolge seiner "kleineren" Kovarianzmatrix sozusagen auf $\tilde{\beta}_2$, da wegen der Gleichung

$$(**) \qquad \Sigma_{\hat{\beta}_2} - \Sigma_{\tilde{\beta}_2} = X_2^+ X_1 (\Sigma_{\hat{\beta}_1} - \Sigma_{\tilde{\beta}_1})(X_2^+ X_1)'$$

(deren Gültigkeit gleich noch gezeigt wird)

mit $\Sigma_{\hat{\beta}_1} - \Sigma_{\tilde{\beta}_1}$ auch $\Sigma_{\hat{\beta}_2} - \Sigma_{\tilde{\beta}_2}$ positiv-semidefinit ist[++].

Zum Nachweis von (**) berechnen wir $\Sigma_{\tilde{\beta}_2}$ und $\Sigma_{\hat{\beta}_2}$. Wegen der Unabhängigkeit von $\tilde{\beta}_1$ und y erhält man $\Sigma_{\tilde{\beta}_2} = \Sigma_{X_2^+ y} + \Sigma_{X_2^+ X_1 \tilde{\beta}_1}$, während sich aufgrund der allgemeingültigen Beziehung

$$
\begin{aligned}
\Sigma_{(A+B)y} &= (A+B) \, \Sigma_y \, (A'+B') = A\Sigma_y A' + B\Sigma_y B' + A\Sigma_y B' + B\Sigma_y A' \\
&= \Sigma_{Ay} + \Sigma_{By} + \sigma^2 (AB'+BA')
\end{aligned}
$$

(bei $\Sigma_y = \sigma^2 I$) und wegen

$$\hat{\beta}_2 = X_2^+ y - X_2^+ X_1 \hat{\beta}_1 , \quad \hat{\beta}_1 = H_1^{-1} X_1' M_2 y,$$

also $\qquad \hat{\beta}_2 = X_2^+ y - X_2^+ X_1 H_1^{-1} X_1' M_2 y =: Ay + By$

mit $\qquad AB' = -X_2^+ M_2' X_1 (H_1^{-1})' X_1' (X_2^+)' = 0$

[+] Eine Methode, a priori Information formal ins Lineare Modell zu inkorporieren, findet man z.B. bei Johnston (1972), S. 221 ff.

[++] Allgemein ist eine Matrix der Form B'AB positiv-semidefinit, wenn A diese Eigenschaft hat, denn es gilt $y'B'ABy = x'Ax \geq 0$ für alle y (x := By).

(X_2 und $M_2' = M_2$ sind orthogonal) d.h., (wegen $BA' = (AB')'$) mit $\sigma^2 (AB'+BA') = 0$ die Gleichung $\Sigma_{\hat{\beta}_2} = \Sigma_{X_2^+ y} + \Sigma_{X_2^+ X_1 \hat{\beta}_1}$ ergibt. Insgesamt folgt

$$\Sigma_{\hat{\beta}_2} - \Sigma_{\tilde{\beta}_2} = \Sigma_{X_2^+ X_1 \hat{\beta}_1} - \Sigma_{X_2^+ X_1 \tilde{\beta}_1}$$

$$= X_2^+ X_1 \, \Sigma_{\hat{\beta}_1} \, (X_2^+ X_1)' - X_2^+ X_1 \, \Sigma_{\tilde{\beta}_1} \, (X_2^+ X_1)'$$

$$= X_2^+ X_1 \, (\Sigma_{\hat{\beta}_1} - \Sigma_{\tilde{\beta}_1}) \, (X_2^+ X_1)', \qquad \text{d.h. } (**).$$

2. 3 Multikollinearität und Orthogonalität

Es sei zunächst daran erinnert, daß die Determinante von X'X bis auf das Vorzeichen mit dem Volumen des von den k (Spalten-) Vektoren $x_1, \ldots, x_k$ (von X) aufgespannten k-Spates (oder Parallelepipeds)

$$P(x_1, \ldots, x_k) := \{x \in \mathbb{R}^n \, ; \, x = \sum_{j=1}^{k} \lambda_j x_j, \ 0 \leq \lambda_j \leq 1\}$$

übereinstimmt[+]. Sofern man die Länge der Spaltenvektoren konstant hält (etwa $\|x_j\| = c_j > 0$), bietet sich demnach $\det(X'X)$ als ein Maß für den Grad der linearen Abhängigkeit[++] der Spalten von X bzw. für den Grad der Multikollinearität (wie wir in Übereinstimmung mit der

---

[+] Vgl. z.B. Peschel (1961); das Volumen bezieht sich dabei auf eine Orthogonalbasis eines $x_1, \ldots, x_k$ enthaltenden k-dimensionalen Teilraumes des $\mathbb{R}^n$.

[++] Im mathematisch exakten Sinn sind die Vektoren $x_1, \ldots, x_k$ bei $\det(X'X) \neq 0$ stets linear unabhängig, und man sollte daher besser vom Grad der linearen Unabhängigkeit sprechen. Wegen des noch darzustellenden Zusammenhanges von linearer Abhängigkeit mit multipler Korrelation, ist der gewählte (komplementäre) Begriff zweckmäßiger.

118

üblichen Terminologie sagen wollen) an, wobei die beiden folgenden
Extreme theoretisch möglich sind:

(i) $x_1,\ldots,x_k$ sind exakt linear abhängig, d.h. det(X'X) ist mini-
         mal (= 0)

(ii) $x_1,\ldots,x_k$ sind paarweise orthogonal, d.h. det(X'X) ist maximal
         $(= \prod_{j=1}^{k} c_j^2)$.

Fall (i) haben wir bei unserer Behandlung der Regressionsanalyse aus
gutem Grund ausgeschlossen[+], und auf Fall (ii), der eigentlich nur
unter Laboratoriumsbedingungen auftritt, d.h., wenn die Regressoren
tatsächlich kontrollierbar sind, kommen wir weiter unten noch zu
sprechen. Der Praktiker findet in der Regel eine mittlere, mehr oder
weniger ausgeprägte Kollinearität vor, insbesondere bei stochastischen
Regressoren, sofern diese untereinander bis zu einem gewissen Grade
(multipel) korreliert sind.

Im inhomogenen Fall ($x_1 = 1$), den wir hier speziell untersuchen wollen,
läßt sich nämlich det(X'X) als lineare Funktion des empirischen multiplen Korrelationskoeffizienten (der Regressoren)

$$R_j := r_{x_j;\, x_2,\ldots,x_{j-1},\, x_{j+1},\ldots,x_k} \qquad (j = 2,\ldots,k)$$

(jeweils) erhalten, wie im folgenden begründet wird. Bezeichnen wir
mit $\tilde{X}$ die aus den Spalten der Nummern 2 bis k gebildete Teilmatrix
von X, so hat man bei $x_1 = 1$ die Zerlegung

[+] Sind die Regressoren stochastisch, also X Realisation einer Zufalls-
matrix, so tritt eine Gleichung der Gestalt det(X'X) = 0 in der Regel
nur mit Wahrscheinlichkeit Null auf (da man i.allg. annehmen kann, daß
die k Regressoren eine gemeinsame k-dimensionale stetige Verteilung
besitzen), sind sie jedoch nichtstochastische, kontrollierte Größen,
so kann man dafür Sorge tragen, daß die Determinante von X'X nicht
verschwindet.

$$X = (1, \tilde{X}) \quad \text{bzw.} \quad X'X = \begin{pmatrix} n, & 1'\tilde{X} \\ \tilde{X}'1, & \tilde{X}'\tilde{X} \end{pmatrix}.$$

Es empfiehlt sich, die (offenbar idempotente) Matrix

$$Z := I_n - \frac{11'}{n}$$

einzuführen. Durch die Anwendung von Z lassen sich Vektoren zentrieren, d.h. so transformieren, daß nur noch die Abweichungen vom Mittel gemessen werden, es gilt nämlich

$$Za = a - \bar{a}1 = (a_1 - \bar{a}, \ldots, a_n - \bar{a})' \quad \text{für alle} \quad a \in \mathbb{R}^n.$$

Der reduzierte Teil der NGLN nach der (in 1.4 hergeleiteten Reduktion)

$$\bar{y} = \hat{\beta}_1 + \hat{\beta}_2 \bar{x}_2 + \ldots + \hat{\beta}_k \bar{x}_k \qquad \text{(1. Gleichung)}$$

$$\sum_{j=2}^{k} s_{\nu j} \hat{\beta}_j = s_{\nu y} \qquad (\nu = 2, \ldots, k; \text{ Restsystem})$$

lautet dann in Matrizenschreibweise

$$(*) \qquad n^{-1} (Z\tilde{X})' Z\tilde{X} (\hat{\beta}_2, \ldots, \hat{\beta}_k)' = n^{-1} (Z\tilde{X})' Zy \quad ^{+)}$$

(bzw. wegen $Z'Z = Z^2 = Z$ einfacher: $\tilde{X}'Z\tilde{X} (\hat{\beta}_2, \ldots, \hat{\beta}_k)' = \tilde{X}'Zy$).
Diese Reduktion der NGLN $X'X\hat{\beta} = X'y$ auf $(*)$ als den wesentlichen
Teil spiegelt auch die Determinante von $X'X$ wieder.

Es gilt nämlich nach bekannten Rechenregeln für die Determinante zerlegter Matrizen (s.z.B. Johnston (1972), S. 95):

$$|X'X| = \begin{vmatrix} n & , 1'\tilde{X} \\ \tilde{X}'1, & \tilde{X}'\tilde{X} \end{vmatrix} = n \begin{vmatrix} \tilde{X}'\tilde{X} - \dfrac{\tilde{X}'11'\tilde{X}}{n} \end{vmatrix} = n \, |\tilde{X}'Z\tilde{X}| = n \, |(Z\tilde{X})' Z\tilde{X}|.$$

$^{+)}$Da für $\eta := Zy$ und für die Spalten ζ_j von $Z\tilde{X}$ offenbar $\bar{\eta} = 0$ und $\bar{\zeta}_j = 0$ gilt, lassen sich die Erörterungen aus 1.4 in folgender Weise abrunden: Inhomogene Regression ($x_1 = 1$) unterscheidet sich nicht wesentlich von homogener ($x_1 \neq 1$) mit einer um 1 verminderten Spaltenzahl und der Eigenschaft, daß die empirischen Mittel aller auftretenden Datensätze verschwinden. In dieser Form wird sie denn auch meistens in der Lehrbuchliteratur behandelt.

Setzt man $M := (Z\tilde{X})' Z\tilde{X} = \tilde{X}' Z\tilde{X}$, bezeichnet mit $M_{t's'}$ diejenige $(k-2) \times (k-2)$-Matrix, die aus M durch Streichen der t-ten Zeile und s-ten Spalte hervorgeht, und verwendet die Darstellung $M^{-1} = |M|^{-1} \cdot$ (adj M)' der Inversen von M[+], so erhält man leicht

$$|M| = n \cdot s_\nu^2 \; |M_{\nu'\nu'}| \; (1 - R_\nu^2)$$

(vgl. Goldberger (1969), S. 71), d.h.

$$\det(X'X) = n^2 \, s_\nu^2 \; |M_{\nu'\nu'}| \; (1 - R_\nu^2) \quad (\nu = 2,\dots,k).$$

Es bedeuten also relativ große R-Werte kleine Werte von $\det(X'X)$ und umgekehrt.

Somit ist i.allg. mit einem kleinen Wert von $\det(X'X)$ und allen damit zusammenhängenden Komplikationen (die gleich noch besprochen werden) zu rechnen, wenn die Regressoren (empirisch) paarweise oder multipel korreliert sind, was bei stochastischen Variablen leicht der Fall sein kann und insbesondere in der Ökonometrie, wo Variable häufig miteinander korrelieren (z.B. Einkommen und Vermögen), ein grundsätzliches Problem darstellt.

Ebenso wie $\det(X'X)$ stellt $\max \{R_2,\dots,R_k\}$ ein gewisses Maß für den Grad der Multikollinearität dar. Beide Maßzahlen kranken jedoch daran, daß sie nur relativ zu festen Spaltennormen bzw. Spaltenmomenten von X vernünftig interpretierbar sind[++].

[+] Dabei ist adj M die Matrix der sog. algebraischen Komplemente von M, d.h. es gilt $\text{adj } M = ((-1)^{t+s} \; |M_{t's'}|))_{t,s=2,\dots,k} \cdot$

[++] Eine Diskussion der hier behandelten und verschiedener anderer Maße für Multikollinearität findet man z.B. bei Kmenta (1971). Allerdings wird dort auf die Determinante von

$$\left(\frac{x_1}{\|x_1\|},\dots,\frac{x_k}{\|x_k\|}\right)' \left(\frac{x_1}{\|x_1\|},\dots,\frac{x_k}{\|x_k\|}\right),$$

die sich im Hinblick auf die Volumeninterpretation als natürliches absolutes Maß anbietet, nicht eingegangen.

Überhaupt liegt das Wesen der Kollinearität nicht so sehr in der Tatsache, daß det(X'X) sehr klein wird (dieser Umstand ließe sich leicht
durch eine Umskalierung der x_i und der β_i beheben, denn es gilt
$\det((cX') \cdot (cX)) = c^{2k} \det(X'X)$ für $c \in \mathbb{R}$), sondern darin, daß λ_{min}
wesentlich kleiner als λ_{max} ist, wenn mit λ_{min} (λ_{max}) der minimale
(maximale) Eigenwert von X'X bezeichnet wird. Die Matrix X'X ist
dann "schlecht konditioniert", was verschiedene unangenehme Folgen
für die praktische Regressionsanalyse hat. Zunächst gibt es numerische
Schwierigkeiten, weil kleine (Rundungs-) Fehler bei Matrizenoperationen
mit X'X die Ergebnisse schwerwiegend verfälschen können. Es empfiehlt
sich, bei Durchführung der Rechnungen auf einer EDV-Anlage eventuell
doppelte Stellenzahl zu verwenden und gewisse Kontrollen einzubauen.

Schwerwiegender als die numerischen Probleme, die sich meistens mit
entsprechend großem Aufwand lösen lassen, sind die statistischen.
Intuitiv ist klar, daß man die Einflüsse zweier hoch korrelierter Regressoren schlecht voneinander trennen, ihren gemeinsamen Einfluß jedoch durchaus abschätzen kann. Diese Überlegung (übertragen auf den
Fall mehrerer Regressoren) beleuchtet das statistische Kernproblem
der Multikollinearität.

Es zeigt sich am deutlichsten in der Gestalt der Konfidenzellipse für
den ganzen Vektor β:
Für festes y hat man nämlich (im KLM)

$$K_\beta(y) = \{\chi \in \mathbb{R}^k ;\quad c(y)\,(\hat{\beta}(y)-\chi)'\,X'X\,(\hat{\beta}(y)-\chi) \leq 1\}$$

mit $c(y) = (k\,s^2(y) \cdot F_{k,n-k;\alpha})^{-1}$ (vgl. 1.9).

Berücksichtigt man nun, daß eine Hauptachsentransformation die Gestalt
und den Inhalt eines Ellipsoides nicht verändert, so läßt eine
schlechte Konditionierung der positiv-definiten Matrix X'X auf fol-

gende typische Gestalt des Ellipsoides $K_\beta(y)$ schließen[+]:

$K_\beta(y)$ hat sowohl sehr lange, als auch vergleichsweise sehr kurze Hauptachsen. Die daraus resultierende langgestreckte Zeppelinform des Ellipsoides führt dann i.allg. zu relativ langen Projektionen auf die Koordinatenachsen, so daß Aussagen über die einzelnen β_i wesentlich schlechter möglich sind als über gewisse Linearkombinationen der β_i[++].

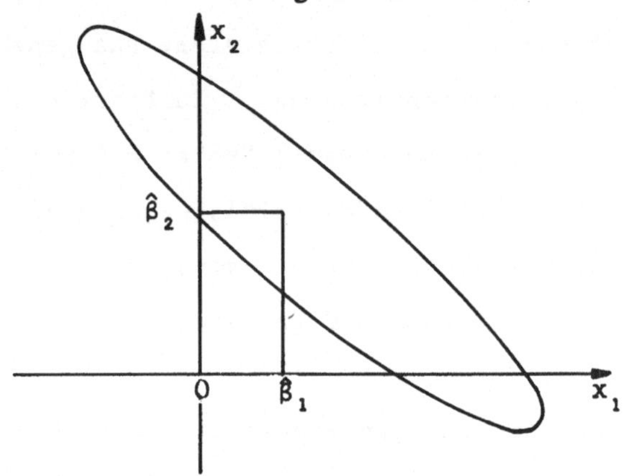

Abb. 7: Konfidenzellipse für β bei Multikollinearität (k = 2).

Auch beim Testen gewisser Hypothesen zeigt sich das entsprechende Phänomen. So läßt sich bei dem in der Skizze dargestellten Beispiel etwa die Hypothese $\beta = (\beta_1, \beta_2)' = 0$ verwerfen, da $0 = (0,0)'$ (weit)

[+] Man rekapituliere dazu den folgenden bekannten Sachverhalt: Das Ellipsoid $x'Bx \leq 1$ (mit $B = c(y)X'X$) wird durch Diagonalisieren $P'BP = D = \begin{pmatrix} \lambda_1 & & 0 \\ & \ddots & \\ 0 & & \lambda_k \end{pmatrix}$ der positiv-definiten Matrix B (c(y) ist mit Wahrscheinlichkeit 1 positiv) auf Hauptachsengestalt

$$\sum_{i=1}^{k} \lambda_i x_i^2 = \sum_{i=1}^{k} \left(\frac{x_i}{1/\sqrt{\lambda_i}} \right)^2 \leq 1$$

gebracht (die λ_i sind positiv), wobei $\frac{1}{\sqrt{\lambda_i}}$ die Länge der i-ten Halbachse angibt.

[++] Die Projektionen von K_β sind konservative Konfidenzintervalle für die Komponenten von β (vgl. 1.9).

außerhalb der Konfidenzellipse liegt, während die beiden Einzelhypo-
thesen $\beta_1 = 0$ und $\beta_2 = 0$ nicht abgelehnt werden können (jedenfalls
nicht von den vermöge der Projektionen der Ellipse auf die Koordinatenachsen definierten konservativen Tests, da diese die Null enthalten).

Das Problem der Kollinearität ist letzten Endes ein Problem der Parametrisierung. Dies zeigt sich aufgrund der folgenden Überlegungen:
Sei $y = X\beta + e$ mit $Ee = 0$, $\Sigma_e = \sigma^2 I_n$ und $\mathrm{rg}(X) = r$ das Ausgangs-
modell. Dann ergibt sich

$$\Sigma_{\hat{\beta}} = \sigma^2 (X'X)^{-1}$$

als Kovarianzmatrix für den GMS $\hat{\beta}$. Führt man eine Transformation
$\beta^* := T\beta$, $X^* := X^*T^{-1}$ mit nichtsingulärer Matrix T durch, dann gilt
$y = X^*\beta^* + e$ und für den GMS $\hat{\beta}^*$ ergibt sich

$$\Sigma_{\hat{\beta}^*} = \sigma^2 (X^{*'}X^*)^{-1} = \sigma^2 T(X'X)^{-1} T' \; .$$

Durch geeignete Wahl von T kann $T(X'X)^{-1}T'$ beliebig gut oder beliebig
schlecht konditioniert werden. Denn sei Λ eine vorgegebene positiv-
definite $k \times k$-Diagonalmatrix, dann gilt für $T := \Lambda^{1/2}(X'X)^{1/2}$

$$\Sigma_{\hat{\beta}^*} = \sigma^2 \Lambda^{1/2}(X'X)^{1/2}(X'X)^{-1} (X'X)^{1/2}\Lambda^{1/2} = \sigma^2 \Lambda.$$

Das Problem der Kollinearität entfällt also, wenn man völlig freie
Wahl in der Parametrisierung hat. In den meisten Anwendungsbeispielen
ist jedoch von der Fragestellung her eine "natürliche" Parametrisierung
ausgezeichnet, von der man nicht ohne beachtlichen Informationsverlust
abweichen kann.

Mit denselben Mitteln läßt sich zeigen, daß für eine feste Parametrisierung schätzbare Funktionen $\psi = C\beta$ existieren, die beliebig gut
oder beliebig schlecht konditioniert sind (durch geeignete Wahl von C).

Von spezieller Bedeutung im Rahmen der Regressionsanalyse sind parametrische Funktionen der Form $\psi = \sum_1^k x_i \beta_i$, denn der zugehörige GMS $\hat{\psi} = \sum_1^k x_i \hat{\beta}_i$ stellt eine Schätzung für den Erwartungswert dar, den eine y-Beobachtung hat, wenn die kontrollierten Variablen die Werte $x_1, \ldots, x_k$ annehmen. Man bezeichnet dann $\hat{\psi}$ als Prognose ("Vorhersage") von y für diese Wertekombination von $x_1, \ldots, x_k$ (vgl. Abschnitt 1.9.2). Aus dem oben Gesagten ergibt sich, daß eine schlecht konditionierte X'X-Matrix (und große Varianzen für einige $\hat{\beta}_i$) durchaus nicht unbedingt große Streuungen der Prognosen implizieren, so daß also brauchbare Prognosen häufig auch dann gemacht werden können, wenn die Einflüsse der einzelnen x-Variablen nur unzureichend ermittelt werden können.

Am meisten befriedigt den Statistiker der Fall paarweise orthogonaler Spalten von X ("orthog.Regress."). Dann wird die Idee der multiplen Regression, nämlich den Einfluß eines einzelnen Regressors zu isolieren, am reinsten verwirklicht[+]. Die Lösung der NGLN wird hier dadurch stark vereinfacht, daß X'X und damit auch ihre Inverse Diagonalgestalt hat. Die (nach 2.2 bestehende) Möglichkeit, die multiple Regression dann in k Einzelregressionen aufteilen zu können, hat neben augenscheinlichen numerischen auch verschiedene statistische Vorteile. So sind dann vor allem die Schätzer $\hat{\beta}_i$ paarweise unkorreliert (im KLM sogar insgesamt unabhängig), und die gesamte erklärte Variabilität läßt sich eindeutig auf die einzelnen Faktoren verteilen. In der Tat ergibt sich aus der Inhomogenität ($x_1 = 1$) und Orthogonalität ($x_i' x_j = 0$ für $i \neq j$) leicht die Zerlegung

---

[+] Umgekehrt bleibt das Konzept vom "Beitrag" eines einzelnen Regressors eigentlich immer in gewisser Hinsicht zweifelhaft, wenn Orthogonalität nicht vorhanden ist.

$$S_{\hat{y}}^2 = S_{\hat{y}_1}^2 + S_{\hat{y}_2}^2 + \ldots + S_{\hat{y}_k}^2$$

(mit $\hat{y}_j = x_j \hat{\beta}_j$, x_j = j-Spalte von X)[+].

2. 4 Orthogonale Polynome und Polynomiale Regression

In Anbetracht der in 2.2 und 2.3 geschilderten Vorteile von Orthogonalität stellt sich die Frage, ob man nicht bei ihrer Abwesenheit versuchen sollte, mittels einer Transformation

$$\beta^* = T^{-1}\beta, \quad X^* = X\,T$$

zu dem Regressionsmodell

$$y = X^*\beta^* + e \ (= XTT^{-1}\beta + e = X\beta + e),$$

mit einer Matrix X^* (vom selben Rang wie X) überzugehen, deren Spalten paarweise orthogonal sind. Es gilt dann

$$(X^{*\prime}X^*)^{-1}\,X^{*\prime}y = (T'X'XT)^{-1}\,T'X'y = T^{-1}\,(X'X)^{-1}\,X'y, \text{ d.h.}$$
$$\hat{\beta} = T\,\hat{\beta}^*,$$

und man kann alle statistisch relevanten Aussagen über β auch aus dem transformierten Modell gewinnen, in dem die erstrebenswerte Eigenschaft der Orthogonalität erfüllt ist. Indes bringt eine solche Transformation i.allg. weder statistisch noch numerisch einen Vorteil. Statistisch nicht, weil die Kovarianzmatrix des GMS $\hat{\beta}$ (auf den man ja am

---

[+] Man verwende die Formeln aus 1.4 (unter Beachtung von $\frac{1}{n^2}$ a'Lb $= \bar{a}\,\bar{b}$ d.h. $\frac{1}{n^2}$ a'La $= \bar{a}^2$). Trivial ist $\|\hat{y}\|^2 = \sum_{i=1}^k \|\hat{y}_j\|^2$. Aber auch $\bar{\hat{y}}^2 = \sum_{j=1}^k \bar{\hat{y}}_j^2$ gilt wegen $\bar{x}_1 = \bar{1} = 1$, $\bar{x}_j = 0$ also
$$\bar{\hat{y}}_j = 0 \quad (j = 2,\ldots,k)$$
$$\text{und} \quad \bar{\hat{y}} = \bar{x}_1\hat{\beta}_1 + \ldots + \bar{x}_k\hat{\beta}_k = \bar{\hat{y}}_1 + \ldots + \bar{\hat{y}}_k = \bar{\hat{y}}_1.$$

Schluß doch wieder zurückrechnet) von der Transformation unberührt bleibt, und numerisch ist nach dem "Prinzip des direkten Angriffes" nichts zu erwarten, welches besagt, daß Transformationen möglichst vermieden werden sollten, weil durch sie numerische Information (durch Rundungsfehler) verlorengeht (vgl. z.B. Stiefel (1965), S. 101).

In Sonderfällen allerdings kann ein Übergang von X zu X^* und β zu β^* (mit $X^*\beta^* = X\beta$ und $X^{*'}X^* = $ Diagonalmatrix) durchaus von Nutzen sein, z.B. immer dann, wenn damit eine gewisse Standardisierung einhergeht, die den Rückgriff auf ein für allemal durchgeführte Rechnungen, Tabellen etc. erlaubt.

Eine solche Situation liegt bei der polynomialen Regression

$$y_i = \beta_0 + \beta_1 x_i + \beta_2 x_i^2 + \ldots + \beta_k x_i^k + e_i \qquad (i = 1,\ldots,n)^{+)}$$

vor, sofern die x_i äquidistant sind, d.h., wenn

$$x_i = a + i\,h \qquad (i = 1,\ldots,n)$$

mit gewissen reellen Konstanten a und h gilt. Eine Transformation der beschriebenen Art läßt sich in diesem Fall durch den Übergang von dem System $1, x^2, x^3, x^4,\ldots$ von Basispolynomen zu einem anderen erreichen, welches im Hinblick auf die vorliegenden x_i orthogonal ist, d.h. zu einem System $\psi_0(x) = 1$, $\psi_1(x)$, $\psi_2(x)$, $\ldots$ ($\psi_t(x) = $ Polynom in x vom Grade t) mit der Eigenschaft

$$\sum_{i=1}^{n} \psi_t(x_i)\,\psi_s(x_i) = 0 \qquad \text{für } t \neq s.$$

Die n Gleichungen $y_i = \sum_{j=0}^{k} \beta_j\, x_i^j + e_i$ $(i=1,\ldots,n)$ schreiben sich dann in der Form

---

[+)]Aus offensichtlichen Gründen wurde hier die Numerierung der Parameter im Vergleich zum allgemeinen Linearen Modell etwas geändert, so daß $\beta = (\beta_0, \beta_1,\ldots,\beta_k)'$ ausnahmsweise $k+1$ Komponenten hat.

$$y_i = \beta_0^* + \beta_1^* \, \psi_1(x_i) + \ldots + \beta_k^* \, \psi_k(x_i) + e_i \quad (i = 1,\ldots,n)^{+)}.$$

Der wesentliche Schritt (nämlich die erwähnte Standardisierung) ist damit allerdings noch nicht getan, da das System $\psi_0(x) = 1$, $\psi_1(x)$, $\psi_2(x),\ldots$ offenbar noch von den x_i $(i=1,\ldots,n)$ abhängt (die bis hierher auch beliebig hätten sein dürfen). Wir nutzen nun entscheidend die Äquidistanz der x_i aus, und verwenden anstelle der Polynome ψ_t in $x_i = a + i\,h$ solche, die nur von i, nicht aber von a und h abhängen.

Sei $\bar{\imath} := \dfrac{1}{n} \sum\limits_{i=1}^{n} i = \dfrac{n+1}{2}$, $P_0 \equiv 1$ und

$$P_t(i-\bar{\imath}) = P_t\left(i - \frac{n+1}{2}\right)$$

$$= a_{0t} + a_{1t}\left(i - \frac{n+1}{2}\right) + a_{2t}\left(i - \frac{n+1}{2}\right)^2 + \ldots + a_{tt}\left(i - \frac{n+1}{2}\right)^t, \quad t = 1,2,3,\ldots$$

ein System orthogonaler Polynome in $i-\bar{\imath}$, bei dem also definitionsgemäß

$$\sum P_t P_s := \sum\limits_{i=1}^{n} P_t\left(i - \frac{n+1}{2}\right) P_s\left(i - \frac{n+1}{2}\right) \quad \text{nur für } t=s \text{ von Null verschieden}$$

sein darf, so daß wiederum

$$X^{*\prime}X^* = \begin{pmatrix} n & , \; \sum P_1 & ,\ldots, & \sum P_k \\ \sum P_1, & \sum P_1^{\,2} & ,\ldots, & \sum P_1 P_k \\ \multicolumn{4}{c}{\cdots\cdots\cdots\cdots\cdots\cdots\cdots\cdots} \\ \sum P_k, & \sum P_k P_1, & \ldots, & \sum P_k^{\,2} \end{pmatrix}$$

Diagonalform erhält.

Es zeigt sich, daß das System der P_t bzw. der zugehörigen Koeffizienten a_{st} durch die Forderung der Orthogonalität nicht eindeutig bestimmt

---

$^{+)}$Es ist also

$$X^* = \begin{pmatrix} 1, \psi_1(x_1), \ldots, \psi_k(x_1) \\ \vdots \quad \vdots \qquad \vdots \\ 1, \psi_1(x_n), \ldots, \psi_k(x_n) \end{pmatrix}$$

und daher

$$X^{*\prime}X^* = \left(\sum\limits_{i=1}^{n} \psi_t(x_i)\,\psi_s(x_i)\right)_{t,s=0,\ldots,k}.$$

Wegen der Orthogonalität der Polynome ist $X^{*\prime}X^*$ eine Diagonalmatrix.

ist, so daß man zusätzlich noch weitere Nebenbedingungen erfüllen kann (z.B. läßt sich die Ganzzahligkeit aller Werte $P_t(i - \frac{n+1}{2})$, i=1,...,n, t = 0,1,2..., erreichen).

Die orthogonalen Polynome P_t (d.h. ihre Koeffizienten) und ihre Werte $P_t(i - \frac{n+1}{2})$, i=1,...,n, findet man vertafelt z.B. bei Anderson & Housemann (1942) (für alle $n \leq 104$ und bis $k = 5$), oder bei van der Reyden (1943), S. 355-404 (für alle $n \leq 52$ und bis $k = 9$).

Nachdem wir eine Darstellung

$$y_i = \beta_0^* + \beta_1^* P_1(i-\bar{\imath}) + \ldots + \beta_k^* P_k(i-\bar{\imath}), \quad i = 1,\ldots,n$$

mit geeigneten, standardisierten orthogonalen Polynomen gefunden haben, bleibt die Frage zu klären, ob die Abbildungen $\beta \to \beta^*$ und $X \to X^*$ tatsächlich in der Form $\beta^* = T^{-1}\beta$, $X^* = X T$ von einer regulären linearen Transformation $T : \mathbb{R}^{k+1} \to \mathbb{R}^{k+1}$ bewirkt werden, und wenn ja, wie diese aussieht.

Zunächst ist nach Konstruktion klar, daß sowohl die β_j^* lineare Funktionen der β_ν als auch die $P_j(i-\bar{\imath})$ lineare Funktionen der x_i^j sind, d.h., daß es zwei lineare Abbildungen T_1 und T_2 (des $\mathbb{R}^{k+1}$ in sich) gibt mit $\beta^* = T_1\beta$ und $X^* = X T_2$.

Ferner gilt (auch nach Konstruktion) $X^*\beta^* = X\beta$, d.h. $X T_2 T_1 \beta = X\beta$ für alle $\beta \in \mathbb{R}^{k+1}$, woraus man $X T_2 T_1 - X = 0$ bzw. $(T_2 T_1 - I)'X' = 0$ und weiter $T_2 T_1 = I$ wegen $rg(X') = rg(X) = k+1$ schließen kann. Aufgrund der allgemeingültigen Abschätzung $rg(T_1 T_2) \leq \min\{rg(T_1), rg(T_2)\}$ müssen daher T_1 und $T := T_2$ vollen Rang haben und die Gleichung $T_1 = T^{-1}$ erfüllen.

Zur Berechnung von T betrachten wir die Gleichung

$$\sum_{j=0}^{k} \beta_j \, x_i^{\,j} = \sum_{j=0}^{k} \beta_j^{\,*} \, P_j(i-\bar{i})$$

(zunächst bei festem i) und entwickeln $x_i^{\,j} = (a + ih)^j$ für jedes j nach dem binomischen Lehrsatz in der Form

$$x_i^{\,j} = (a + ih)^j = \sum_{s=0}^{j} b_{sj} \, i^s = \sum_{s=0}^{k} b_{sj} \, i^s \qquad (b_{sj} = 0 \text{ für } s > j).$$

Ebenso ordnen wir die Polynome $P_j(i-\bar{i})$ nach Potenzen von i, etwa

$$P_j(i - \bar{i}) = \sum_{s=0}^{k} a_{sj} \, i^s \qquad (a_{sj} = 0 \text{ für } s > j).$$

Einsetzen ergibt:

$$\sum_{s=0}^{k} \sum_{j=0}^{k} (\beta_j \, b_{sj} - \beta_j^{\,*} \, a_{sj}) \, i^s = 0 \qquad (i = 1,\ldots,n).$$

Das Polynom $\sum_{s=0}^{k} \gamma_s \, \xi^s$ mit $\gamma_s = \sum_{j=0}^{k} (\beta_j \, b_{sj} - \beta_j^{\,*} \, a_{sj})$, dessen Grad höchstens k ist, hat also n verschiedene Nullstellen ($\xi = 1, 2, \ldots, n$). Nach einem bekannten Satz der Algebra folgt daher $\gamma_s = 0$ aufgrund unserer Generalvoraussetzung $n \geq k+1$, d.h., es gilt:

$$(**) \qquad \sum_{j=0}^{k} b_{sj} \, \beta_j = \sum_{j=0}^{k} a_{sj} \, \beta_j^{\,*} \, (s = 0, \ldots, k) \quad \text{bzw.} \quad B\beta = A \, \beta^*.$$

Dabei haben die Matrizen $A = (a_{sj})_{s,j=0,\ldots,k}$ und $B = (b_{sj})_{s,j=0,\ldots,k}$ Dreiecksgestalt (unterhalb der Hauptdiagonalen stehen Nullen), so daß insbesondere $\det(A) = \prod_{j=0}^{k} a_{jj}$ und $\det(B) = \prod_{j=0}^{k} b_{jj}$ gilt. Wegen $a_{jj} \neq 0$, $b_{jj} \neq 0$ $(j=0,\ldots,k)$ sind A und B daher invertierbar und man erhält $\beta = B^{-1} A \, \beta^*$. Aus der Gültigkeit von $\beta = T\beta^*$ und $\beta = B^{-1} A\beta^*$ für alle $\beta^* \in \mathbb{R}^{k+1}$ folgt

$$T = B^{-1} A \ ^{+)} .$$

Es ist zu bemerken, daß $(**)$ für $s = k$ gerade

$$b_{kk} \, \beta_k = a_{kk} \, \beta_k^{\,*} \qquad (\text{mit } b_{kk} \neq 0, \ a_{kk} \neq 0)$$

$^{+)}$Die Elemente von T hängen natürlich von a und h ab und können im allg. nicht mehr tabelliert werden.

und daher

$$\beta_k = 0 \quad <\!\!=\!\!> \quad \beta_k^* = 0$$

ergibt. Zur Durchführung eines Tests, ob der Koeffizient der höchsten
Potenz von Null verschieden ist, d.h., ob der Grad des Polynoms in der
Tat mit k übereinstimmt, kann also unmittelbar der Schätzer $\hat{\beta}_k^*$ verwendet werden. Diese Tatsache ist von großem Vorteil bei einer gewissen Problemklasse, die einen Hauptanwendungsbereich der polynomialen Regression bildet. Häufig hat man nämlich Grund für die Annahme
eines funktionalen Zusammenhanges zweier Größen y und x in der Form
y = f(x), wobei das unbekannte f als "glatt" (z.B. beliebig oft diffe-
renzierbar) vorausgesetzt werden kann.

Man denkt sich dann f so durch ein Polynom (nicht zu hohen Grades) mit
unbekannten Koeffizienten approximiert (etwa durch eine geeignet ab-
gebrochene Taylorentwicklung), daß der Approximationsfehler und etwaige
Meßfehler zusammen eine Störvariable e ergeben, die den Voraussetzungen
des Linearen Modells genügt. Es ergibt sich ein polynomiales Regres-
sionsproblem

$$y_i = \beta_0 + \beta_1 x_i + \ldots + \beta_k x_i^k + e_i \qquad (i = 1,\ldots,n)$$

mit der zusätzlichen Schwierigkeit, daß auch der Grad des Polynoms
(also maximales k mit $\beta_k \neq 0$) unbekannt ist[+].
Ein häufig in der Praxis angewendetes Verfahren[++] besteht dann darin,
sich ein Niveau α vorzugeben, die Regression sukzessive für k = 1,2,3,...
solange durchzuführen und jeweils die Hypothese "$\beta_k = 0$" zu testen,

---

[+]Gesucht ist mit anderen Worten eine Antwort auf die Frage, welcher
Polynomgrad und welches spezielle Polynom diesen Grades am besten zu
der Punkteschar $\{(x_i,y_i);\ i = 1,\ldots,n\}$ passen.

[++]Vgl. z.B. Graybill (1961). Dort, wie auch bei Anderson & Bancroft
(1952), findet man noch viele ergänzende Details der polynomialen Regression.

bis diese für zwei aufeinanderfolgende k nicht abgelehnt wird[+)] - eine recht mühsame Arbeit, wenn man jedesmal den kompletten Satz $\hat{\beta}_0$, $\hat{\beta}_1, \ldots, \hat{\beta}_k$ berechnen müßte.

Glücklicherweise können wir - wie schon erwähnt - "$\beta_k^* = 0$" anstelle von "$\beta_k = 0$" testen und uns wegen der Orthogonalität im transformierten Modell (nach 2.2) bei jedem Schritt auf die einfache lineare Regression

$$y_i = \beta_k^* \, P_k \, (i - \tfrac{n+1}{2}) + \tilde{e}_i \qquad (i = 1, \ldots, n)$$

beschränken. Die einzige numerische Arbeit, die zu leisten übrigbleibt, nämlich die Rücktransformation $\hat{\beta} = T\hat{\beta}^*$, braucht nur ein einziges Mal, und zwar nach Abbruch des geschilderten Verfahrens durchgeführt zu werden.

2. 5 <u>Vergleich zweier Regressionsgeraden</u>

Gelegentlich läuft die empirische Überprüfung einer wissenschaftlichen Arbeitshypothese auf den Vergleich zweier (oder mehrerer) Regressionen hinaus. Es soll im folgenden für den Spezialfall[++)], daß es sich um Regressionsgeraden handelt, und man sich in erster Linie für die Steigungen interessiert, ein Test aus dem Linearen Modell abgeleitet werden. Zur Kennzeichnung des Anwendungsbereiches führen wir exemplarisch zwei

---

[+)] Wenn f gerade ist ($f(-x) = f(x)$), so wird ein gut approximierendes Polynom keine Potenzen mit ungeraden - ist f ungerade ($f(-x) = -f(x)$) - keine mit geraden Exponenten enthalten. Um in einem solchen Fall nicht "zu früh" abzubrechen, verlangt man zwei und nicht nur ein nichtsignifikantes Ergebnis.

[++)] Den allgemeinen Fall findet man z.B. bei Schönfeld (1969), S. 124 ff, oder bei Smillie (1966), S. 72 ff.

132

in gewisser Hinsicht typische Arbeitshypothesen an:

A1) "Im Stadtverkehr beeinflußt das Gewicht eines PKW' den Benzinver-
      brauch stärker als auf den Landstraßen";

A2) "Kinder, die bei Geburt relativ klein sind, wachsen in den ersten
      Lebensmonaten schneller als diejenigen, welche bei Geburt relativ
      groß sind".

In solchen Fällen, wenn also die Auswirkungen zweier unterschiedlicher
Bedingungen, Behandlungen, Gruppenzugehörigkeiten, etc. auf die Abhängigkeit einer Größe von einer anderen zur Diskussion stehen, wird man
zunächst den einfachsten Ansatz in Form einer linearen Regression versuchen (wobei der angesprochene eventuelle Unterschied sich dann in
einem möglicherweise unterschiedlichen Paar von Parametern ausdrückt),
also von den folgenden Gleichungen ausgehen:

$$y_{1j} = \alpha_1 + \beta_1\, x_{1j} + e_{1j} \qquad (j = 1,\dots,n_1)$$
$$y_{2j} = \alpha_2 + \beta_2\, x_{2j} + e_{2j} \qquad (j = 1,\dots,n_2)$$

(der erste Index gibt an, zu welcher Gruppe, Bedingung, Behandlung,
etc. die Regression gehört).

Mit $\beta := (\alpha_1, \beta_1, \alpha_2, \beta_2)'$, $\quad y = (y_{11},\dots,y_{1n_1}, y_{21},\dots,y_{2n_2})'$,
$e := (e_{11},\dots,e_{1n_1}, e_{21},\dots,e_{2n_2})'$ und

$$X = \begin{pmatrix} 1 & x_{11} & 0 & 0 \\ \vdots & \vdots & \vdots & \vdots \\ 1 & x_{1n_1} & 0 & 0 \\ & & & \\ 0 & 0 & 1 & x_{21} \\ \vdots & \vdots & \vdots & \vdots \\ 0 & 0 & 1 & x_{2n_2} \end{pmatrix}$$

erhält man $y = X\beta + e$, d.h. ein Lineares Modell, sofern es sinnvoll
ist, die Modellvoraussetzungen als erfüllt anzusehen (was im Einzelfall geprüft werden muß).

Da bei einem Signifikanztest zum Niveau α die Arbeitshypothese zur Testalternative wird, hat man typischerweise mit der statistischen Hypothese "$\beta_1 = \beta_2$" zu tun.

Vermöge $\psi := \beta_1 - \beta_2$ läßt sich diese in gewohnter Weise als eine Hypothese H_ψ darstellen.

Um H_ψ zu testen, brauchen wir nur die Ergebnisse aus 1.9 zu spezialisieren, die sich auf eindimensionale schätzbare Funktionen (d.h. auf q = 1) beziehen. Für $\psi = c'\beta$ ($c \in \mathbb{R}^k$) mit dem GMS $\hat{\psi} = a'y$ ($a \in \mathbb{R}^n$), dessen Varianz $\|a\|^2 \sigma^2$ durch $\|a\|^2 s^2$ geschätzt wird, hatten wir (vgl. Seite 66)

$$K_\psi(y) = \{\xi \in \mathbb{R};\ \hat{\psi}(y) - t_{n-r;\frac{\alpha}{2}} \cdot \hat{\sigma}_{\hat{\psi}}(y) \leq \xi \leq \hat{\psi}(y) + t_{n-r;\frac{\alpha}{2}} \cdot \hat{\sigma}_{\hat{\psi}}(y)\}$$

als Konfidenzintervall zum Niveau $1-\alpha$ erhalten.

Allgemein liefert uns K_ψ den F-Test zum Niveau α (d.h. gilt $S_K = [F > F_{q,n-r;\alpha}]$), wenn man $S_K = [0 \notin K_\psi]$ setzt (vgl. S. 80). Im Fall "q = 1" ergibt sich daher wegen der Äquivalenz von

$$\hat{\psi}(y) - t_{n-r;\frac{\alpha}{2}} \hat{\sigma}_{\hat{\psi}}(y) \leq \xi \leq \hat{\psi}(y) + t_{n-r;\frac{\alpha}{2}} \hat{\sigma}_{\hat{\psi}}(y)$$

mit

$$\frac{|\xi - \hat{\psi}(y)|}{\hat{\sigma}_{\hat{\psi}}(y)} \leq t_{n-r;\frac{\alpha}{2}}$$

der (zweiseitige t-) Test

$$S_K = \left[\frac{|\hat{\psi}|}{\hat{\sigma}_{\hat{\psi}}} > t_{n-r;\frac{\alpha}{2}}\right]$$

als F-Test für H_ψ (zum Niveau α).

In unserem speziellen Linearen Modell haben wir $n = n_1 + n_2$, $r = 4$[+)] und $\psi = \beta_1 - \beta_2 = (0,1,0,-1)\beta$, d.h. $\hat{\psi} = (0,1,0,-1)\hat{\beta} = \hat{\beta}_1 - \hat{\beta}_2$.

Nun liegt X in der Form $X = (X_1, X_2)$ mit $X_1'X_2 = 0$ vor. Nach Über-

---

[+)] Dies gilt natürlich nicht, wenn alle x_{1j} oder alle x_{2j} übereinstimmen, was wir ausschließen.

134

legungen aus 2.2 können wir daher $(\hat{\alpha}_1,\hat{\beta}_1)'$ und $(\hat{\alpha}_2,\hat{\beta}_2)'$ jeweils als GMS aus den Einzelregressionen erhalten, was intuitiv einleuchtend ist, weil die $y_{\nu j}$, $j=1,2,\ldots,n_\nu$ nur von α_ν,β_ν abhängen ($\nu = 1,2$).

Setzt man $\bar{x}_\nu. := \dfrac{1}{n_\nu} \sum\limits_{j=1}^{n_\nu} x_{\nu j}$, $\nu = 1,2$, so gilt also insbesondere:

$$\hat{\beta}_\nu = \sum_{j=1}^{n_\nu} \frac{(x_{\nu j} - \bar{x}_\nu.)}{\sum\limits_{i=1}^{n_\nu} (x_{\nu i}-\bar{x}_\nu.)^2} y_{\nu j} =: \sum_{j=1}^{n_\nu} a_{\nu j}\, y_{\nu j}, \quad \nu = 1,2,$$

(vgl. Abschnitt 1.3 , S. 15 [+)]), und weiter

$$\hat{\psi} = \hat{\beta}_1 - \hat{\beta}_2 = a'y \quad \text{mit} \quad a := (a_{11},\ldots,a_{1n_1},a_{21},\ldots,a_{2n_2})'.$$

Man bekommt

$$\|a\|^2 = \sum_{j=1}^{n_1} a_{1j}^2 + \sum_{j=1}^{n_2} a_{2j}^2 = \frac{1}{\sum (x_{1j}-\bar{x}_1.)^2} + \frac{1}{\sum (x_{2j}-\bar{x}_2.)^2},$$

$$\hat{\sigma}_{\hat{\psi}}^2 = \left(\frac{1}{\sum\limits_{j=1}^{n_1} (x_{1j}-\bar{x}_1.)^2} + \frac{1}{\sum\limits_{j=1}^{n_2} (x_{2j}-\bar{x}_2.)^2} \right) s^2$$

und somit den folgenden Test auf Gleichheit der Steigungskoeffizienten:

$$S_K = \left[\frac{|\hat{\beta}_1 - \hat{\beta}_2|}{\sqrt{1/\sum_{j=1}^{n_1}(x_{1j}-\bar{x}_1.)^2 + 1/\sum_{j=1}^{n_2}(x_{2j}-\bar{x}_2.)^2}\cdot s} > t_{n_1+n_2-4;\frac{\alpha}{2}} \right]$$

$$\left(\text{mit}\quad s^2 = \frac{1}{n_1+n_2-4} \left[\sum_{j=1}^{n_1} (y_{1j} - \hat{\alpha}_1 - \hat{\beta}_1 x_{1j})^2 + \sum_{j=1}^{n_2} (y_{2j} - \hat{\alpha}_2 - \hat{\beta}_2 x_{2j})^2 \right]\right).$$

Bei manchen Problemen ist es sinnvoll, von vornherein anzunehmen, daß die Regressionsgeraden durch den Ursprung gehen. So liegt es nahe, bei

---

[+)]Der Unterschied zwischen der dort und der hier gewählten Parametrisierung betrifft nur das Absolutglied. Auch bei einer linearen Regression der Form $y_i = \alpha + \beta x_i + e_i$ berechnet sich $\hat{\beta}$ als

$$\hat{\beta} = \sum(x_i - \bar{x})(y_i - \bar{y})/\sum(x_j - \bar{x})^2$$

woraus sich (wegen $\sum(x_i - \bar{x}) = 0$)

$$\hat{\beta} = \sum(x_i - \bar{x})\, y_i /\sum(x_j - \bar{x})^2$$

ergibt.

der Konstruktion eines Modells zur Beurteilung von A2) nicht die absoluten, sondern die um die jeweilige Geburtsgröße verminderten Größen (d.h. die Zuwächse) als y-Werte zu wählen, um dadurch den nicht erklärten Teil der Variabilität zu verkleinern, indem man ja eine ihrer Ursachen (die verschiedenen Geburtsgrößen der Kinder) eliminiert. Außerdem sind dann in das statistische Testproblem 2 Parameter weniger involviert (nämlich die beiden Absolutglieder).

Allerdings dürfte bei solchem Vorgehen (und allgemein bei Regression ohne Absolutglied) die nur für relativ kleine Meßbereiche sinnvolle Voraussetzung

(i) $\quad$ $\mathrm{Var}(y_{\nu j}) = \sigma^2 \quad (\nu = 1,2 ; \quad j = 1,\ldots,n_\nu)$

nicht mehr so ohne weiteres haltbar sein. Vielmehr legt einem die Erfahrung nahe, eher von

(ii) $\quad$ $\mathrm{Var}(y_{\nu j}) = \sigma^2 |x_{\nu j}| \quad (\nu = 1,2 ; \quad j = 1,\ldots,n_\nu)$

(d.h. in etwa von der Konstanz der relativen Schwankung) auszugehen. Aber auch andere Ansätze sind denkbar. Wir behandeln im folgenden neben (i) und (ii) noch

(iii) $\quad$ $\mathrm{Var}(y_{\nu j}) = \sigma^2 x_{\nu j}{}^2 \quad (\nu = 1,2 ; \quad j = 1,\ldots,n_\nu),$

wobei in allen drei Fällen weiterhin Unkorreliertheit und bei (ii) und (iii) darüberhinaus $x_{\nu j} > 0$ $(\nu = 1,2 ; \ j = 1,\ldots,n_\nu)$ vorausgesetzt wird.

In (i) haben wir ein gewöhnliches Lineares Modell zu betrachten mit $n = n_1 + n_2,\ r = 2,$

$$X = \begin{pmatrix} x_{11},\ldots,x_{1n_1}, & 0,\ldots,0 \\ 0,\ldots,0 & , x_{21},\ldots,x_{2n_2} \end{pmatrix}',$$

$\beta = \begin{pmatrix} \beta_1 \\ \beta_2 \end{pmatrix}$ und $\psi = \beta_1 - \beta_2$. Wiederum ist $\hat{\psi} = \hat{\beta}_1 - \hat{\beta}_2$ und es lassen sich die GMS $\hat{\beta}_1, \hat{\beta}_2$ aus den Einzelregressionen

136

$$y_{\nu j} = x_{\nu j}\,\beta_\nu + e_\nu \qquad\qquad (\nu = 1,2, \qquad j = 1,\ldots,n_\nu)$$

nach der allgemeinen Formel $(\hat{\beta} = (X'X)^{-1}\,X'y)$ unmittelbar berechnen

als

$$\hat{\beta}_\nu = \sum_{j=1}^{n_\nu} \frac{x_{\nu j}}{\sum\limits_{i=1}^{n_\nu} x_{\nu i}^{\,2}}\, y_{\nu j} \quad (=: \sum_{j=1}^{n_\nu} a_{\nu j}\, y_{\nu j}), \quad \nu = 1,2.$$

In diesem Fall ist also

$$\|a\|^2 = \sum_{j=1}^{n_1} a_{1j}^{\,2} + \sum_{j=1}^{n_2} a_{2j}^{\,2} = \frac{1}{\sum x_{1j}^{\,2}} + \frac{1}{\sum x_{2j}^{\,2}}$$

und man erhält den Test

$$S_K = \left[\frac{|\hat{\beta}_1 - \hat{\beta}_2|}{\sqrt{1/\sum x_{1j}^{\,2} + 1/\sum x_{2j}^{\,2}}\cdot s} > t_{n_1+n_2-2;\frac{\alpha}{2}}\right]$$

mit

$$s^2 = \frac{1}{n_1+n_2-2}\left(\sum_{j=1}^{n_1} (y_{1j} - \hat{\beta}_1\, x_{1j})^2 + \sum_{j=1}^{n_2} (y_{2j} - \hat{\beta}_2\, x_{2j})^2\right).$$

(ii) und (iii) lassen sich einer größeren Klasse von VLM subsumieren, für die

$$\Sigma = \mathrm{diag}\,(\sigma_{11}^{\,2},\ldots,\sigma_{1n_1}^{\,2},\ \sigma_{21}^{\,2},\ldots,\sigma_{2n_2}^{\,2}) := \begin{pmatrix} \sigma_{11}^{\,2} & & 0 \\ & \ddots & \\ 0 & & \sigma_{2n_2}^{\,2} \end{pmatrix}$$

(und $\Sigma_e = \sigma^2 \cdot \Sigma$ mit unbekanntem $\sigma^2 > 0$, aber bekanntem $\sigma_{\nu j}^{\,2} > 0$) gilt[+].

Bei dieser einfachen Bauart kann eine Transformationsmatrix T, die das VLM in das LHM (vgl. 1.10) überführt, unmittelbar angegeben werden. Offenbar leistet

$$T := \mathrm{diag}\,(\sigma_{11}^{-1},\ldots,\sigma_{1n_1}^{-1},\ \sigma_{21}^{-1},\ldots,\sigma_{2n_2}^{-1})$$

das Gewünschte (nämlich $T\Sigma T' = I$). Es ist dann

$$y^* = (y_{11}^*, \ldots, y_{2n_2}^*)' = (\frac{y_{11}}{\sigma_{11}}, \ldots, \frac{y_{1n_1}}{\sigma_{1n_1}}, \ \frac{y_{21}}{\sigma_{21}}, \ldots, \frac{y_{2n_2}}{\sigma_{2n_2}})',$$

und

$$X^* = TX = \begin{pmatrix} \frac{x_{11}}{\sigma_{11}}, \ldots, \frac{x_{1n_1}}{\sigma_{1n_1}} , & 0, \ldots, 0 \\ 0, \ldots, 0 & , \frac{x_{21}}{\sigma_{21}}, \ldots, \frac{x_{2n_2}}{\sigma_{2n_2}} \end{pmatrix}'$$

$$= \begin{pmatrix} x_{11}^*, \ldots, x_{1n_1}^*, & 0, \ldots, 0 \\ 0, \ldots, 0 & , x_{21}^*, \ldots, x_{2n_2}^* \end{pmatrix}'.$$

Insbesondere liefert uns Teil (i) einen Test für die Hypothese H_ψ
(mit $\psi = \beta_1 - \beta_2$) im LHM, nämlich

$$S_K^* = \left[\frac{|\hat{\beta}_1^* - \hat{\beta}_2^*|}{\sqrt{(\sum x_{1j}^{*2})^{-1} + (\sum x_{2j}^{*2})^{-1}} \cdot s^*} > t_{n_1+n_2-2;\frac{\alpha}{2}} \right].$$

Nach den Überlegungen aus 1.10 erhalten wir daraus im Originalmodell
den Test

$$S_K = \left[\frac{|\check{\beta}_1 - \check{\beta}_2|}{\sqrt{(\sum \sigma_{1j}^{-2} x_{1j}^2)^{-1} + (\sum \sigma_{2j}^{-2} x_{2j}^2)^{-1}} \cdot s} > t_{n_1+n_2-2;\frac{\alpha}{2}} \right]$$

mit

$$s^2 = \frac{1}{n_1+n_2-2} \left(\sum_{j=1}^{n_1} \sigma_{1j}^{-2} (y_{1j} - \check{\beta}_1 x_{1j})^2 + \sum_{j=1}^{n_2} \sigma_{2j}^{-2} (y_{2j} - \check{\beta}_2 x_{2j})^2 \right).$$

Dabei lassen sich die VGMS $\check{\beta}_\nu$ aufgrund der Orthogonalität wiederum getrennt aus den beiden VLM

$$\left. \begin{array}{l} y_{\nu j} = \beta_\nu x_{\nu j} + e_{\nu j}, \quad j = 1, \ldots, n_\nu \\ E(e_\nu) = 0, \quad \Sigma_{e_\nu} = \sigma^2 \, \mathrm{diag}(\sigma_{\nu 1}^2, \ldots, \sigma_{\nu n_\nu}^2) \end{array} \right\} \nu = 1,2$$

berechnen. Dividiert man hierbei für $\nu = 1,2$ die j-te Gleichung
durch $x_{\nu j}$ ($\neq 0$), so werden beide VLM auf einen Typ des VLM transformiert, den wir bereits am Ende von 1.10 behandelt haben. Es ergibt
sich nämlich

$$\tilde{y}_{\nu j} = \beta_\nu + \tilde{e}_{\nu j} \, ,$$

$$E(\tilde{e}_\nu) = 0, \quad \Sigma_{\tilde{e}_\nu} = \sigma^2 \, \mathrm{diag}(x_{\nu 1}^{-2} \sigma_{\nu 1}^2, \dots, x_{\nu n_\nu}^{-2} \sigma_{\nu n_\nu}^2) \left.\vphantom{\Big]}\right\} \quad \nu = 1,2$$

(dabei ist $\tilde{y}_{\nu j} = \dfrac{y_{\nu j}}{x_{\nu j}}$ und $\tilde{e}_{\nu j} = \dfrac{e_{\nu j}}{x_{\nu j}}$). Aus 1.10 wissen wir (vgl. S. 103), daß bei diesem Typ VLM der VGMS $\check{\beta}$ gerade der lineare Schätzer ist, bei dem die Daten umgekehrt proportional zu ihren Varianzen gewichtet werden, d.h., es gilt für $\nu = 1,2$:

$$\check{\beta}_\nu = \sum_{j=1}^{n_\nu} \frac{1}{\sigma^2 \dfrac{\sigma_{\nu j}^2}{x_{\nu j}^2} \displaystyle\sum_{i=1}^{n_\nu} \frac{x_{\nu i}^2}{\sigma^2 \cdot \sigma_{\nu i}^2}} \, \tilde{y}_{\nu j}$$

$$= \sum_{j=1}^{n_\nu} \frac{x_{\nu j}}{\sigma_{\nu j}^2 \displaystyle\sum_{i=1}^{n_\nu} \sigma_{\nu i}^{-2} x_{\nu i}^2} \, y_{\nu j} \, .$$

Speziell $\sigma_{\nu j}^2 = x_{\nu j} > 0$ (d.h. $\mathrm{Var}(y_{\nu j}) = \sigma^2 x_{\nu j}$ wie im Fall (ii)) ergibt:

$$\check{\beta}_\nu = \sum_{j=1}^{n_\nu} \frac{x_{\nu j}}{x_{\nu j} \displaystyle\sum_{i=1}^{n_\nu} x_{\nu i}} \, y_{\nu j} = \sum_{j=1}^{n_\nu} \frac{1}{n_\nu \cdot \bar{x}_{\nu \cdot}} \, y_{\nu j} = \frac{\bar{y}_{\nu \cdot}}{\bar{x}_{\nu \cdot}} \, .$$

Bei $\sigma_{\nu j}^2 = x_{\nu j}^2 > 0$ (d.h. $\mathrm{Var}(y_{\nu j}) = \sigma^2 x_{\nu j}^2$ wie im Fall (iii)) erhält man:

$$\check{\beta}_\nu = \sum_{j=1}^{n_\nu} \frac{1}{n_\nu \cdot x_{\nu j}} \, y_{\nu j} = \frac{1}{n_\nu} \sum_{j=1}^{n_\nu} \frac{y_{\nu j}}{x_{\nu j}} \qquad \text{[+)]} \, .$$

[+)] Betrachtet man die Aufgabe, aus n Paaren (x_i, y_i) von Beobachtungen den Quotienten $\frac{y}{x} = \beta$ zweier zueinander proportionaler Größen zu schätzen, ganz unbefangen, so bieten sich auf den ersten Blick zwei Verfahren an, nämlich entweder die Quotienten $\frac{y_i}{x_i}$ zu mitteln, oder den Quotienten aus den Durchschnitten der y- bzw. x-Werte zu bilden. Wie man sieht, erweisen sich also diese beiden gleichermaßen plausiblen Schätzer gerade als die GMS bei unterschiedlichen Voraussetzungen ((iii) bzw. (ii)) über die Fehlervarianzen.

2. 6   Asymptotische Eigenschaften der GMS bei vollem Rang

Im Mittelpunkt dieses Paragraphen steht die Untersuchung, unter welchen
jeweiligen Bedingungen der GMS für β zwei der wichtigsten asymptotischen
Eigenschaften - nämlich Konsistenz und asymptotische Normalität - aufweist. Da ein Schätzer vom Stichprobenumfang abhängt und für verschiedene n von verschiedenen Funktionen repräsentiert wird, besteht
er letzten Endes aus einer Folge $(f_n)_{n \in \mathbb{N}}$ von Funktionen, die jeweils
auf dem $\mathbb{R}^n$ vermöge einer allen gemeinsamen Vorschrift definiert sind.

Definition:

Ist $\theta \in \Gamma$ Parameter eines statistischen Modells, der die Verteilung
der Stichprobe $y_n = (y_{n1}, \dots, y_{nn})' \in \mathbb{R}^n$ für jedes $n \in \mathbb{N}$ bestimmt,
und $g : \Gamma \to \tilde{\Gamma} \in \mathbb{R}^q$ eine Abbildung auf dem Parameterbereich, so
heißt ein Schätzer $(f_n)_{n \in \mathbb{N}}$ für $g(\theta)$

(i)   (schwach) konsistent, wenn $(f_n(y_n))_{n \in \mathbb{N}}$ [+] für alle $\theta \in \Gamma$
stochastisch gegen $g(\theta)$ konvergiert, d.h., wenn

$$\lim_{n \to \infty} P_\theta \left(\| f_n(y_n) - g(\theta) \| \geq \epsilon \right) = 0 \quad (\text{kurz:} \quad f_n(y_n) \xrightarrow{P_\theta} g(\theta))$$

für alle $\epsilon > 0$ und alle $\theta \in \Gamma$ gilt;

(ii)   asymptotisch normal, wenn die Folge der Verteilungen von
$f_n(y_n) - E_\theta (f_n(y_n))$ [++] - geeignet normiert - schwach gegen eine (multivariate) Normalverteilung $N(0, \Sigma)$ konvergiert, d.h., wenn es eine
Folge $(a_n)_{n \in \mathbb{N}}$ reeller Zahlen und eine Matrix Σ gibt mit

$$\mathcal{W}_\theta(a_n(f_n(y_n) - E_\theta(f_n(y_n)))) \longrightarrow N(0, \Sigma) \quad \text{für alle } \theta \in \Gamma \text{ [+++]}.$$

[+] Jedes f_n ist Abbildung von $\mathbb{R}^n$ in den $\mathbb{R}^q$.

[++] Man beachte, daß bei einem erwartungstreuen Schätzer hier
$f_n(y_n) - g(\theta)$ steht.

[+++] Diese Definition reicht für unsere Zwecke aus. Allgemein spricht
man von asymptotischer Normalität, falls für alle $\theta \in \Gamma$ $\mathcal{W}_\theta(A_n f_n(y_n) - a_n)$
$\longrightarrow N(0, \Sigma)$ $(n \to \infty)$ mit nichtsingulären $q \times q$-Matrizen A_n und $a_n \in \mathbb{R}^q$ gilt.

In der Praxis bedeutet Konsistenz, daß die Unsicherheit, mit der die Schätzung von $g(\theta)$ behaftet ist, bei wachsendem Stichprobenumfang in einem gewissen Sinn immer kleiner wird. Ist der Schätzer erwartungstreu, so liefert im Fall "q = 1" seine Varianz (die man ja als Maß für diese Unsicherheit auffassen kann) in

$$(*) \qquad \mathrm{Var}_{\theta}\,(f_n(y_n)) \to 0 \qquad (n \to \infty) \qquad \forall\ \theta \in \Gamma$$

eine hinreichende Bedingung für Konsistenz, wie unmittelbar aus der Tschebyscheffschen Ungleichung folgt. Äquivalent mit $(*)$ ist für erwartungstreue Schätzer die Aussage

$$f_n(y_n) \xrightarrow{\ L_2\ } g(\theta) \qquad (n \to \infty) \qquad \forall\ \theta \in \Gamma,$$

wenn man allgemein für eine Folge $(u_n)_{n \in \mathbb{N}}$ von q-dimensionalen Zufallsvektoren den Begriff der "Konvergenz im quadratischen Mittel" $(u_n \xrightarrow{\ L_2\ } u)$ gegen den (ebenfalls q-dim.) Zufallsvektor u aufgrund der Definition

$$u_n \xrightarrow{\ L_2\ } u : \Longleftrightarrow E\,\|u_n - u\|^2 \to 0$$

einführt. Dies entnimmt man dem Korollar des folgenden Lemmas, das den ganzen Sachverhalt q-dimensional behandelt und zu dessen Formulierung wir noch vereinbaren wollen, die Konvergenz $A_n \to A$ einer Folge von Matrizen A_n (gleicher Dimension) gegen eine Matrix A komponentenweise zu verstehen.

<u>Lemma</u>:

(i) $\qquad u_n \xrightarrow{\ L_2\ } u \Longleftrightarrow E(u_n - u)(u_n - u)' \to 0 \qquad$ (q × q-Nullmatrix);

(ii) $\qquad u_n \xrightarrow{\ L_2\ } u \Longrightarrow u_n \xrightarrow{\ P\ } u.$

<u>Beweis</u>:

(i) $\qquad$ Es ist klar, daß die Konvergenz im quadratischen Mittel eines Vektors äquivalent ist mit derjenigen aller seiner Komponenten

$(E\,\|u_n - u\|^2 = \sum\limits_{i=1}^{q} E(u_{ni} - u_i)^2 \to 0 \Longleftrightarrow E(u_{ni} - u_i)^2 \to 0$ für $i = 1, \ldots, q)$.

Die Hauptdiagonale von $E(u_n - u)(u_n - u)'$ besteht gerade aus den Elementen $E(u_{ni} - u_i)^2$ $(i=1,\ldots,q)$, so daß "$\Leftarrow$" bewiesen ist. "$\Rightarrow$" gilt, da bei Konvergenz der Elemente der Hauptdiagonalen gegen Null auch die Elemente $E(u_{ni} - u_i)(u_{nj} - u_j)$ $(i \neq j)$ außerhalb der Hauptdiagonalen nach der Schwarzschen Ungleichung

$$E|u_{ni} - u_i| \; |u_{nj} - u_j| \leq \sqrt{E(u_{ni} - u_i)^2 \; E(u_{nj} - u_j)^2}$$

gegen Null konvergieren.

(ii)   Aus der Markoffschen Ungleichung, angewendet auf $\|u_n - u\|$, ergibt sich $P(\|u_n - u\| \geq \epsilon) \leq \dfrac{E\|u_n - u\|^2}{\epsilon^2} \to 0$, falls $u_n \overset{L_2}{\longrightarrow} u)$. $\quad\rule{0.4em}{0.8em}$

Als unmittelbare Folgerung erhält man auch für $q > 1$ eine hinreichende Bedingung für Konsistenz.

<u>Korollar:</u>

Ist $(f_n)_{n \in \mathbb{N}}$ erwartungstreuer Schätzer für $g(\theta)$, so gilt

(i) $f_n(y_n) \overset{L_2}{\longrightarrow} g(\theta) \; \forall \; \theta \in \Gamma \iff \Sigma_{f_n(y_n)} \to 0 \quad \forall \; \theta \in \Gamma$;

(ii) $\Sigma_{f_n(y_n)} \to 0 \quad \forall \; \theta \in \Gamma \implies (f_n)$ ist konsistent.

Wenden wir uns nun dem Linearen Modell

$$y_n = X_n\beta + e_n , \qquad E(e_n) = 0 , \qquad \Sigma_{e_n} = \sigma^2 I_n$$

(mit $rg(X_n) = k$) zu, wobei wir in diesem Paragraphen zusätzlich verlangen, daß die Komponenten $e_{n1},\ldots,e_{nn}$ (für alle $n \in \mathbb{N}$) unabhängig sind.

Um einen Einblick in die asymptotischen Eigenschaften von $(\hat{\beta}_n)$ zu erhalten, betrachten wir zunächst eine Folge einfacher linearer Regressionen

$$y_{ni} = \alpha + \beta \, x_{ni} + e_{ni} \qquad i = 1,\ldots,n; \quad n \in \mathbb{N}.$$

Die GMS für β haben die Form

142

$$\hat{\beta}_n(y_n) = \sum_{i=1}^{n} \frac{(x_{ni} - \bar{x}_{n\cdot})}{\sum(x_{nj} - \bar{x}_{n\cdot})^2}\, y_{ni} =: \sum a_{ni}\, y_{ni},$$

so daß man

$$\mathrm{Var}_{\binom{\beta}{\sigma^2}}(\hat{\beta}_n(y_n)) = \|a_n\|^2\, \sigma^2 = \frac{\sigma^2}{\sum_{i=1}^{n}(x_{ni} - \bar{x}_{n\cdot})^2} \qquad \forall\,\binom{\beta}{\sigma^2} \in \mathbb{R}^k \times \mathbb{R}^+$$

und damit eine leicht zu erfüllende hinreichende Bedingung für Konsistenz, nämlich

$$\sum_{i=1}^{n}(x_{ni} - \bar{x}_{n\cdot})^2 \longrightarrow \infty \qquad (n \to \infty)$$

erhält[+].

Im Falle der einfachen Regression ohne Absolutglied:

$$(**) \qquad y_{ni} = \beta x_{ni} + e_{ni}, \qquad E(e_{ni}) = 0 \qquad (i = 1,\dots,n)$$

mit unkorrelierten Störvariablen, $\mathrm{Var}(e_{ni}) = \sigma^2$ und $x_{mi} = x_i$, $e_{mi} = e_i$, $y_{mi} = y_i$ für $1 \le m \le n$, erhält man den GMS (siehe Abschnitt 2.5)

$$\hat{\beta} = \frac{\sum_{i=1}^{n} x_i\, y_i}{\sum_{i=1}^{n} x_i^2}$$

mit der Streuung

$$\mathrm{Var}\,\hat{\beta} = \frac{\sigma^2}{\sum_{i=1}^{n} x_i^2}.$$

$\sum_{i=1}^{n} x_i^2 \to \infty$ ist somit hinreichend (und unter der zusätzlichen Voraussetzung normalverteilter Störvariabler auch notwendig) für die Konsistenz.

[+] Liegen stochastische Regressoren vor und gilt $x_{ni} = x_{mi} =: x_i$ für alle $m \le n$, so kann man die x_i in der Regel als Realisationen von insgesamt unabhängigen und identisch verteilten Zufallsvariablen (mit endlicher Varianz) ansehen, und es ergibt sich

$$\frac{1}{n}\sum_{i=1}^{n}(x_{ni} - \bar{x}_{n\cdot})^2 \xrightarrow{\text{f.s.}} \mathrm{Var}(x_1) > 0 \quad \text{und damit} \quad \sum_{i=1}^{n}(x_{ni} - \bar{x}_{n\cdot})^2 \xrightarrow{\text{f.s.}} \infty$$

aus dem starken Gesetz der großen Zahlen.

Es ist auch intuitiv klar, daß bei konstanter Varianz der e_{ni} nur dann
der Schätzer $\hat{\beta}$ nicht konsistent sein kann, wenn $(x_i)_{i \in \mathbb{N}}$ zu schnell
gegen 0 konvergiert. Anders ist es im Falle von Varianzen, die mit
wachsendem x_i ansteigen. Betrachten wir weiterhin das Regressionsmodell (**), aber mit $\mathrm{Var}(e_i) = \sigma^2 x_i^{\,p}$, $x_i > 0$. Dann gilt

$$E\,\frac{y_i}{x_i} = \beta \, , \qquad \mathrm{Var}(\frac{y_i}{x_i}) = \frac{\sigma^2}{x_i^2}\, x_i^{\,p} = \sigma^2 x_i^{\,p-2} \, .$$

Man erhält den VGMS $\check{\beta}$, wenn man die einzelnen Schätzer $\dfrac{y_i}{x_i}$ mit dem Reziproken ihrer Varianz gewichtet und summiert, d.h.

$$\check{\beta} = \frac{\sum \dfrac{y_i}{x_i}\, x_i^{\,2-p}}{\sum x_i^{\,2-p}} = \frac{\sum y_i\, x_i^{\,1-p}}{\sum x_i^{\,2-p}} \, .$$

Als Varianz ergibt sich

$$\mathrm{Var}(\check{\beta}) = \frac{\sigma^2 \sum x_i^{\,p}\, x_i^{\,2-2p}}{(\sum x_i^{\,2-p})^2} = \frac{\sigma^2}{\sum_{i=1}^{n} x_i^{\,2-p}} \, .$$

Für $p = 1$ ist $\sum_1^n x_i \to \infty$ hinreichend für die Konsistenz. Im Falle
$p = 2$ ist der Schätzer $\check{\beta}$ unabhängig von der Wahl der x-Werte immer
konsistent. Ist $p > 2$, dann werden große x-Werte kritisch. Falls
$(x_i)_{i \in \mathbb{N}}$ mit zu großer Geschwindigkeit gegen unendlich divergiert,
dann verschwinden die Varianzen von $\check{\beta}$ nicht mehr. Man sieht daraus,
daß Konsistenz auch bei erwartungstreuen Schätzern keineswegs eine
Selbstverständlichkeit ist.

Auch im allgemeinen Fall geht es darum, die (nach dem Korollar für Konsistenz hinreichende) Bedingung

$$\mathcal{L}_{\hat{\beta}_n}(y_n) \longrightarrow 0 \qquad \forall\ \binom{\beta}{\sigma^2} \in \mathbb{R}^k \times \mathbb{R}^+ \, ,$$

welche eine noch zu undurchsichtige Forderung an den Experimentierbereich (bzw. dessen Veränderung mit wachsendem Stichprobenumfang n)
darstellt, durch eine handlichere zu ersetzen.

<u>Satz</u>:

Gibt es eine invertierbare $k \times k$-Matrix V mit

$$\frac{1}{n} (X_n'X_n) \to V \quad (n \to \infty) \;^{+)}$$

so ist der GMS $(\hat{\beta}_n)$ für β konsistent.

<u>Beweis</u>:

Es ist $\Sigma_{\hat{\beta}_n(y_n)} = \sigma^2 (X_n'X_n)^{-1} = \sigma^2 \frac{1}{n} (\frac{1}{n} X_n'X_n)^{-1}$. Da nun die Abbildung $A \to A^{-1}$ auf der Gruppe der invertierbaren $k \times k$-Matrizen stetig ist$^{++)}$, folgt $(\frac{1}{n} X_n'X_n)^{-1} \to V^{-1}$ und damit $\Sigma_{\hat{\beta}_n(y_n)} \to 0$ für alle $(\substack{\beta \\ \sigma^2})$ aus der Voraussetzung. $\quad\quad\quad \lrcorner$

<u>Bemerkung</u>: Wie man aus dem Beweis ersieht, ist es hinreichend für die Konsistenz, daß $(\frac{1}{n} X_n'X_n)^{-1}$ beschränkt ist.

Wegen $\check{\beta}_n(y_n) = \hat{\beta}_n^*(y_n^*)$ und $X_n^{*'}X_n^* = X_n' \Sigma_n^{-1} X_n$ ist klar, daß dieser Satz auch für den VGMS $(\check{\beta}_n)$ im VLM gilt (vgl. 1.10), sofern man die Voraussetzung abändert zu

$$\frac{1}{n} (X_n' \Sigma_n^{-1} X_n) \to V \quad (n \to \infty).$$

Wichtiger noch als die Konsistenz des GMS (bzw. VGMS) für β ist (insbesondere im Hinblick auf die Anwendungen des LM in der Praxis) seine asymptotische Normalität. Wie wir am Schluß noch kurz erläutern werden,

---

$^{+)}$Für die Praxis bedeutet das insbesondere, daß der Experimentierbereich mit wachsendem n nicht zu klein werden darf. Bei stochastischen Regressoren kann man in der Regel wieder davon ausgehen, daß diese Voraussetzung erfüllt ist. Man beachte nämlich, daß $\frac{1}{n} X_n'X_n$ gerade die Matrix der (gemischten) Stichprobenmomente der Regression darstellt, die unter gewissen (in unserem Kontext vernünftigen) Bedingungen nach dem starken Gesetz der großen Zahlen fast sicher gegen die theoretische Momentenmatrix konvergiert.

$^{++)}$Siehe etwa Gaal (1973).

hat sie nämlich zur Folge, daß die in 1.9 hergeleiteten Verfahren
(Konfidenzbereiche, Tests, simultane Konfidenzintervalle) auch ohne
die Normalitätsannahme des KLM wenigstens noch asymptotisch das Niveau
einhalten. Schon ein erster Blick auf das Problem läßt hoffen, asymptotische Normalität von $(\hat{\beta}_n)$ unter gewissen Bedingungen zu erhalten,
denn $\hat{\beta}_n$ ist Linearkombination von unabhängigen Zufallsvariablen (den
y_{ni}, $i=1,\ldots,n$), und man denkt sofort an den zentralen Grenzwertsatz
(z. Gws.), den wir hier ohne Beweis in einer (später benötigten)
ziemlich allgemeinen Fassung von Lindeberg-Feller angeben (Genaueres
findet man z.B. bei Loève (1963), S. 280 und S. 295).

<u>Satz</u>:

Für alle $n \in \mathbb{N}$ seien $u_{n1},\ldots,u_{nn}$ stochastisch unabhängige Zufalls-
variable mit $E(u_{ni}) = 0$, $\sigma_{ni}{}^2 := \operatorname{Var}(u_{ni}) < \infty$ und $\tau_n{}^2 := \sum_{i=1}^{n} \sigma_{ni}{}^2 > 0$.
Ferner sei

$$g_n(\varepsilon) := \frac{1}{\tau_n{}^2} \sum_{i=1}^{n} E\left(u_{ni}{}^2 \, 1_{[\varepsilon\tau_n,\infty)}(|u_{ni}|)\right)^{+)}, \quad n \in \mathbb{N}, \quad \varepsilon > 0.$$

Dann gilt

$$\mathcal{W}\left(\frac{\sum_{i=1}^{n} u_{ni}}{\tau_n}\right) \longrightarrow N(0,1) \quad \text{und} \quad \frac{\max_{1 \le i \le n} \sigma_{ni}{}^2}{\tau_n{}^2} \longrightarrow 0 \qquad (n \to \infty)$$

genau dann, wenn die Lindeberg-Bedingung

$$g_n(\varepsilon) \to 0 \qquad (n \to \infty) \qquad \forall\, \varepsilon > 0$$

erfüllt ist.

$^{+)}$Hierbei bezeichne 1_A die zur Menge A gehörige Indikatorfunktion, die
durch $1_A(x) := \begin{cases} 1, x \in A \\ 0, x \notin A \end{cases}$ definiert ist. Sind F_{ni} die Verteilungsfunktionen der u_{ni}, so gilt offenbar

$$g_n(\varepsilon) = \frac{1}{\tau_n{}^2} \sum_{i=1}^{n} \int_{[|u_{ni}| \ge \varepsilon\tau_n]} u_{ni}{}^2 \, dP = \frac{1}{\tau_n{}^2} \sum_{i=1}^{n} \int_{[|\xi| > \varepsilon\tau_n]} \xi^2 \, F_{ni}(d\xi).$$

<u>Korollar</u>:

Für alle $n \in \mathbb{N}$ seien $u_{n1},\ldots,u_{nn}$ unabhängige und (gemäß einer von n nicht abhängenden Verteilungsfunktion F) identisch verteilte Zufallsvariable mit $E(u_{ni}) = 0$ und $0 < \sigma^2 := \mathrm{Var}(u_{ni}) < \infty$ $(i=1,\ldots,n)$. Ist dann $(a_n)_{n \in \mathbb{N}}$ eine Folge von Vektoren mit $a_n \in \mathbb{R}^n$, $a_n \neq 0$ und

$$\frac{\max_{1 \leq i \leq n} a_{ni}^2}{\|a_n\|^2} = \frac{\max_{1 \leq i \leq n} a_{ni}^2}{\sum_{i=1}^n a_{ni}^2} \longrightarrow 0 \qquad (n \to \infty),$$

so gilt:

$$\mathcal{W}\left(\frac{a_n' u_n}{\sigma \|a_n\|}\right) = \mathcal{W}\left(\frac{\sum_{i=1}^n a_{ni} u_{ni}}{\sigma \sqrt{\sum_{i=1}^n a_{ni}^2}}\right) \longrightarrow N(0,1).$$

<u>Beweis</u>:

Wir wenden den z. Gws. an auf $(a_{ni} u_{ni})$. Es ist
$\sigma_{ni}^2 = \mathrm{Var}(a_{ni} u_{ni}) = a_{ni}^2 \sigma^2$, $\tau_n^2 = \|a_n\|^2 \sigma^2$ und für $a_{ni} \neq 0$

$$1_{[\epsilon \sigma \|a_n\|, \infty)}(|a_{ni} u_{ni}|) = 1_{[\epsilon \sigma \|a_n\|/|a_{ni}|, \infty)}(|u_{ni}|) \leq 1_{J_n}(|u_{ni}|)$$

mit $J_n := [\epsilon \sigma \|a_n\| / \max_{1 \leq i \leq n} |a_{ni}|, \infty)$. Somit ergibt sich die Abschätzung

$$0 \leq g_n(\epsilon) \leq \frac{1}{\sigma^2 \|a_n\|^2} \sum_{i=1}^n E(a_{ni}^2 u_{ni}^2 \, 1_{J_n}(|u_{ni}|))$$

$$= \frac{1}{\sigma^2 \|a_n\|^2} \|a_n\|^2 E(u_{n1}^2 \, 1_{J_n}(|u_{n1}|)) = \frac{1}{\sigma^2} \int_{J_n} \xi^2 \, F(d\xi).$$

Die Voraussetzung impliziert nun $J_n \to \emptyset$, so daß das Integral und damit auch $g_n(\epsilon)$ gegen Null konvergiert. $\quad\lrcorner$

Mit Hilfe eines Satzes von Lévy-Cramér über charakteristische Funktionen, der besagt, daß eine Folge von q-dimensionalen Verteilungen Q_n genau dann schwach gegen eine (q-dim.) Verteilung Q konvergiert, wenn die charakteristischen Funktionen von Q_n gegen diejenige von Q konvergieren, läßt sich leicht das folgende nützliche Lemma zeigen (dessen Anwendung man auch als Methode von Cramér-Wold bezeichnet).

<u>Lemma</u>:

u_n ($n \in \mathbb{N}$) und u seien q-dimensionale Zufallsvektoren. Dann gilt

$$\mathcal{W}(u_n) \longrightarrow \mathcal{W}(u) \iff \mathcal{W}(b'u_n) \longrightarrow \mathcal{W}(b'u) \quad \forall\, b \in \mathbb{R}^q \quad {}^{+)}.$$

Zu einer beliebigen $s \times t$-Matrix $A = (a_{ij})$ definiere man

$$m(A) := \max_{\substack{1 \le i \le s \\ 1 \le j \le t}} |a_{ij}| \; .$$

Dann haben wir alle Hilfsmittel bereitgestellt, um den Hauptsatz dieses Abschnittes beweisen zu können.

<u>Satz</u>:

Für alle $n \in \mathbb{N}$ seien $e_{n1}, \ldots, e_{nn}$ unabhängig und identisch verteilt gemäß einer Verteilungsfunktion, die nicht von n abhängt, und es gelte $m(\frac{1}{\sqrt{n}} X_n) \to 0$ ($n \to \infty$). Gibt es dann eine invertierbare $k \times k$-Matrix V mit $\frac{1}{n}(X_n'X_n) \to V$ ($n \to \infty$), so ist der GMS $(\hat{\beta}_n)$ asymptotisch normalverteilt, und zwar gilt dann

$$\mathcal{W}(\sqrt{n}\,(\hat{\beta}_n(y_n) - \beta)) \longrightarrow N(0,\, \sigma^2\, V^{-1}) \; .$$

<u>Beweis</u>:

Es ist $\sqrt{n}\,(\hat{\beta}_n(y_n) - \beta) = \sqrt{n}\,((X_n'X_n)^{-1} X_n'\,(X_n\beta + e_n) - \beta)$
$= \sqrt{n}\,(X_n'X_n)^{-1} X_n'\, e_n$, wobei die Zufallsvektoren $e_n = (e_{11}, \ldots, e_{nn})'$ die Voraussetzungen des Korollars zum z. Gws. erfüllen. Nach der Methode von Cramér-Wold reicht es aus, alle Linearkombinationen $b'\sqrt{n}\,(\hat{\beta}_n(y_n) - \beta)$, $b \in \mathbb{R}^k$ zu betrachten und nachzuweisen, daß die Folge ihrer Verteilungen schwach gegen $N(0,\, \sigma^2\, b'\,V^{-1}\, b)$ konvergiert.

${}^{+)}$Ist Σ positiv-semidefinite $q \times q$-Matrix und $\mu \in \mathbb{R}^q$, so hat man also speziell:

$$\mathcal{W}(u_n) \longrightarrow N(\mu,\Sigma) \iff \mathcal{W}(b'u_n) \longrightarrow N(b'\mu,\, b'\,\Sigma\, b) \quad \forall\, b \in \mathbb{R}^q.$$

148

Sei also $b \in \mathbb{R}^k$ und $b \neq 0$ (der Fall "b = 0" ist trivial). Da V und damit auch V^{-1} positiv-definite Matrizen sind, folgt daraus $b'V^{-1}b > 0$. Man hat $b' \sqrt{n} (\hat{\beta}_n(y_n) - \beta) = b' \sqrt{n} (X_n'X_n)^{-1} X_n'e_n =: a_n'e_n$. Wir prüfen die Bedingung

$$\frac{\max_{1 \leq i \leq 1} |a_{ni}|^2}{\|a_n\|^2} \longrightarrow 0 \; .$$

Es gilt $\|a_n\|^2 = b'\sqrt{n} (X_n'X_n)^{-1} X_n'X_n (X_n'X_n)^{-1} \sqrt{n} \, b = b'n (X_n'X_n)^{-1} b$ $= b' (\frac{1}{n} X_n'X_n)^{-1} b \longrightarrow b' V^{-1} b > 0$, und man überzeugt sich leicht davon, daß die Voraussetzungen auch $\max_{1 \leq i \leq n} |a_{ni}| = m(a_n) = m(b'\sqrt{n} (X_n'X_n)^{-1} X_n')$ $= m (b' (\frac{1}{n} X_n'X_n)^{-1} \frac{1}{\sqrt{n}} X_n') \longrightarrow 0 \quad (n \to \infty)$ zur Folge haben. Das Korollar zum z. Gws. liefert uns (da $\max_{1 \leq i \leq n} |a_{ni}|^2 = (\max_{1 \leq i \leq n} |a_{ni}|)^2$ gilt)

$$\mathcal{W} \left(\frac{b' \sqrt{n} (\hat{\beta}_n(y_n) - \beta)}{\sigma \sqrt{b'n (X_n'X_n)^{-1}b}} \right) \longrightarrow N(0,1),$$

woraus sich wegen $b'n (X_n'X_n)^{-1} b \longrightarrow b' V^{-1} b$ bekanntlich [+)]

$\mathcal{W}(b'\sqrt{n} (\hat{\beta}_n(y_n) - \beta)) \longrightarrow N(0, \sigma^2 b' V^{-1} b)$ ergibt. ⌐

Wiederum ist zu bemerken, daß der Satz offenbar auch für den VGMS $(\check{\beta}_n)$ im VLM gilt, sofern man den wesentlichen Teil der Voraussetzungen abändert zu $\frac{1}{n} (X_n' \Sigma_n^{-1}X_n) \longrightarrow V$, $m (\frac{1}{\sqrt{n}} T_n X_n) \longrightarrow 0$, wobei T_n die Transformationsmatrix ist (mit $T_n \Sigma_n T_n' = I_n$), die das VLM in das LHM überführt (vgl. Abschnitt 1.10).

Bei stochastischen Regressoren kann man in der Regel davon ausgehen, daß die Bedingung

$$m (\frac{1}{\sqrt{n}} X_n) \longrightarrow 0$$

erfüllt ist. Für unabhängige und identisch verteilte Zufallsvariable u_i mit endlichem zweiten Moment gilt nämlich allgemein

$$(***) \qquad \max_{1 \le i \le n} \frac{u_i}{\sqrt{n}} \xrightarrow{f.s.} 0 \quad {}^{+)}.$$

Wenn nun die Folge der Regressionsmodelle wieder so beschaffen ist, daß für jedes n nur eine neue Beobachtung hinzukommt, so hat man für jede der k Spalten der Regressormatrix eine Folge von Zufallsvariablen, von denen man in den Anwendungen häufig annehmen kann, daß sie unabhängig und identisch verteilt sind und ein endliches zweites Moment besitzen, und (***) läßt sich auf jede Spalte anwenden. Da $k \in \mathbb{N}$ fest ist, ergibt sich die gewünschte Bedingung.

Am Schluß bleibt noch die Frage zu klären, ob die erhaltenen Ergebnisse garantieren, daß die für das KLM entwickelten Verfahren auch ohne die Normalitätsannahme ihr Niveau einhalten. Betrachten wir exemplarisch die Konfidenzbereiche. Zunächst ist zu überlegen, ob der Nebenparameter σ^2 im LM ebenfalls konsistent geschätzt wird.

Lemma:

Unter den Voraussetzungen des letzten Satzes ist (s_n^2) ein konsistenter Schätzer für σ^2.

Beweis:

Setzt man $\quad y_n = X_n \beta + e_n \quad$ und

${}^{+)}$Dies erhält man unter Beachtung der für eine Folge reeller Zahlen $(a_i)_{i \in \mathbb{N}}$ gültigen Äquivalenz:

$$\exists \, i_0 \text{ mit } a_i < i \; \forall \, i > i_0 \iff \exists \, n_0 \text{ mit } \max_{1 \le i \le n} a_i < n \; \forall \, n > n_0 \, ,$$

und der bekannten Aussage

$$E \, |x|^2 < \infty \iff \sum_{n=1}^{\infty} P(|x| > \sqrt{n}) < \infty$$

aus dem Satz von Borel-Cantelli.

$$\hat{\beta}_n(y_n) = (X_n'X_n)^{-1} X_n'y_n = \beta + (X_n'X_n) X_n'e_n$$

in die Gleichung

$$s_n^2(y_n) = \frac{1}{n-k} (y_n - X_n \hat{\beta}_n(y_n))' (y_n - X_n \hat{\beta}_n(y_n))$$

ein und berücksichtigt, daß $(I_n - X_n (X_n'X_n) X_n')$ eine idempotente Matrix ist (vgl. 2.2), so erhält man

$$s_n^2(y_n) = \frac{e_n' (I_n - X_n (X_n'X_n)^{-1} X_n') e_n}{n - k}$$

$$= \frac{e_n'e_n}{n-k} - \frac{e_n'X_n (X_n'X_n)^{-1} X_n'e_n}{n - k}$$

$$= \frac{n}{n-k} \frac{\sum\limits_{i=1}^{n} e_{ni}^2}{n} - v_n' (\frac{1}{n} X_n'X_n)^{-1} v_n .$$

mit $v_n := \frac{1}{\sqrt{n-k}} \frac{1}{\sqrt{n}} X_n'e_n$ (k-dim. Zufallsvektor).

Nach dem (schwachen) Gesetz der großen Zahlen gilt offenbar

$$\frac{\sum\limits_{i=1}^{n} e_{ni}^2}{n} \xrightarrow{P} \sigma^2 \qquad \forall\ (\substack{\beta \\ \sigma^2}) \in \mathbb{R}^k \times \mathbb{R}^+,$$

und es bleibt wegen $\frac{n}{n-k} \to 1$ zu zeigen, daß $v_n' (\frac{1}{n} X_n'X_n)^{-1} v_n$ stochastisch gegen Null konvergiert, da die Grenzwertsätze für Summe und Produkt auch bei der stochastischen Konvergenz ihre Gültigkeit behalten (vgl. z.B. Fisz (1973), S. 279).

Setzt man $m_n := m (\frac{1}{\sqrt{n}} X_n) = m (\frac{1}{\sqrt{n}} X_n')$, so läßt sich die Varianz der j-ten Komponente von v_n offensichtlich abschätzen in der Form

$$Var(v_{ni}) \leq \frac{\sigma^2 n}{n-k} m_n^2,$$

woraus man wegen $\frac{n}{n-k} \to 1$ und $m_n \to 0$ (nach Voraussetzung)

$$Var(v_{ni}) \to 0 \qquad i = 1,\ldots,k \qquad (n \to \infty)$$

erhält. Damit ist aber aufgrund von

$$E(v_n) = \frac{1}{\sqrt{n-k}} \frac{1}{\sqrt{n}} X_n' E(e_n) = 0$$

und der Tschebyscheff'schen Ungleichung bereits bewiesen, daß die k

Komponenten von v_n alle stochastisch gegen Null konvergieren. Mit dem

erwähnten Satz über stochastische Konvergenz bei Summe und Produkt

läßt sich daraus unter Ausnützung von $\frac{1}{n} X_n'X_n \to V$ leicht zeigen, daß

in der Tat

$$v_n' \, (\tfrac{1}{n} X_n'X_n)^{-1} \, v_n \xrightarrow{P} 0$$

für alle $\binom{\beta}{\sigma^2}$ gilt. ⌐

Betrachten wir nun die Abbildung $h : \mathbb{R}^k \times \mathbb{R}^{k^2}$,

$h \, (b_1,\ldots,b_k, \, a_{11},\ldots,a_{kk}) := b' A b$, die den Komponenten eines Vektors

und den Elementen einer Matrix den Wert der daraus gebildeten quadra-

tischen Form zuordnet. Diese ist offenbar stetig bezüglich der Pro-

dukttopologie, und man erhält (unter den Voraussetzungen des Satzes

über die asymptotische Normalität)

$$\mathcal{W} (\sigma^{-2} \, (\hat{\beta}_n(y_n) - \beta)' \, X_n'X_n \, (\hat{\beta}_n(y_n) - \beta))$$

$$= \mathcal{W}(\sigma^{-2} \, \sqrt{n} \, (\hat{\beta}_n(y_n) - \beta)' (\tfrac{1}{n} X_n'X_n)(\hat{\beta}_n(y_n) - \beta)\sqrt{n})$$

$$\longrightarrow \mathcal{W}(\sigma^{-2} \, v'Vv) = \chi_k^2$$

mit $\mathcal{W}(v) = N(0, \sigma^2 V^{-1})$ nach einem bekannten Satz (vgl. z.B. Bil-

lingsley (1968), S. 30 ff.) aus $(\tfrac{1}{n} X_n'X_n) \to V$ und

$\mathcal{W}(\sqrt{n} \, (\hat{\beta}_n(y_n) - \beta)) \longrightarrow \mathcal{W}(v)$.

Mit $s_n^2(y_n) \xrightarrow{P} \sigma^2$, d.h. $\dfrac{s_n^2(y_n)}{\sigma^2} \xrightarrow{P} 1$ ergibt sich (vgl. z.B. Fisz

(1973), S. 279) weiterhin sogar

$$\mathcal{W} \left(\frac{(\hat{\beta}_n(y_n) - \beta)' \, X_n'X_n \, (\hat{\beta}_n(y_n) - \beta)}{s_n^2(y_n)} \right) \longrightarrow \mathcal{W} (\frac{v'Vv}{\sigma^2}) = \chi_k^2.$$

Daraus erhält man für alle $\binom{\beta}{\sigma^2} \in \mathbb{R}^k \times \mathbb{R}^+$

$$P_{\binom{\beta}{\sigma^2}} \left(\frac{\tfrac{1}{k} (\hat{\beta}_n(y_n) - \beta)'X_n'X_n(\hat{\beta}_n(y_n)-\beta)}{s_n^2(y_n)} \leq F_{k,n-k;\alpha} \right) =: P_{\binom{\beta}{\sigma^2}} (A_n) \to \alpha$$

(d.h., daß der in 1.9 definierte Konfidenzbereich für den Parametervektor β asymptotisch das Niveau auch ohne Normalitätsannahme einhält),
denn wegen $k \cdot F_{k,n-k;\alpha} \to \chi_{k;\alpha}^2$ (s.S. 55) und der Stetigkeit der χ_k^2-
Verteilung gilt:

$$P_{\binom{\beta}{\sigma^2}}(A_n) \to P\left(\frac{v'Vv}{\sigma^2} \leq \chi_k^2{}_{;\alpha}\right) = \alpha \qquad \forall \binom{\beta}{\sigma^2} \in \mathbb{R}^k \times \mathbb{R}^+ .$$

2. 7 Das Regressionsmodell mit Fehlern in den Variablen

In dem Modell $y = X\beta + e$ hatten wir die Störvariable e teils auf die
ihm zugrundeliegende Idealisierung und teils auf Meßfehler (bei Messung der $\eta_i = \sum_{j=1}^k x_{ij} \beta_j$) zurückgeführt. Wenn die Interpretation
als Meßfehler im Vordergrund steht, so läßt sich häufig nicht mit
gutem Gewissen vertreten, daß die Fehler bei Messung der x_{ij} relativ
zu denen bei Messung der η_i vernachlässigbar klein sind, und man ist
auf ein Modell angewiesen, das sich (wie im einzelnen noch klar werden
wird) in wesentlichen Punkten von dem behandelten linearen unterscheidet. Wir beschränken uns hier auf den Fall zweier Größen η und ξ (was
bei Berücksichtigung des Meßfehlers nur der einen Variablen gerade
auf eine einfache lineare Regression hinausliefe). Diese mögen exakt
in der linearen Beziehung $\eta = \alpha + \beta\xi$ (mit unbekanntem $(\alpha,\beta) \in \mathbb{R}^2$)
stehen. Infolge von Meßfehlern seien aber weder die η- noch die ξ-
Werte, sondern an ihrer Stelle $y = \eta + \varepsilon$ bzw. $x = \xi + \delta$ beobachtbar,
so daß die Situation nach n Messungen insgesamt durch die 3n Gleichungen

$$\begin{aligned}
\eta_i &= \alpha + \beta\xi_i \\
y_i &= \eta_i + \varepsilon_i \qquad i = 1,\ldots,n \\
x_i &= \xi_i + \delta_i
\end{aligned}$$

beschrieben wird. Dabei besteht der Datensatz (d.h. die Stichprobe)

aus dem 2n-dimensionalen Vektor $z := (x_1, y_1, \ldots, x_n, y_n)'$, während die
δ_i und ε_i (nach Ausführung des Gesamtexperimentes) nicht beobachtete
Realisationen von Zufallsvariablen (eben der Meßfehler) sind. Von
diesen (letzteren) wollen wir generell voraussetzen, daß sie nichtde-
generiert, insgesamt unabhängig und jeweils identisch verteilt sind
mit Erwartungswert Null, so daß für $i,j = 1, \ldots, n$ insbesondere gilt:

$$E(\delta_i) = E(\varepsilon_i) = 0, \quad \text{Var}(\delta_i) = \sigma_\delta^2 > 0, \quad \text{Var}(\varepsilon_i) = \sigma_\varepsilon^2 > 0, \quad ^{+)}$$

$$\text{Kov}(\delta_i, \delta_j) = \text{Kov}(\varepsilon_i, \varepsilon_j) = 0 \quad (i \neq j), \quad \text{Kov}(\delta_i, \varepsilon_j) = 0 .$$

Man unterscheidet nun weiterhin zwei verschiedene Fehler-in-den-Variablen-Modelle (FVM), je nachdem, ob man die nicht beobachteten ξ_i
(und damit auch die η_i) als Realisationen von Zufallsvariablen auf-
faßt (sog. Strukturelles Modell oder FVM mit stochastischer Beziehung)
oder als zusätzliche unbekannte Parameter (sog. Funktionales Modell
oder FVM mit funktionaler Beziehung). Im ersten Fall setzt man ferner
voraus, daß die ξ_i unabhängig und identisch verteilt und unabhängig
von den δ_i und den ε_i sind. Beide Modelle lassen sich dem Linearen
Modell nicht unmittelbar subsumieren, denn der Versuch

$$\begin{aligned}
y_i &= \eta_i + \varepsilon_i = \alpha + \beta(x_i - \delta_i) + \varepsilon_i \\
&= \alpha + \beta x_i + (\varepsilon_i - \beta\delta_i) =: \alpha + \beta x_i + e_i \quad (i = 1, \ldots, n)
\end{aligned}$$

mit $E(e_i) = 0$ als einfache lineare Regression mit stochastischen
Regressoren aufzufassen, schlägt fehl, da erstens der Regressionsko-
effizient β in die Kovarianzmatrix $\Sigma_e = (\sigma_\varepsilon^2 + \beta^2 \sigma_\delta^2)\, I$ eingeht und

---

$^{+)}$Es sei auch hier wieder auf die starke (mit der Erfahrung häufig
nicht ganz verträgliche) Idealisierung hingewiesen, die in der Annahme,
die Fehler-Varianzen seien unabhängig vom (absoluten) Wert der Meß-
größe, liegt. Indes lassen sich bei funktionaler Beziehung auch unter
(ähnlich wie im VLM) abgeschwächten Voraussetzungen noch konsistente
Schätzungen für α und β angeben (vgl. z.B. Schönfeld (1971), S. 111 ff).

zweitens x_i und e_i korreliert sind. $\text{Kov}(x_i, e_i) = \text{Kov}(\xi_i + \delta_i, \ \varepsilon_i - \beta\delta_i)$
$= \text{Kov}(\xi_i, \varepsilon_i) - \beta\ (\text{Kov}(\xi_i, \delta_i) + \sigma_\delta^2) = -\beta\ \sigma_\delta^2$ verschwindet nämlich nur
für $\beta = 0$.

Welches der beiden FVM man in einem praktischen Problem bevorzugt,
hängt von der speziellen Fragestellung ab. Soll etwa die Dichte β
eines speziellen Körpers möglichst exakt bestimmt werden, so wird man
seine Masse η und sein Volumen ξ n-mal hintereinander messen und bekommt die Wertepaare (y_i, x_i) $(i=1,\ldots,n)$. In diesem Fall ist es sinnvoll, das sehr spezielle funktionale FVM[+)]

$$\eta = \beta\xi, \quad y_i = \eta + \varepsilon_i, \quad x_i = \xi + \delta_i \quad (i = 1,\ldots,)$$

zugrundezulegen (d.h., neben dem interessierenden Parameter β ξ als
weiteren unbekannten Parameter hinzuzunehmen). Handelt es sich in-
dessen um die Dichtebestimmung eines gewissen Stoffes, so müßte man
bei dem geschilderten Verfahren schon voraussetzen können, daß der
verwendete Körper eine hundertprozentig homogene Massenverteilung aufweist. Da man über einen solchen in der Regel nicht verfügen kann,
wird man statt dessen die Massen η_i und die Volumina ξ_i von n möglichst
homogenen Körpern bestimmen und das strukturelle Modell

$$\eta_i = \beta\xi_i, \quad y_i = \eta_i + \varepsilon_i, \quad x_i = \xi_i + \delta_i \quad (i = 1,\ldots,n)$$

mit geeigneten Verteilungsannahmen über die ξ_i wählen. Im folgenden
wollen wir die beiden Modelle etwas näher untersuchen.

[+)]Bezüglich der von uns gewählten Definition des funktionalen FVM, die
davon ausgeht, daß jede Beobachtung einen neuen Parameter ξ_i mit sich
bringt, stellt es sogar einen Entartungsfall dar, der gesondert betrachtet werden muß (vgl. die Bemerkungen am Schluß dieses Abschnittes).

2.7.1 Stochastische Spezifikation

Wir verlangen als Minimalforderung, daß die ξ_i, δ_i und ϵ_i ($i=1,\ldots,n$) insgesamt stochastisch unabhängig sind, so daß insbesondere gilt:

$$\text{Kov}(\xi_i,\xi_j) = 0 \quad (i \neq j), \quad \text{Kov}(\xi_i,\delta_j) = \text{Kov}(\xi_i,\epsilon_j) = 0 \quad (i,j = 1,\ldots,n).$$

Ferner seien die ξ_i identisch verteilt mit endlicher Varianz σ_ξ^2. Die Frage, ob der Minimum-Quadrat-Schätzer $\hat{\beta}$ im FVM brauchbar ist, kann dann schnell beantwortet werden. Es ergibt sich nämlich

$$\text{Kov}(y_i,x_i) = \text{Kov}(\eta_i + \epsilon_i,\ \xi_i + \delta_i)$$
$$= \text{Kov}(\alpha + \beta\,\xi_i + \epsilon_i,\ \xi_i + \delta_i) = \beta \cdot \sigma_\xi^2,$$

und daher

$$\hat{\beta}_n = \frac{\frac{1}{n}\sum_{i=1}^{n}(y_i-\bar{y})(x_i-\bar{x})}{\frac{1}{n}\sum_{i=1}^{n}(x_i-\bar{x})^2} \xrightarrow{f.s.} \frac{\text{Kov}(y_1,x_1)}{\text{Var}(x_1)} = \frac{\beta\,\sigma_\xi^2}{\sigma_\xi^2 + \sigma_\delta^2} = \beta\,\frac{1}{1 + \sigma_\delta^2/\sigma_\xi^2}$$

aus dem starken Gesetz der großen Zahlen. Wegen $(1 + \sigma_\delta^2/\sigma_\xi^2)^{-1} < 1$ bedeutet dies für $\beta > 0$ ($\beta < 0$), daß der Schätzer $\hat{\beta}$ den Parameter β asymptotisch unterschätzt (überschätzt), und zwar um so mehr, je größer die Fehlervarianz σ_δ^2 im Vergleich zu σ_ξ^2 ist. Dieses Ergebnis erscheint auch plausibel, wenn man bedenkt, daß die fehlerbedingte Variabilität der x-Werte die Meßpunkte, verglichen mit dem Regressionsfall ($\sigma_\delta^2 = 0$), in horizontaler Richtung auseinanderzieht.

Da die Methode der kleinsten Quadrate nicht zu einer konsistenten Schätzung von β führt, muß man auf ein anderes, allgemeineres Konstruktionsverfahren zurückgreifen.

Sofern geeignete Verteilungsannahmen vertretbar sind, bietet sich dafür das Maximum-Likelihood-Prinzip an.

Wir setzen weiterhin

$$\mathcal{W}(\xi_i) = N(\mu,\ \sigma_\xi^2), \quad \sigma_\xi^2 > 0,$$
$$\mathcal{W}(\delta_i) = N(0,\ \sigma_\delta^2) \quad \text{und}$$
$$\mathcal{W}(\epsilon_i) = N(0,\ \sigma_\epsilon^2)$$

voraus, wobei im Einzelfall in erster Linie die Verteilungsannahme über die ξ_i problematisch sein kann und einer kritischen Überprüfung bedarf. Die Voraussetzungen implizieren eine (multivariate) Normalverteilung für die Stichprobe $z = (x_1,y_1,\ldots,x_n,y_n)'$ [+)], deren Erwartungsvektor und Kovarianzmatrix sich (wegen der jeweils identischen Verteilungen) aus den 5 unbekannten Größen $\mu_x := E(x_i)$, $\mu_y := E(y_i)$, $\sigma_x^2 := \text{Var}(x_i)$, $\sigma_y^2 := \text{Var}(y_i)$ und $\sigma_{xy} := \text{Kov}(x_i,y_i)$ (i beliebig) auf offensichtliche Weise zusammensetzen.

$\theta := (\mu_x,\mu_y,\sigma_x^2,\sigma_y^2,\sigma_{xy})'$ ist also ein 5-dimensionaler Parameter, der die spezielle Normalverteilung der Stichprobe bestimmt (und zwar ein identifizierbarer (vgl. 1.5), denn zu zwei verschiedenen solcher 5-Tupeln gehören offenbar auch zwei verschiedene Stichprobenverteilungen). Als ML-Schätzer für θ erhält man den Vektor der entsprechenden Stichprobenmomente (was bekannt und auch leicht auszurechnen ist), d.h.

$\tilde{\theta} := (\bar{x},\bar{y},s_x^2,s_y^2,s_{xy})'.$

Nun sind aber die eigentlich in das Problem involvierten Parameter, denen unser statistisches Interesse gilt, nicht die Komponenten von θ, sondern $\mu,\sigma_\xi^2,\sigma_\delta^2,\ \sigma_\varepsilon^2$ und vor allem α und β (insgesamt also sechs gegenüber den fünf Komponenten von θ).

Zwischen den beiden Parametersätzen θ und $\gamma := (\mu,\sigma_\xi^2,\sigma_\delta^2,\sigma_\varepsilon^2,\alpha,\beta)'$ besteht offensichtlich das folgende (nichtlineare) Gleichungssystem:

$$(1) \qquad \begin{array}{lll} \mu_x = \mu, & \mu_y = \alpha + \beta\mu, & \sigma_{xy} = \beta \cdot \sigma_\xi^2 \\[1mm] \sigma_x^2 = \sigma_\xi^2 + \sigma_\delta^2, & \sigma_y^2 = \beta^2 \sigma_\xi^2 + \sigma_\varepsilon^2. \end{array}$$

Aufgrund der Beziehungen (1) ist eine Abbildung g mit $\theta = g(\gamma)$ defi-

---

[+)] Wegen $x_i = \xi_i + \delta_i$, $y_i = \alpha + \beta(\xi_i+\delta_i) + \varepsilon_i$ ist $(x_1,y_1,\ldots,x_n,y_n)'$ nämlich das Bild von $(\xi_1,\delta_1,\varepsilon_1,\ldots,\xi_n,\delta_n,\varepsilon_n)'$ unter einer linearen Abbildung.

niert. Es wird sich zeigen, daß man (1) für alle θ aus dem Parameterbereich [+] lösen kann (wenn auch nicht eindeutig), d.h., daß die Abbildung g surjektiv ist. Daraus folgt, daß in diesem Fall das sog.
Invarianzprinzip für ML-Schätzungen gilt, nämlich

$$\tilde{\theta} = g(\tilde{\gamma}) \; ,$$

wenn $\tilde{\gamma}$ ein ML-Schätzer für γ ist. Falls ein solcher existiert, gilt
für ihn und $\tilde{\theta}$ also das zu (1) analoge Gleichungssystem

$$(2) \qquad \bar{x} = \tilde{\mu}, \quad \bar{y} = \tilde{\alpha} + \tilde{\beta}\,\tilde{\mu}, \quad s_{xy} = \tilde{\beta}\,\tilde{\sigma}_\xi^2,$$
$$s_x^2 = \tilde{\sigma}_\xi^2 + \tilde{\sigma}_\delta^2, \quad s_y^2 = \tilde{\beta}^2\,\tilde{\sigma}_\xi^2 + \tilde{\sigma}_\epsilon^2.$$

(2) ist ebenso wie (1) lösbar, und man überzeugt sich leicht davon,
daß jede Lösung $\tilde{\gamma}$ in der Tat eine ML-Schätzfunktion für γ darstellt.
Daß keine eindeutige ML-Schätzung existiert, liegt natürlich daran,
daß γ infolge der Mehrdeutigkeit des Gleichungssystems (1) ein nicht
identifizierbarer Parameter ist, so daß der Versuch, γ eindeutig
schätzen zu wollen, von vornherein zum Scheitern verurteilt ist. Um
einen Ausweg aus diesem Dilemma zu finden, wird man zunächst auf die
Komponenten von γ zurückgehen, da ja nur α und β von primärem Interesse sind. Eine genaue Analyse des Gleichungssystems (1) ergibt je-
doch sehr schnell, daß μ die einzige identifizierbare Komponente von
γ ist. Um Identifizierbarkeit zu erreichen, ist man gezwungen, einen
der fünf restlichen Parameter durch eine weitere Gleichung zu eliminieren, die man sich in praxi aus a priori Informationen verschaffen
muß. Da σ_ξ^2 zu einer nicht beobachtbaren Variablen gehört, und α und
β das Objekt unseres Interesses darstellen, kommen im wesentlichen
nur Bedingungen über die beiden Fehlervarianzen in Betracht. Wir behandeln hier nur die wohl wichtigste, nämlich

---

[+] Wegen der Schwarzschen Ungleichung ist der Parameterbereich von θ
nur eine entsprechende Teilmenge von $\mathbb{R} \times \mathbb{R} \times \mathbb{R}^+ \times \mathbb{R}^+ \times \mathbb{R}$.

$$\sigma_\varepsilon^2 - \lambda\, \sigma_\delta^2 = 0 \, , \qquad \lambda \in \mathbb{R}^+ \quad \text{(bekannt)},$$

die gerade bedeutet, daß man das Verhältnis der beiden Fehlervarianzen kennen muß, was in den Anwendungen häufig gar kein so großes Problem darstellt. Der Experimentator weiß nämlich vielfach schon vor dem Experiment, in welcher Größenordnung jeweils die Meßfehler liegen.

Die Erweiterung des Systems (1) um die Gleichung $\sigma_\varepsilon^2 = \lambda\, \sigma_\delta^2$ führt nun dazu, daß γ identifizierbar wird, und zwar wird das erweiterte System für beliebiges $\theta = (\mu_x, \mu_y, \sigma_x^2, \sigma_y^2, \sigma_{xy})'$ - wie leicht nachzuprüfen ist - genau von dem folgendermaßen definierten $\gamma = (\mu, \sigma_\xi^2, \sigma_\delta^2, \sigma_\varepsilon^2, \alpha, \beta)'$ gelöst:

$$(3) \quad \begin{cases} \beta := \dfrac{\sigma_y^2 - \lambda\sigma_x^2 + \sqrt{\left(\sigma_y^2 - \lambda\sigma_x^2\right)^2 + 4\lambda\sigma_{xy}^2}}{2\,\sigma_{xy}} \ (\neq 0) & \text{\ \ +)} \\[4mm] \alpha := \mu_y - \beta\,\mu_x, \quad \sigma_\xi^2 := \dfrac{\sigma_{xy}}{\beta}, \\[3mm] \sigma_\delta^2 := \sigma_x^2 - \dfrac{\sigma_{xy}}{\beta}, \quad \sigma_\varepsilon^2 := \lambda\,\sigma_\delta^2, & \text{für } \ \sigma_{xy} \neq 0 \\[3mm] \mu := \mu_x\,, \\[2mm] \text{bzw.} \\[2mm] \beta := 0, \quad \alpha := \mu_y, \quad \sigma_\varepsilon^2 = \sigma_y^2, \\[3mm] \sigma_\delta^2 = \dfrac{\sigma_y^2}{\lambda}, \quad \sigma_\xi^2 = \dfrac{\lambda\sigma_x^2 - \sigma_y^2}{\lambda} & \text{für } \ \sigma_{xy} = 0\,. \\[3mm] \mu := \mu_x \end{cases}$$

+) Ein negatives Vorzeichen vor der Wurzel wäre zwar mit der 5. Gleichung $(\sigma_y^2 = \beta^2\sigma_\xi^2 + \sigma_\varepsilon^2)$ des Systems (1) verträglich, nicht aber mit der dritten $(\sigma_{xy} = \beta\sigma_\xi^2)$. Letztere impliziert nämlich wegen $\sigma_\xi^2 > 0$, daß β und σ_{xy} gleiches Vorzeichen haben müssen. Aufgrund der Abschätzung $\sqrt{(\sigma_y^2 - \lambda\sigma_x^2)^2 + 4\lambda\sigma_{xy}^2}$ $> \sqrt{(\sigma_y^2 - \lambda\sigma_x^2)^2} = |\sigma_y^2 - \lambda\sigma_x^2|$ erhält man aber $\sigma_y^2 - \lambda\sigma_x^2 - \sqrt{(\sigma_y^2 - \lambda\sigma_x^2)^2 + 4\lambda\sigma_{xy}^2}$ $< \sigma_y^2 - \lambda\sigma_x^2 - |\sigma_y^2 - \lambda\sigma_x^2| \leq 0$. Es läßt sich mit ähnlichen Überlegungen nachweisen, daß die Varianzschätzer nicht negativ werden.

Nach dem erwähnten Invarianzprinzip für ML-Schätzungen erhalten wir
einen (jetzt eindeutig bestimmten) ML-Schätzer $\tilde{\gamma}$ für γ, indem wir in
(3) die Komponenten von θ durch die des ML-Schätzers $\tilde{\theta}$ ersetzen. Insbesondere ergibt sich:

$$
\tilde{\beta} = \begin{cases} \dfrac{s_y^{\,2} - \lambda\, s_x^{\,2} + \sqrt{(s_y^{\,2} - \lambda\, s_x^{\,2})^2 + 4\lambda\, s_{xy}^{\,2}}}{2\, s_{xy}}, & s_{xy} \neq 0 \\[2em] 0 & , \quad s_{xy} = 0. \end{cases}
$$

Die erhaltenen Schätzer für die Komponenten von γ erweisen sich als
konsistent. Dies folgt etwa aus einem allgemeinen Satz, der besagt,
daß ML-Schätzungen unter gewissen (in unserem strukturellen Modell nach-
weisbaren) Regularitätsbedingungen konsistent (und asymptotisch effizient) sind (s.z.B. Schönfeld (1971), S. 110 und Anhang D), läßt sich
aber mit Hilfe des Gesetzes der großen Zahlen auch sofort aus den Gleichungen für β und $\tilde{\beta}$ verifizieren (wobei man von den ganzen Normalitätsannahmen sogar nur die Endlichkeit der zweiten Momente braucht).

Ein Vergleich zwischen $\tilde{\beta}$ und dem MQS $\hat{\beta}$ gibt erneut Aufschluß über den
Unterschied zwischen dem hier behandelten strukturellen und dem ge-
wöhnlichen linearen Regressionsmodell. Schon die Gesamtheit der mög-
lichen ML-Schätzer $\tilde{\beta}$, die (2) erfüllen, kann durch die MQS $\hat{\beta}$ und $\hat{b}$ der
beiden linearen Regressionen $y_i = \alpha + \beta\, x_i + e_i$ und $x_i = a + b\, y_i + d_i$
(sog. inverse Regression) [+] gekennzeichnet werden:

[+] Die asymmetrische Behandlung, welche eine lineare Beziehung der Gestalt (*) $\eta - \alpha - \beta\xi = 0$ mit $\beta \neq 0$ im klassischen Regressionsmodell
dadurch erfährt, daß man nur bei Messung von η einen Meßfehler unter-
stellt und auf diese Weise vermöge $x = \xi$, $y = \eta + e$ zu $y_i = \alpha + \beta x_i + e_i$
übergeht, findet ihren Niederschlag in der Tatsache, daß man mit dem
"umgekehrten Ansatz" $y = \eta$, $x = \xi + d$, d.h. der inversen Regression
$x_i = a + b y_i + d_i$ eine andere MQS-Schätzung des Zusammenhanges (*) erhält als auf dem ursprünglichen Weg. Übereinstimmung ist nämlich offensichtlich äquivalent mit der Gleichung "$1/\hat{b} = \hat{\beta}$". Diese ist wegen

Für $s_{xy} \neq 0$ (also fast sicher infolge der Stetigkeit der Verteilung von s_{xy}, vgl. Fisz (1973), S. 420 ff) läßt sich die Gleichung $s_{xy} = \tilde{\beta}\tilde{\sigma}_\xi^2$ umschreiben zu $0 < \tilde{\sigma}_\xi^2 = s_{xy}/\tilde{\beta} = |s_{xy}/\tilde{\beta}|$. Setzt man dies in die beiden Gleichungen von (2) ein, so ergeben sich die Abschätzungen

$$s_x^2 - \left|\frac{s_{xy}}{\tilde{\beta}}\right| = \tilde{\sigma}_\delta^2 > 0 \qquad \left(\text{folglich} \quad \left|\frac{s_{xy}}{s_x^2}\right| < |\tilde{\beta}|\right) \quad \text{und}$$

$$s_y^2 - \tilde{\beta}^2 \left|\frac{s_{xy}}{\tilde{\beta}}\right| = \tilde{\sigma}_\varepsilon^2 > 0 \qquad \left(\text{folglich} \quad |\tilde{\beta}| < \left|\frac{s_y^2}{s_{xy}}\right|\right) \ .$$

Da die Vorzeichen von $\tilde{\beta}$ und s_{xy} übereinstimmen, erhält man insgesamt also

$$0 < \frac{s_{xy}}{s_x^2} < \tilde{\beta} < \frac{s_y^2}{s_{xy}} \qquad \text{oder} \qquad 0 > \frac{s_{xy}}{s_x^2} > \tilde{\beta} > \frac{s_y^2}{s_{xy}} \ ,$$

so daß die Steigungen aller möglichen, zu Lösungen von (2) gehörenden "strukturellen Geraden" $\eta = \tilde{\alpha} + \tilde{\beta}\xi$ eine untere (bzw. obere) Schranke finden in der Steigung der Regressionsgeraden, die man bei Regression von y auf x (bzw. x auf y) erhält. Da sowohl die beiden Regressionsgeraden als auch alle möglichen strukturellen Geraden durch den Punkt $(\bar{x},\bar{y})$ laufen, liegen letztere also zwischen den beiden ersten. Insbesondere gilt das natürlich für jede eindeutige Lösung von (2), die wir durch eine zusätzliche Bedingung aussondern, so etwa für das von uns berechnete $\tilde{\beta} = \tilde{\beta}(\lambda)$ (bei $\sigma_\varepsilon^2 = \lambda\sigma_\delta^2$). Es ist intuitiv klar, daß in diesem Fall die strukturelle Gerade bei den Grenzübergängen "$\lambda \to \infty$" und "$\lambda \to 0$" jeweils gegen die entsprechende begrenzende Regressionsgerade

---

$\hat{\beta} = s_{xy}/s_x^2$ und $\hat{b} = s_{xy}/s_y^2$ in der Regel (nämlich für $|r_{x,y}| < 1$) nicht erfüllt. Dagegen scheint klar, daß sinnvolle Schätzungen im strukturellen Modell nicht davon abhängen können, ob (*) in der Form $\eta = \alpha + \beta\xi$ oder in der Form $\xi = a + b\eta$ erfaßt wird. In der Tat ist das in dem von uns betrachteten Fall des bekannten Verhältnisses der Fehlervarianzen ($\sigma_\varepsilon^2 = \lambda\sigma_\delta^2$) bei $s_{xy} \neq 0$ für die hergeleiteten ML-Schätzer leicht nachweisbar: Offenbar läßt sich nämlich $\tilde{b}$ aus $\tilde{\beta}$ durch einen Austausch von x und y und durch Ersetzen von λ durch $\frac{1}{\lambda}$ erhalten, d.h. es ist

$$\tilde{b} = \left\{s_x^2 - s_y^2/\lambda + \sqrt{(s_x^2 - s_y^2/\lambda)^2 + 4s_{xy}^2/\lambda}\right\}/2s_{xy}$$
$$= \left(\lambda s_x^2 - s_y^2 + \sqrt{(\lambda s_x^2 - s_y^2)^2 + 4\lambda s_{xy}^2}\right)/2\lambda s_{xy}.$$

Die vermutete Beziehung ($\tilde{b}\cdot\tilde{\beta} = 1$) folgt daraus unmittelbar.

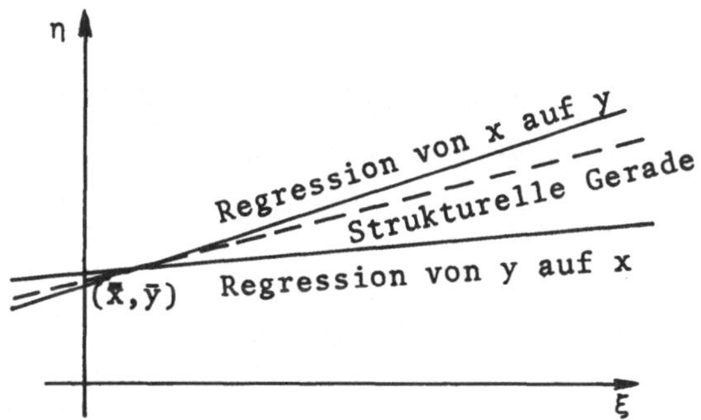

Abb. 8: Vergleich von Regressionsgeraden und strukturellen Geraden.

strebt. In der Tat gilt

$$\tilde{\beta}(\lambda) \longrightarrow \frac{s_{xy}}{s_x^2} \quad (\lambda \to \infty) \quad \text{und} \quad \tilde{\beta}(\lambda) \longrightarrow \frac{s_y^2}{s_{xy}} \quad (\lambda \to 0).$$

Für $\lambda \to 0$ ist das unmittelbar zu sehen, und für $\lambda \to \infty$ muß man $\hat{\beta}(\lambda)$ umformen zu $\tilde{\beta}(\lambda) = -g(\lambda) (h(\lambda))^{-1}$ mit

$$g(\lambda) := (1 - \sqrt{(s_y^2 - \lambda s_x^2)^2 + 4\lambda s_{xy}^2}) (\lambda s_x^2 - s_y^2)^{-1},$$

$$h(\lambda) := 2 s_{xy} (\lambda s_x^2 - s_y^2)^{-1}$$

und $g(\lambda) \to 0$, $h(\lambda) \to 0$ für $\lambda \to \infty$. Die Anwendung einer der Regeln von de l'Hospital ergibt dann

$$\lim_{\lambda \to \infty} \tilde{\beta}(\lambda) = -\lim_{\lambda \to \infty} g'(\lambda) (h'(\lambda))^{-1} = s_{xy} s_x^{-2},$$

d.h. das gewünschte Resultat.

Es zeigt sich, daß auch die unter dem FVM abgeleitete Schätzung von β eine anschauliche geometrische Interpretation hat. Wir zeigen dies am Beispiel $\lambda = 1$. Der allgemeine Fall $\lambda \in \mathbb{R}^+$ läßt sich auf diesen zurückführen. Für $\lambda = 1$ ist die in (3) gegebene Lösung für β die Steigung derjenigen Geraden, welche die Summe der Abstandsquadrate orthogonal zur Geraden minimiert (sog. "orthogonale Regression"). Ist nämlich $x \cos \phi + y \sin \phi - \ell = 0$ die Hessesche Normalform einer beliebigen Geraden, dann haben wir für die orthogonale Regression die Größe

162

$$D = \sum_{i=1}^{n} (x_i \cos \phi + y_i \sin \phi - \ell)^2$$

als Funktion von ϕ und ℓ zu minimieren. Durch Verschiebung des Ursprungs des Koordinatensystems kann o.B.d.A. $\bar{x} = \bar{y} = 0$ angenommen werden, und es ergibt sich dann

$$\frac{\partial D}{\partial \phi} = n \, (s_y{}^2 - s_x{}^2) \sin 2\phi + 2n \, s_{xy} \cos 2\phi$$

$$\frac{\partial D}{\partial \ell} = 2\ell.$$

Für das Minimum gilt $\ell = 0$ (d.h. die zu ermittelnde Gerade geht durch den Punkt $(\bar{x},\bar{y})$) und $\tan 2\phi = \dfrac{2\,s_{xy}}{s_x{}^2 - s_y{}^2}$. Da die gesuchte Gerade orthogonal zur Geraden mit Winkel ϕ steht, gilt offensichtlich $\beta = -\dfrac{1}{\tan \phi}$ und folglich $\dfrac{s_{xy}}{s_x{}^2 - s_y{}^2} = \dfrac{-\beta}{\beta^2 - 1}$.

Diese Gleichung hat die in (3) angegebene Lösung (aufgrund der Analyse der 2. Ableitung ergibt sich auch das Vorzeichen der Wurzel eindeutig).

Es ist noch anzumerken, daß das soweit behandelte FVM mit stochastischer Beziehung nicht den Fall einschließt, in dem man mehrere Beobachtungen zu einem oder mehreren der ξ_i und η_i zur Verfügung hat. Dieser verlangt ein Modell der Gestalt $\eta_i = \alpha + \beta\xi_i$, $x_{ij} = \xi_i + \delta_{ij}$ $(j=1,\ldots,r_i)$, $y_{ij} = \eta_i + \varepsilon_{ij}$ $(j=1,\ldots,s_i)$ $(i=1,\ldots,n)$, nebst den entsprechenden Voraussetzungen über die Verteilungen. Hier ist die Ausgangssituation insofern besser, als man keine Schwierigkeiten mit der Identifikation der interessierenden Parameter bekommt. Wegen der Mehrfach-Messungen lassen sich nämlich - wie man zeigen kann - die Fehlervarianzen erwartungstreu schätzen. (Einzelheiten über die dann zu bestimmenden ML-Schätzer findet man z.B. bei Kendall & Stuart (1973), Kapitel 29 und in der dort angegebenen Literatur.)

2.7.2   <u>Funktionale Spezifikation</u>

Eine augenfällige Besonderheit dieses Modells besteht zunächst einmal
darin, daß jedes neue Paar (x_i, y_i) von Beobachtungen einen weiteren
Parameter in das statistische Problem einbringt. Man nennt solche
Parameter, die an den speziellen Beobachtungen hängen, "inzidentell",
und spricht zur Unterscheidung dann von "strukturellen" Parametern
bei solchen, die allen möglichen Realisationen der Stichprobe gemeinsam sind.

Wie bei Behandlung der stochastischen Beziehung setzen wir wieder

$$\mathcal{W}(\delta_i) = N(0, \sigma_\delta^2) \quad \text{und} \quad \mathcal{W}(\varepsilon_i) = N(0, \sigma_\varepsilon^2) \quad (i = 1, \ldots, n)$$

voraus, so daß die Stichprobe z eine $N(a, \Sigma)$-Verteilung mit

$$a := (\xi_1, \ \alpha + \beta\xi_1, \ \xi_2, \ \alpha + \beta\xi_2, \ldots, \xi_n, \ \alpha + \beta\xi_n)' \quad \text{und}$$

$$\Sigma := \text{diag}\,(\sigma_\delta^2, \ \sigma_\varepsilon^2, \ldots, \sigma_\delta^2, \ \sigma_\varepsilon^2)$$

besitzt. Diesmal ist der Parametervektor $\gamma := (\alpha, \beta, \sigma_\delta^2, \sigma_\varepsilon^2, \xi_1, \ldots, \xi_n)'$
offensichtlich identifizierbar (falls nicht alle ξ_i identisch sind),
so daß das funktionale Modell auf den ersten Blick allgemeiner anwendbar zu sein scheint als das strukturelle. Andererseits können von
vornherein berechtigte Zweifel an der Lösbarkeit des Schätzproblems
im funktionalen Fall aufkommen, wenn man etwa überlegt, welche Informationen speziell zur Schätzung der Fehlervarianzen zur Verfügung
stehen. Dazu muß man nämlich im wesentlichen jeweils aus einer Stichprobe vom Umfang n $((x_1, \ldots, x_n)'$ bzw. $(y_1, \ldots, y_n)')$, deren Komponenten
Realisationen von Zufallsvariablen mit möglicherweise verschiedenen
Mittelwerten sind, die gemeinsame unbekannte Varianz schätzen, was
ohne zusätzliche Information kaum auf sinnvolle Weise möglich sein
dürfte. Diese Einschätzung wird sich bestätigen im Laufe des Versuches, eine ML-Schätzfunktion für γ zu finden.

Die Likelihoodfunktion lautet

164

$$L(\gamma,z) = (2\pi \, \sigma_\delta^2 \, \sigma_\epsilon^2)^{-n/2} \exp(-\tfrac{1}{2}(\sigma_\delta^{-2} \, S_1 + \sigma_\epsilon^{-2} \, S_2))$$

mit

$$S_1 := \sum_{i=1}^{n} (x_i - \xi_i)^2 \quad \text{und} \quad S_2 := \sum_{i=1}^{n} (y_i - \alpha - \beta\xi_i)^2.$$

Es gilt, $L(\cdot,z)$ für festes $z = (x_1,y_1,\ldots,x_n,y_n)'$ durch Wahl von $\gamma = \tilde\gamma$ zu maximieren. Übergang zum logarithmus naturalis und partielle Differentiation nach den einzelnen Komponenten von γ liefern das folgende Gleichungssystem für $\tilde\gamma$:

(1) $\quad \tilde\sigma_\delta^{-2} \, (x_i - \tilde\xi_i) + \tilde\sigma_\epsilon^{-2} \, (y_i - \tilde\alpha - \tilde\beta\tilde\xi_i) \, \tilde\beta = 0 \quad (i = 1,\ldots,n),$

(2) $\quad \tilde\sigma_\epsilon^{-2} \sum_{i=1}^{n} (y_i - \tilde\alpha - \tilde\beta\tilde\xi_i) = 0,$

(3) $\quad \tilde\sigma_\epsilon^{-2} \sum_{i=1}^{n} (y_i - \tilde\alpha - \tilde\beta\tilde\xi_i) \, \tilde\xi_i = 0,$

(4) $\quad n \, \tilde\sigma_\delta^{-2} - \tilde\sigma_\delta^{-4} \, \tilde{S}_1 = 0,$

(5) $\quad n \, \tilde\sigma_\epsilon^{-2} - \tilde\sigma_\epsilon^{-4} \, \tilde{S}_2 = 0,$

(wobei wir $\tilde{S}_1 := \sum_{i=1}^{n} (x_i - \tilde\xi_i)^2$ und $\tilde{S}_2 := \sum_{i=1}^{n} (y_i - \tilde\alpha - \tilde\beta\tilde\xi_i)^2$ gesetzt haben).

Unter Beachtung von (2) erhält man aus (1)

$$\bar{\tilde\xi} := \frac{1}{n} \sum_{i=1}^{n} \tilde\xi_i = \bar{x}$$

durch Summation über i. Eingesetzt in (2) ergibt das

$$\bar{y} = \tilde\alpha + \tilde\beta \, \bar{x} \qquad (\text{bzw.} \quad \tilde\alpha = \bar{y} - \tilde\beta \, \bar{x} = \bar{y} - \tilde\beta \, \bar{\tilde\xi}).$$

Damit läßt sich (3) umformen zu

$$\tilde\beta = \frac{\sum (y_i - \bar{y}) \, \tilde\xi_i}{\sum \tilde\xi_i^2 - n \, \bar{\tilde\xi}^2} = \frac{\sum (y_i - \bar{y}) \, \tilde\xi_i}{\sum (\tilde\xi_i - \bar{\tilde\xi})^2},$$

d.h. β wird durch $\tilde\beta$ geschätzt wie bei formaler Regression von y auf ξ, wobei man die unbekannten ξ_i durch die Schätzungen $\tilde\xi_i$ ersetzt (die erst noch zu ermitteln sind). Die letzten beiden Gleichungen liefern

$$\tilde\sigma_\delta^2 = \frac{1}{n} \tilde{S}_1 \quad \text{und} \quad \tilde\sigma_\epsilon^2 = \frac{1}{n} \tilde{S}_2.$$

Schreibt man nun (1) in der Form

$$\tilde\sigma_\delta^{-2} \, (x_i - \tilde\xi_i) = -\tilde\sigma_\epsilon^{-2} \, (y_i - \tilde\alpha - \tilde\beta\tilde\xi_i) \, \tilde\beta,$$

quadriert auf beiden Seiten und summiert über i, so ergibt sich
$\tilde{\sigma}_\delta^{-4} \, \tilde{S}_1 = \tilde{\sigma}_\varepsilon^{-4} \, \tilde{S}_2 \, \tilde{\beta}^2$ und daraus wegen $\tilde{S}_1 = n \, \tilde{\sigma}_\delta^2$, $\tilde{S}_2 = n \, \tilde{\sigma}_\varepsilon^2$ die
Gleichung

$$\tilde{\sigma}_\varepsilon^2 = \tilde{\beta}^2 \, \tilde{\sigma}_\delta^2 \ ,$$

durch die sich die Lösung $\hat{\gamma}$ des ML-Gleichungssystems offensichtlich
als unsinnige Schätzung von γ erweist. Die entsprechende Beziehung
($\sigma_\varepsilon^2 = \beta^2 \, \sigma_\delta^2$) zwischen den Parametern ist im Modell nicht gefordert
und bedeutet eine völlig sinnlose funktionale Beziehung zwischen der
Steigung der gesuchten Geraden und den Fehlervarianzen (die doch nichts
miteinander zu tun haben) [+].

Seit dieser Sachverhalt im Jahre 1947 entdeckt wurde, betrachtete man
ihn als überraschendes Beispiel dafür, daß die ML-Methode sogar bei
Normalitätsannahmen versagen könne. Erst 1969 entdeckte Solari, daß
ein ML-Schätzer für γ nicht existieren kann, da die Likelihoodfunktion
$L(\cdot,z)$ für alle z auf dem Parameterraum unbeschränkt ist ($L(\cdot,z)$ hat
bei $\hat{\gamma}$ kein Maximum, sondern einen Sattelpunkt). In der Tat, stellt
man $\ln L$ in der Form

$$\ln L \ (\gamma,z) = c - h(\sigma_\delta^2,S_1) - h(\sigma_\varepsilon^2,S_2)$$

mit $h : \mathbb{R}^+ \times \mathbb{R}_+ \to \mathbb{R}$, $h(a,b) := \frac{n}{2} (\ln(a) + \frac{b}{na})$ und der (unbedeuten-
den) Konstanten $c := -\frac{n}{2} \ln(2\pi)$ dar, so sieht man wegen

$$h(a,0) = \frac{n}{2} \ln(a) \to -\infty \qquad (\text{für} \quad a \to 0)$$

sofort, daß $\ln L \ (\gamma,z)$ und damit auch $L(\gamma,z)$ bei $\zeta_i := x_i$
($i = 1,\ldots,n$), und dem Übergang $\sigma_\delta^2 \to 0$ gegen $+\infty$ strebt, wenn σ_ε^2
fest bleibt.

[+] So können z.B. $\tilde{\beta}$, $\tilde{\sigma}_\delta^2$, $\tilde{\sigma}_\varepsilon^2$ nicht alle drei (gemeinsam) konsistente
Schätzer sein, weil das $\sigma_\varepsilon^2 = \beta^2 \, \sigma_\delta^2$ zur Folge hätte.

Die vorausgeschickten Betrachtungen legen eine zusätzliche Voraussetzung über die Fehlervarianzen nahe. Wir werden im folgenden genau wie
im strukturellen Modell davon ausgehen, daß das Verhältnis der Fehlervarianzen bekannt ist, d.h., daß wiederum

$$\sigma_\varepsilon^2 = \lambda \, \sigma_\delta^2$$

mit bekanntem $\lambda \in \mathbb{R}^+$ gilt. Damit haben wir etwa σ_ε^2 als Parameter
eliminiert und γ um eine Komponente verkürzt zu

$$\gamma := (\alpha, \beta, \sigma_\delta^2, \xi_1, \ldots, \xi_n)' .$$

Es ist dann

$$L(\gamma, z) = (2\pi \, \lambda \, \sigma_\delta^4)^{-n/2} \exp\left(-\frac{1}{2\lambda \, \sigma_\delta^2}(\lambda \, S_1 + S_2)\right) ,$$

d.h.

$$\ln L \, (\gamma, z) = c - n \, \ln(\sigma_\delta^2) - \frac{\lambda \, S_1 + S_2}{2\lambda \, \sigma_\delta^2} .$$

Wegen $(\lambda \, S_1 + S_2) > 0$ für alle diejenigen z, bei denen die Punkte
(x_i, y_i) nicht schon alle auf einer Geraden liegen, $\lim_{t \to 0} t \, \ln(t) = 0$
und $\lim_{t \to 0} (\frac{b}{t} + \ln(t)) = \lim_{t \to 0} \frac{b + t \, \ln(t)}{t} = \infty$ $(b \in \mathbb{R}^+)$, gilt jetzt
$\lim_{\sigma_\delta^2 \to 0} \ln L \, (\gamma, z) = -\infty$ ebenso wie $\lim_{\sigma_\delta^2 \to \infty} \ln L \, (\gamma, z) = -\infty$ bei festem
$(\lambda \, S_1 + S_2)$.
Da $(\lambda \, S_1 + S_2)$ als Funktion von $(\alpha, \beta, \xi_1, \ldots, \xi_n)'$ ferner offensichtlich
ein Minimum besitzt, ist diesmal sichergestellt, daß $\ln L \, (\cdot, z)$ und
damit auch $L(\cdot, z)$ ein globales Maximum aufweist. Einen Parametervektor $\tilde{\gamma}$, für den es angenommen wird, ermitteln wir aus dem (notwendigen) ML-Gleichungssystem, das jetzt folgendermaßen lautet:

(1') $\lambda \, \tilde{\sigma}_\delta^{-2} (x_i - \tilde{\xi}_i) + \tilde{\sigma}_\delta^{-2} (y_i - \tilde{\alpha} - \tilde{\beta}\tilde{\xi}_i) \, \tilde{\beta} = 0$ $(i = 1, \ldots, n)$,

(2') $\tilde{\sigma}_\delta^{-2} \sum_{i=1}^{n} (y_i - \tilde{\alpha} - \tilde{\beta}\tilde{\xi}_i) = 0$,

(3') $\tilde{\sigma}_\delta^{-2} \sum_{i=1}^{n} (y_i - \tilde{\alpha} - \tilde{\beta}\tilde{\xi}_i) \, \tilde{\xi}_i = 0$,

(4') $2n \, \lambda \, \tilde{\sigma}_\delta^2 - (\lambda \, \tilde{S}_1 + \tilde{S}_2) = 0$.

(4') liefert

$$\tilde{\sigma}_\delta{}^2 = \frac{\lambda \tilde{S}_1 + \tilde{S}_2}{2n \lambda} \ ,$$

während (1') und (2') wiederum

$$\tilde{\bar{\xi}} = \bar{x} \quad \text{und} \quad \bar{y} = \tilde{\alpha} + \tilde{\beta}\bar{x}$$

ergeben. Weiterhin erhält man

$$\tilde{\xi}_i = \frac{\lambda x_i + \tilde{\beta}(y_i - \bar{y}) + \tilde{\beta}^2\bar{x}}{\lambda + \tilde{\beta}^2}$$

durch Einsetzen von $\tilde{\alpha} = \bar{y} - \tilde{\beta}\bar{x}$ in (1'). Verwendet man den Ausdruck für $\tilde{\xi}_i$ in (3'), so folgt nach einigen Umformungen für $\tilde{\beta}$ eine quadratische Bestimmungsgleichung, nämlich

$$\tilde{\beta}^2 s_{xy} + \tilde{\beta}(\lambda s_x{}^2 - s_y{}^2) - \lambda s_{xy} = 0 \ .$$

Diese hat mit Wahrscheinlichkeit Eins (nämlich für $s_{xy} \neq 0$) die Lösungen

$$\tilde{\beta}_\pm = \left[(s_y{}^2 - \lambda s_x{}^2) \pm \sqrt{(s_y{}^2 - \lambda s_x{}^2)^2 + 4\lambda s_{xy}{}^2} \right] / 2 s_{xy} \ .$$

Nun gilt

$$\tilde{S}_2 = \sum (y_i - \tilde{\alpha} - \tilde{\beta}\tilde{\xi}_i)^2 = \sum ((y_i - \bar{y}) - \tilde{\beta}(\tilde{\xi}_i - \bar{x}))^2$$
$$= d - 2\tilde{\beta} \sum (y_i - \bar{y})(\tilde{\xi}_i - \bar{x})$$

mit

$$d = \sum (y_i - \bar{y})^2 + \tilde{\beta}^2 \sum (\tilde{\xi}_i - \bar{x})^2 \geq 0.$$

Wegen $\tilde{\xi}_i - \bar{x} = (\lambda(x_i - \bar{x}) + \tilde{\beta}(y_i - \bar{y}))(\lambda + \tilde{\beta}^2)^{-1}$ folgt daraus

$$\tilde{S}_2 = d - 2(\lambda \tilde{\beta} s_{xy} + \tilde{\beta}^2 s_y{}^2)(\lambda + \tilde{\beta}^2)^{-1}.$$

Ferner war $\text{sign}(\tilde{\beta}_+) = \text{sign}(s_{xy})$ und $\text{sign}(\tilde{\beta}_-) = -\text{sign}(s_{xy})$ (s. Fußnote auf S. 158), so daß $\tilde{\beta}_+$ dem Ausdruck $(\lambda \tilde{S}_1 + \tilde{S}_2)$ einen strikt kleineren und somit der Likelihoodfunktion L einen strikt größeren Wert zuweist als $\tilde{\beta}_-$.

Insgesamt ergibt sich im wesentlichen (für $s_{xy} \neq 0$) dieselbe Schätzung von α und β wie beim strukturellen Modell [+].

Zum Abschluß wollen wir noch einmal das eingangs angeführte Beispiel
der Dichtebestimmung eines Körpers, d.h. das Modell

$$\eta = \beta\xi, \quad y_i = \eta + \varepsilon_i, \quad x_i = \xi + \delta_i \qquad (i = 1,\ldots,n)$$

betrachten. Da der Parameterraum von vornherein eingeschränkt ist
$(\xi_i = \xi_j = \xi, \quad i,j = 1,\ldots,n)$, fällt es offensichtlich nicht unter die
hier behandelte Theorie des FVM mit funktionaler Beziehung. Jedoch
läßt sich ein ML-Schätzer für den Parametervektor $\gamma := (\beta,\sigma_\delta^2,\sigma_\varepsilon^2,\xi)'$
unmittelbar angeben, da die Stichprobe in diesem Fall eine $N(a,\Sigma)$-
Verteilung mit

$$a := (\xi,\beta\xi,\ldots,\xi,\beta\xi)' \quad \text{und} \quad \Sigma := \text{diag}(\sigma_\delta^2,\sigma_\varepsilon^2,\ldots,\sigma_\delta^2,\sigma_\varepsilon^2)$$

besitzt. Sogar ohne eine zusätzliche Bedingung an die Fehlervarianzen
ergeben sich daher sofort

$$\tilde{\sigma}_\delta^2 := s_x^2, \quad \tilde{\sigma}_\varepsilon^2 := s_y^2, \quad \tilde{\xi} := \bar{x} \quad \text{und} \quad \tilde{\beta} := \frac{\bar{y}}{\bar{x}}$$

als Komponenten des ML-Schätzers.

[+] Leider erweist sich $\tilde{\sigma}_\delta^2$ im Fall der funktionalen Beziehung als inkon-
sistent. Konsistenz läßt sich jedoch leicht durch Anbringen des Kor-
rekturfaktors $2n(n-2)^{-1}$ erzwingen (wobei $f := n-2$ gerade die Anzahl
der Freiheitsgrade angibt, vgl. etwa Kendall & Stuart (1973), Kapitel
29). Unter gewissen natürlichen Bedingungen an das asymptotische
Verhalten der Folge (ξ_i) kann man auch hier wieder mit einfachen Mitteln
nachweisen, daß $\tilde{\alpha}$ und $\tilde{\beta}$ konsistente Schätzer darstellen. Insbesondere
lassen sie sich mitsamt ihrer Konsistenzeigenschaft ohne Normalitäts-
annahmen auf dem Wege einer formalen verallgemeinerten Minimum-Quadrat
Methode gewinnen (s.z.B. Schönfeld (1971, 11.3)). Setzt man Normalität
voraus, so wird man sich allerdings nicht auf das reine Schätzproblem
beschränken wollen, sondern versuchen, Tests und/oder Konfidenzbereiche
zu konstruieren. In der Tat liegen einige diesbezügliche Ergebnisse vor,
auf die wir hier nicht weiter eingehen können. Den interessierten Leser
müssen wir auf das bereits mehrfach zitierte Lehrbuch von Kendall &
Stuart (1973) verweisen (Teil II, Kapitel 29).

Es dürfte von Interesse sein, daß sich aus den beiden eventuell für die Dichtebestimmung in Frage kommenden LM

$$y_i := \beta\, x_i + e_i \quad \text{und} \quad z_i := \frac{y_i}{x_i} = \beta + d_i \quad (i = 1,\ldots,n)$$

auch als VGMS $\check{\beta} = \dfrac{\bar{y}}{\bar{x}} = \tilde{\beta}$ ergibt, sofern man eine jeweils geeignete Voraussetzung über die Fehlervarianz macht (nämlich $\mathrm{Var}(e_i) = \sigma^2 x_i > 0$ im ersten und $\mathrm{Var}(d_i) = \dfrac{\sigma^2}{x_i} > 0$ im zweiten Fall (s. die Fußnote auf Seite 138)).

III. Einige wichtige Modelle der Varianzanalyse

3. 1   <u>Einfachklassifikation</u>

3.1.1   <u>Problemstellung und Modell</u>

Während sich die Regressionsanalyse mit dem Einfluß quantitativer Größen
(den Regressoren) auf die beobachtete Variable beschäftigt, geht es in
der Varianzanalyse um die Effekte qualitativer Faktoren und ihrer Wechselwirkungen, wobei jeder Faktor endlich viele Zustände (sog. Stufen)
durchlaufen kann.

R.A. Fisher entwickelte die ersten Modelle der Varianzanalyse in den
frühen zwanziger Jahren als Instrument zur statistischen Auswertung
von Feldversuchen, die Rückschlüsse über den Einfluß solcher Faktoren
wie Sorte, Düngung, Boden, Klima etc. auf den ha-Ertrag eines bestimmten
landwirtschaftlichen Erzeugnisses (z.B. Kartoffeln, Getreide) liefern
sollten.

Dieses klassische Beispiel eignet sich gut zur Verdeutlichung des allgemein in der Literatur verwendeten Begriffs "Stufe (level) eines Faktors". So stellt etwa jede einzelne im Versuch vertretene Sorte eine
Stufe des Faktors "Sorte" dar. Ebenso können die anderen Faktoren auf
mehreren Stufen wirken, wenn z.B. verschiedene Düngemittel, feuchtes
bzw. trockenes Klima oder schwerer bzw. feuchter Boden im Experiment

berücksichtigt werden. An Information über die Faktoren geht in eine Varianzanalyse nur ein, welche ihrer Stufen bei der jeweiligen Beobachtung präsent gewesen sind. Dementsprechend besteht die sog. Designmatrix (d.h. die Matrix X des zugehörigen Linearen Modells) nur aus Einsen und Nullen. Werden p Faktoren als Einflußgrößen beim Experiment für relevant gehalten und in der Analyse berücksichtigt, so spricht man von p-fach-Klassifikation (p-way classification, p-way layout, p-way ANOVA [+]). Der Fall "p=1" (Einfachklassifikation), dem wir uns zunächst zuwenden wollen, diente bereits in 1.1 und 1.2 als einführendes Beispiel. Es handelt sich in diesem Fall typischerweise um eine ganz ähnliche Situation wie beim Zweistichproben-t-Test, nur daß man statt 2 jetzt $I \geq 2$ Mittelwerte vergleichen will (I-Stichprobenproblem), wobei angenommen wird, daß sich etwaige Differenzen auf die unterschiedliche Wirkung von I "Behandlungen" [++] zurückführen lassen.

Es mögen etwa n_i Beobachtungen $y_{i1},\ldots,y_{in_i}$ ($n_i \in \mathbb{N}$) zur i-ten Behandlung vorliegen, von denen vorausgesetzt werden kann, daß sie derselben Verteilung mit Erwartungswert β_i und Varianz σ^2 (unabhängig von i) entstammen. Um ein KLM zu erhalten, müssen darüberhinaus alle $n := \sum_{i=1}^{I} n_i$ Zufallsvariablen $y_{11},\ldots,y_{1n_1},\ldots,y_{I1},\ldots,y_{In_I}$ insgesamt stochastisch unabhängig und normalverteilt sein.

Wird dann

$$e_{ij} := y_{ij} - \beta_j \quad (i = 1,\ldots,I, \quad j = 1,\ldots,n_i)$$

[+] Das gelegentlich zu findende Kürzel "ANOVA" ist aus der englischen Bezeichnung "analysis of variance" entstanden.

[++] Dieser Begriff ist hier im weitesten Sinne des Wortes zu verstehen, so daß z.B. chemische oder medikamentöse Behandlungen wie auch Lehr- und Dressurmethoden oder sogar rein klassifikatorische Merkmale wie Geschlecht, Altersstufe etc. darunterfallen. Im Sinne der erläuterten Terminologie stellen die einzelnen Behandlungen (eines gewissen Typs), welche im Versuch verglichen werden, die verschiedenen Stufen des Faktors, der durch diesen Behandlungstyp repräsentiert wird, dar.

gesetzt, so erhält man das KLM

$$y_{ij} = \beta_i + e_{ij} \quad (i = 1,\ldots,I, \quad j = 1,\ldots,n_i)$$

oder, in gewohnter vektorieller Schreibweise

$$y = X\beta + e$$

mit $\mathscr{W}(e) = N(0, \sigma^2 I)$, wenn man $y := (y_{11},\ldots,y_{1n_1},\ldots,y_{I1},\ldots,y_{In_I})'$, e analog, $\beta := (\beta_1,\ldots,\beta_I)'$ und X wie folgt definiert:

$$X := \begin{pmatrix} \begin{matrix}1\\ \vdots\\ 1\end{matrix} & & & \text{\Large 0} \\ & \begin{matrix}1\\ \vdots\\ 1\end{matrix} & & \\ & & \ddots & \\ \text{\Large 0} & & & \begin{matrix}1\\ \vdots\\ 1\end{matrix} \end{pmatrix} \begin{matrix}\left.\vphantom{\begin{matrix}1\\1\\1\end{matrix}}\right\} n_1 \text{ Zeilen}\\ \left.\vphantom{\begin{matrix}1\\1\\1\end{matrix}}\right\} n_2 \text{ Zeilen}\\ \vdots\\ \left.\vphantom{\begin{matrix}1\\1\\1\end{matrix}}\right\} n_I \text{ Zeilen .}\end{matrix}$$

Bevor wir die Besonderheiten der Einfachklassifikation weiter verfolgen, sei erneut auf die vier kritischen Voraussetzungen

- Normalität,
- Homogenität der Varianzen [+)],
- Verschwindende Erwartungswerte bei den Störvariablen,
- Unabhängigkeit

hingewiesen, die der Anwendbarkeit des Verfahrens gewisse Grenzen setzen.

Dabei ist die Normalitätsvoraussetzung bei großen Stichprobenumfängen wegen der in 2.6 erörterten Robustheit der Verfahren des LM nicht so restriktiv, wie es auf den ersten Blick erscheinen könnte. Sie wird, wegen der Anwendbarkeit des Zentralen Grenzwertsatzes, vom Praktiker bei nicht zu kleinem Stichprobenumfang in der Regel als erfüllt betrachtet.

[+)]Hiermit ist die Gleichheit der zu verschiedenen Behandlungen gehörenden Varianzen gemeint, die man besonders hervorhebt, da gegen sie im speziellen Einzelfall Einwände denkbar sind.

Von der Homogenität der Varianzen dagegen sollte man nur ausgehen, wenn
es absolut keinen Anhaltspunkt dafür gibt, daß die Behandlungen spür-
bar auf die Form der Stichprobenverteilungen (d.h. insbesondere auf die
Variabilität der Beobachtungswerte) und nicht ausschließlich auf ihre
Lage Einfluß nehmen können.

Was die beiden letzten Voraussetzungen betrifft, so muß sorgfältig
darauf geachtet werden, daß nicht schon vom Versuchsplan her Fehler-
quellen eingebaut sind, z.B. dadurch, daß durch die Aufteilung des
Versuchsmaterials auf die verschiedenen Behandlungen systematische
Lageverschiebungen (der Stichprobenverteilungen) erzeugt werden. Dies
hat seine Ursache häufig darin, daß man einen relevanten Faktor zu
berücksichtigen vergißt, so z.B., wenn zwei unterschiedliche Lehrme-
thoden (wie etwa Gruppen- und Frontalunterricht) verglichen werden
sollen, und man sie bei der Durchführung eines Experimentes unter verschiedenen Lehrern einsetzt. Durch den Lehrereffekt werden dann Ergebnisse von Schülern, die nicht vom selben Lehrer unterrichtet wurden,
systematische Lageverschiebungen beinhalten, die nicht in die β_i,
sondern in die e_{ij} eingehen, so daß man die Voraussetzung "E(e) = 0"
nicht mit gutem Gewissen als erfüllt annehmen kann. Man muß daher
entweder den Faktor "Lehrer" in die Varianzanalyse einbeziehen (d.h.
zu einer Zweifachklassifikation übergehen) oder aber sich auf nur einen
Lehrer beschränken. Übersieht man solche systematischen Abweichungen
des Versuchsplans vom stipulierten Modell, dann kann die nachfolgende
Analyse zu beachtlichen statistischen Fehlschlüssen führen.

Es ist intuitiv klar, daß sich in dem geschilderten Modell die GMS für
die Erwartungswerte β_i [+)] als die i-ten Gruppenmittel berechnen, d.h.,
daß $\hat{\beta}_i = \bar{y}_i.$ ($= \frac{1}{n_i} \sum_{j=1}^{n_i} y_{ij}$) gilt. Dies folgt in der Tat z.B. aus

---

[+)] Da X offensichtlich vollen Rang hat, sind alle parametrischen Funktionen - insbesondere die β_i selbst - schätzbar.

174

der Orthogonalität der Matrix X und Überlegungen, die in früheren Paragraphen bereits angestellt wurden. Man rechnet aber auch leicht direkt aus:

$$X'X = \text{diag}(n_1,\ldots,n_I), \qquad (X'X)^{-1} = \text{diag}(\tfrac{1}{n_1},\ldots,\tfrac{1}{n_I}),$$

$$X'y = (\sum_{j=1}^{n_1} y_{1j},\ldots,\sum_{j=1}^{n_I} y_{Ij})' \quad \text{und daher} \quad \hat{\beta} = \hat{\beta}_\Omega = (\bar{y}_1.,\ldots,\bar{y}_I.)'$$

Typischerweise ist nun für den Praktiker zunächst von Interesse, ob $\beta_1 = \ldots = \beta_I$ gilt oder nicht [+). Mit $\psi_i = \beta_1 - \beta_{i+1}$, $i = 1,\ldots,I-1$ und $\psi := (\psi_1,\ldots,\psi_{I-1})'$ läßt sich das durch einen Test der Hypothese $\omega := H_\psi := \{ (\begin{smallmatrix} \beta \\ \sigma^2 \end{smallmatrix}) \in \mathbb{R}^k \times \mathbb{R}^+ ; \ \psi(\begin{smallmatrix} \beta \\ \sigma^2 \end{smallmatrix}) = 0 \}$ gegen $\Omega - \omega$ entscheiden. Es ist $\psi_i = c_i'\beta$ mit $c_i = (1,0,\ldots,0,-1,0,\ldots,0)'$ ($i = 1,\ldots,I-1$), wobei (-1) gerade an der $(i+1)$-ten Stelle auftritt. Daher sind die c_i ($i = 1,\ldots,I-1$) linear unabhängig, denn $(\sum_{i=1}^{I-1} \lambda_i, -\lambda_1,\ldots,-\lambda_{I-1})'$ $= \sum_{i=1}^{I-1} \lambda_i c_i = 0$ hat $\lambda_1 = \ldots = \lambda_{I-1} = 0$ zur Folge. H_ψ stellt also eine im Sinne unserer Definition aus 1.9 typische Hypothese mit $q = I-1$ dar, und wir brauchen nur die allgemeine Theorie zu spezialisieren. Man erhält

$$\hat{y}_\Omega = X\hat{\beta}_\Omega = (\underbrace{\bar{y}_1.,\ldots,\bar{y}_1.}_{n_1}, \underbrace{\bar{y}_2.,\ldots,\bar{y}_2.}_{n_2}, \ldots, \underbrace{\bar{y}_I.,\ldots,\bar{y}_I.}_{n_I \ \text{Komponenten}})' ,$$

und daher

$$S_\Omega = \|y - \hat{y}_\Omega\|^2 = (y - \hat{y}_\Omega)'(y - \hat{y}_\Omega) = \sum_{i=1}^{I} \sum_{j=1}^{n_i} (y_{ij} - \bar{y}_i.)^2 .$$

Ferner gilt

$$S_\omega = \|y - X\hat{\beta}_\omega\|^2 = \min_{\substack{\beta \in \mathbb{R}^I \\ \beta_1 = \ldots = \beta_I}} \|y - X\beta\|^2 = \min_{b \in \mathbb{R}} \sum_{i=1}^{I} \sum_{j=1}^{n_i} (y_{ij} - b)^2 .$$

____

[+)]Ist eine der Gruppen des Versuchsmaterials eine sog. Kontrollgruppe, d.h., besteht eine der I Stufen im "Nicht-Behandeln", so läuft diese Frage darauf hinaus, ob der Faktor, den der zur Untersuchung anstehende spezielle Typ von Behandlung repräsentiert, überhaupt einen Einfluß ausübt.

Der Ausdruck

$$S(b) := \sum_{i=1}^{I} \sum_{j=1}^{n_i} (y_{ij} - b)^2$$

wird von

$$\hat{b} := \bar{y} := \frac{1}{n} \sum_{i=1}^{I} \sum_{j=1}^{n_i} y_{ij} \qquad (= \frac{1}{n} \sum_{i=1}^{I} n_i \, \bar{y}_{i\cdot})$$

minimiert, wie man z.B. dem in 1.9 auf Seite 67 behandelten Linearen Modell $y_{ij} = b + e_{ij}$ $(i = 1,\ldots,I, \quad j = 1,\ldots,n_i)$ entnehmen kann. Es ergibt sich also

$$\hat{\beta}_\omega = (\bar{y},\ldots,\bar{y})' \qquad \text{(I Komponenten)},$$

$$\hat{y}_\omega = X\hat{\beta}_\omega = (\bar{y},\ldots,\bar{y})' \qquad \text{(n Komponenten)} \quad \text{und}$$

$$S_\omega = \|y - \hat{y}_\omega\|^2 = (y - \hat{y}_\omega)'(y - \hat{y}_\omega) = \sum_{i=1}^{I} \sum_{j=1}^{n_i} (y_{ij} - \bar{y})^2 \, .$$

Nach dem Satz des Pythagoras

$$\|y - \hat{y}_\omega\|^2 = \|y - \hat{y}_\Omega\|^2 + \|\hat{y}_\Omega - \hat{y}_\omega\|^2$$

gilt nun

$$S_\omega - S_\Omega = \|\hat{y}_\Omega - \hat{y}_\omega\|^2 = (\hat{y}_\Omega - \hat{y}_\omega)'(\hat{y}_\Omega - \hat{y}_\omega)$$

$$= \sum_{i=1}^{I} \sum_{j=1}^{n_i} (\bar{y}_{i\cdot} - \bar{y})^2 = \sum_{i=1}^{I} n_i \, (\bar{y}_{i\cdot} - \bar{y})^2 \quad ^{+)},$$

so daß sich die F-Statistik zum Prüfen der Hypothese $"\beta_1 = \ldots = \beta_I"$ berechnet als

$$F = \frac{\dfrac{1}{I-1} \displaystyle\sum_{i=1}^{I} n_i \, (\bar{y}_{i\cdot} - \bar{y})^2}{\dfrac{1}{n-I} \displaystyle\sum_{i=1}^{I} \sum_{j=1}^{n_i} (y_{ij} - \bar{y}_{i\cdot})^2} \, .$$

$^{+)}$ Wegen $(y_{ij} - \bar{y})^2 - (y_{ij} - \bar{y}_{i\cdot})^2 = \bar{y}^2 - 2\bar{y}\,y_{ij} + 2\bar{y}_{i\cdot}\,y_{ij} - \bar{y}_{i\cdot}^2$, d.h.

$\sum_{j=1}^{n_i} ((y_{ij} - \bar{y})^2 - (y_{ij} - \bar{y}_{i\cdot})^2) = n_i\bar{y}^2 - 2\bar{y}\,n_i\,\bar{y}_{i\cdot} + 2n_i\,\bar{y}_{i\cdot}^2 - n_i\bar{y}_{i\cdot}^2$

$= n_i\,(\bar{y}_{i\cdot} - \bar{y})^2$, läßt sich die Gleichung

$$S_\omega - S_\Omega = \sum_{1}^{I} n_i(\bar{y}_{i\cdot} - \bar{y})^2 \quad (= \sum_{i=1}^{I} \sum_{j=1}^{n_i} (\bar{y}_{i\cdot} - \bar{y})^2)$$

auch direkt gewinnen.

Setzt man

$$SQ_{tot} := S_\omega = \sum_{i=1}^{I} \sum_{j=1}^{n_i} (y_{ij} - \bar{y})^2 \,, \qquad ^{+)}$$

$$SQ_{in} := S_\Omega = \sum_{i=1}^{I} \sum_{j=1}^{n_i} (y_{ij} - \bar{y}_i.)^2 \quad \text{und}$$

$$SQ_{zw} := S_\omega - S_\Omega = \sum_{i=1}^{I} n_i \, (\bar{y}_i. - \bar{y})^2 \,,$$

so schreibt sich die verwendete pythagoreische Zerlegung in der Form

$$SQ_{tot} = SQ_{in} + SQ_{zw} \qquad ^{++)} \,,$$

und liefert auf diese Weise jene Varianz- oder Streuungszerlegung (d.h. -analyse), die in dieser bzw. einer dem jeweiligen Verfahren entsprechenden Form einen intuitiven Zugang zu allen denjenigen Methoden darstellt, die unter eben diesem Namen zusammengefaßt sind.

In der Tat, während SQ_{tot} als Summe aller Abweichungsquadrate vom "großen Mittelwert" ein Maß für die Gesamtvariation darstellt, steht uns - da man $\bar{y} = \sum_{i=1}^{I} \frac{n_i}{n} \bar{y}_i.$ auch als (gemäß dem zahlenmäßigen Anteil der i-ten an der Gesamtstichprobe) gewichteten Mittelwert der Gruppenmittel $\bar{y}_i.$ interpretieren kann - in SQ_{zw} ein gewogenes Maß für deren Variabilität (die man als "Variabilität zwischen den Gruppen" bezeichnet) zur Verfügung. Ferner mittelt offenbar

$$SQ_{in} = \sum_{i=1}^{I} n_i \, (\frac{1}{n_i} \sum_{j=1}^{n_i} (y_{ij} - \bar{y}_i.)^2) \,,$$

entsprechend gewichtet, die durch $\frac{1}{n_i} \sum_{j=1}^{n_i} (y_{ij} - \bar{y}_i.)^2$ gegebenen em-

---

$^{+)}$"SQ" steht für "$\underline{S}$umme der $\underline{Q}$uadrate" (in der angelsächsischen Literatur findet man stattdessen die von "Sum of Squares" abgeleitete Bezeichnung "SS"), "tot" für total ($=$ Summe), "in" für innerhalb der Gruppen und "zw" für zwischen den Gruppen.

$^{++)}$Man hat $SQ_{tot} = \sum_{i=1}^{I} \sum_{j=1}^{n_i} y_{ij}^2 - n\,\bar{y}^2$ und kann daher die Zerlegung noch weitertreiben zu: $\|y\|^2 = n\,\bar{y}^2 + SQ_{in} + SQ_{zw}$. Da wir auf die direkte Anwendung des Satzes von Cochran nicht angewiesen sind, ziehen wir die gewählte Fassung vor.

pirischen Varianzen innerhalb der Gruppen [+]), so daß der auf

$$F = \frac{\frac{1}{I-1} \, SQ_{zw}}{\frac{1}{n-I} \, SQ_{in}}$$

beruhende F-Test die folgende problemgerechte Interpretation zuläßt:

Die Hypothese "$\beta_1 = \ldots = \beta_I$" wird dann abgelehnt, wenn die Variabilität zwischen den Gruppen im Vergleich zur Variabilität innerhalb der Gruppen einen kritischen Wert überschreitet.

Zur Kontrolle der Trennschärfe des F-Tests muß man den NZP δ berechnen, über den allein eine spezielle Alternative $\theta = (^{\beta}_{\sigma^2}) \in \Omega - \omega$ in die Verteilung von F eingeht ($\mathcal{W}_\theta(F) = F'_{I-1,n-I,\delta}$). Nach der Fußnote auf S. 77 erhält man $\sigma^2 \cdot \delta^2$ durch Ersetzen aller Beobachtungswerte in $S_\omega - S_\Omega = SQ_{zw}$ durch ihre zugehörigen Erwartungswerte.
Nun gilt $E_\theta(\bar{y}_i.) = \beta_i$ und $E_\theta(\bar{y}) = E_\theta(\sum_{i=1}^{I} \frac{n_i}{n} \bar{y}_i.) = \sum_{i=1}^{I} \frac{n_i}{n} \beta_i$. Definiert man

$$\bar{\bar{\beta}} := \sum_{i=1}^{I} \frac{n_i}{n} \beta_i \qquad \text{(gewogenes Mittel der } \beta_i),$$

so ergibt sich also

$$\sigma^2 \delta^2 = \sum n_i \, (\beta_i - \bar{\bar{\beta}})^2 \quad \text{bzw.} \quad \delta^2 = \sigma^{-2} \sum n_i \, (\beta_i - \bar{\bar{\beta}})^2 \, ,$$

d.h., $\delta^2 = 0$ für $\theta \in \omega$ (Hypothese) und δ^2 um so größer, je mehr die β_i um ihren gewogenen Mittelwert streuen. Letzteres gilt auch für die Trennschärfe des F-Tests, die nach § 1.9 eine streng monoton wachsende Funktion des NZP δ darstellt.

Es ist üblich, den wesentlichen Teil der vorangegangenen Überlegungen in Form einer sogenannten Varianzanalyse- oder Streuungszerlegungstabelle zusammenzufassen. Der Nutzen solchen Vorgehens erschließt sich vollends erst im Rahmen der Vielzahl von Modellen, die unter den Begriff "Varianzanalyse" fallen, da häufig schon die Varianzanalyse-

---

[+]) Zum besseren Verständnis dieser Überlegungen denke man sich bei allen drei Quadratsummen zunächst den Faktor $\frac{1}{n}$ angebracht.

tabelle Aufschluß darüber gibt, welcher Versuchsplan vorgelegen hat
bzw. welches spezielle Verfahren verwendet worden ist.

Varianzanalysetabelle für die Einfachklassifikation

Streuung	SQ	FG	MQ	E(MQ) [+)]
zwischen den Behandlungen	$SQ_{zw} = \sum n_i(\bar{y}_i. - \bar{y})^2$	I-1	$SQ_{zw}/(I-1)$	$\sigma^2 + \dfrac{\sum n_i(\beta_i - \bar{\bar{\beta}})^2}{I-1}$
innerhalb der Behandlung	$SQ_{in} = \sum \sum (y_{ij} - \bar{y}_i.)^2$	n-I	$SQ_{in}/(n-I)$	σ^2
total	$SQ_{tot} = \sum \sum (y_{ij} - \bar{y})^2$	n-1	$SQ_{tot}/(n-1)$	$\sigma^2 + \dfrac{\sum n_i(\beta_i - \bar{\bar{\beta}})^2}{n-1}$

Die Tabelle bedarf noch einer Erläuterung:

Bis einschließlich der dritten Spalte (die die Freiheitsgrade der Quadratsummen aus Spalte 2 enthält), stellt die dritte Zeile die Summe
aus den beiden ersten dar. Dies gilt nicht mehr für Spalte 4, in der
die sog. mittleren Quadrate, d.h., die um den Faktor der reziproken
Freiheitsgrade korrigierten SQ stehen, und für Spalte 5, die deren Erwartungswerte enthält. Aus diesem Grunde werden die beiden letzten
Plätze der dritten Zeile meistens gar nicht ausgefüllt. Die Erwartungs-
werte E(MQ) berechnen sich leicht. Wegen $\mathcal{W}_\theta(\sigma^{-2} SQ_{zw}) = \chi^{'2}_{I-1,\delta}$
gilt nämlich nach 1.7 (Seite 49)

$$E_\theta(\sigma^{-2} SQ_{zw}) = I-1 + \delta^2 \qquad \text{und}$$

$$E_\theta(MQ_{zw}) = \frac{\sigma^2}{I-1}(I-1+\delta^2) = \sigma^2 + \frac{\sigma^2\delta^2}{I-1} = \sigma^2 + \frac{\sum n_i(\beta_i - \bar{\bar{\beta}})^2}{I-1} \; .$$

Analog erhält man $E_\theta(MQ_{in}) = \sigma^2$ und $E_\theta(MQ_{tot}) = \sigma^2 + \dfrac{\sum n_i(\beta_i - \bar{\bar{\beta}})^2}{n-1}$,

denn: $\sigma^{-2} SQ_{in} = \sigma^{-2} S_\Omega$ ist für alle $\theta \in \Omega$ χ^2_{n-I}-verteilt, und für

---

[+)] In der angelsächsischen Literatur tragen die Spalten in der Regel
der Reihe nach die folgenden Bezeichnungen: "Source of variation",
SS, d.f., MS und E(MS).

$\sigma^{-2} \, SQ_{tot} = \sigma^{-2} \, SQ_{zw} + \sigma^{-2} \, SQ_{in}$ ergibt sich eine $\chi^{'2}_{n-1,\delta}$-Verteilung wegen der Unabhängigkeit der beiden Summanden (Zähler und Nenner des F-Tests; vgl. auch S. 49). Der Grund, warum die E(MQ) in der Tabelle aufgeführt werden, besteht im wesentlichen darin, daß man ihnen auch die NZP der zugehörigen F-Tests sofort entnehmen kann, und die Tabelle damit eine Aussage über deren Trennschärfen enthält.

3.1.2   Alternative Parametrisierung

Die Praktiker bevorzugen in der Regel eine andere als die von uns gewählte Parametrisierung, indem sie die β_i in der Form

$$\beta_i = \mu + \alpha_i \qquad (i = 1,\ldots,I)$$

aufspalten und dabei μ als geeignet gewogenes Gesamtmittel der Erwartungswerte der Variablen und die α_i als sog. Differentialeffekte interpretieren. Das zugehörige Lineare Modell lautet

$$y_{ij} = \mu + \alpha_i + e_{ij} \qquad (i = 1,\ldots,I, \quad j = 1,\ldots,n_i)$$

bzw.
$$y = \tilde{X} \binom{\mu}{\alpha} + e,$$

wobei $\tilde{X} = (1_n, X)$ sich aus dem X aus 3.1.1 und $1_n = (1,\ldots,1)'$ zusammengesetzt, also eine $n \times (I+1)$-Matrix mit $rg(\tilde{X}) = I$ (Rangdefekt!) darstellt (da die Summe der Spalten von X offensichtlich 1_n ergibt). Es ist dann

$$\tilde{X}'\tilde{X} = \binom{1_n'}{X'} (1_n, X) = \begin{pmatrix} n & , & 1_n'X \\ X'1_n, & X'X \end{pmatrix} \quad \text{und}$$

$X'1_n = (n_1,\ldots,n_I)'$ (da X' genau i Einsen in der i-ten Zeile aufweist), insgesamt also

$$\tilde{X}'\tilde{X} = \begin{pmatrix} n, & n_1,\ldots,n_I \\ n_1 & & \\ \vdots & & X'X \\ n_I & & \end{pmatrix} \quad .$$

Die NGLN $\tilde{X}'\tilde{X}\binom{\hat{\mu}}{\hat{\alpha}} = \tilde{X}'y = \binom{1_n'}{X'}y$ lauten wegen

$$\binom{1_n'}{X'}y = (n\bar{y}, \; n_1\bar{y}_1., \dots, n_I\bar{y}_I.)'$$

daher

$$n\,\hat{\mu} + n_1\,\hat{\alpha}_1 + \dots + n_I\,\hat{\alpha}_I = n\bar{y}$$
$$n_1\hat{\mu} + n_1\,\hat{\alpha}_1 \qquad\qquad = n_1\bar{y}_1.$$
$$\dots\dots\dots\dots\dots\dots\dots\dots\dots\dots$$
$$\dots\dots\dots\dots\dots\dots\dots\dots\dots\dots$$
$$n_I\hat{\mu} \qquad\qquad\qquad + n_I\,\hat{\alpha}_I = n_I\bar{y}_I. \qquad .$$

Die erste Gleichung ist offenbar die Summe der übrigen, und man erhält
alle Lösungen der NGLN aus

$$\hat{\alpha}_i = \bar{y}_i. - \hat{\mu}, \qquad i = 1,\dots,I$$

durch beliebige Wahl von $\hat{\mu}$. Der Rangdefekt von $\tilde{X}$, der dafür verantwortlich ist, daß man die NGLN nicht eindeutig lösen kann, hat seine
Ursache natürlich darin, daß der zusätzlich und gewissermaßen willkürlich ins Spiel gebrachte Parameter μ nicht identifizierbar ist.
Um Identifizierbarkeit zu erreichen, ist nach der allgemeinen Theorie
aus 1.5 eine lineare Nebenbedingung der Gestalt

$$h'\binom{\mu}{\alpha} = 0$$

mit einem $h \in \mathbb{R}^{I+1}$ erforderlich, das nicht im Zeilenraum von $\tilde{X}$ liegt[+).

Beachtet man den Zusammenhang zum ursprünglichen Modell, so bieten
sich in natürlicher Weise zwei mögliche Nebenbedingungen an. Aus der
Beziehung $\beta_i = \mu + \alpha_i$ $(i = 1,\dots,I)$ ergibt sich nämlich durch Übergang zum gewogenen Mittel je nach Gewichtung eine der beiden Gleichungen

$$\text{(i)} \qquad \frac{1}{I}\sum_{i=1}^{I}\beta_i = \mu + \frac{1}{I}\sum_{i=1}^{I}\alpha_i$$

[+)] Im Kontext der Varianzanalyse spricht man eher von Reparametrisie-
rungs- als von Identifizierbarkeitsbedingungen, um anzudeuten, daß
die Identifizierbarkeit aller Parameter, die infolge der Umparametrisierung verloren gegangen ist, zurückgewonnen wird.

oder

$$(ii) \qquad \frac{1}{n} \sum_{i=1}^{I} n_i \beta_i = \mu + \frac{\sum n_i \alpha_i}{n} \quad ,$$

wobei die Parameter der linken Seite zum alten und die der rechten
Seite zum neuen Modell gehören.

Je nachdem, welche Bedeutung man nun dem künstlich in das Problem ein-
gebrachten Parameter μ zuweisen will, wählt man eine von (i) oder von
(ii) nahegelegte Gleichung als Reparametrisierungsbedingung aus. Soll
μ als durchschnittlicher Effekt ($\mu = \frac{1}{I} \sum \beta_i$) gedeutet werden, so liefert

$$(*) \qquad \sum_{i=1}^{I} \alpha_i = 0 \qquad (d.h. \quad h = (0,1,\ldots,1)')$$

nach (i) die angemessene Nebenbedingung.

Meistens will man jedoch unter μ das gewogene Mittel ($\mu = \frac{1}{n} \sum n_i \beta_i$)
der β_i und damit wegen $\beta_i = \frac{1}{n_i} \sum_{j=1}^{n_i} E(y_{ij})$ den allgemeinen Erwartungswert der beobachteten Variablen verstehen ($\mu = \frac{1}{n} \sum n_i \beta_i = \frac{1}{n} \sum\sum E(y_{ij})$
$= E(\bar{y})$) und fordert

$$(**) \qquad \sum_{i=1}^{I} n_i \alpha_i = 0 \qquad (d.h. \quad h = (0,n_1,\ldots,n_I)')$$

gemäß (ii). Man überzeugt sich leicht davon, daß der Koeffizientenvektor h in beiden Fällen in der Tat nicht im Zeilenraum von $\tilde{X}$ liegt,
da dieser offenbar aus allen Vektoren der Gestalt

$$(\sum_{i=1}^{n} \lambda_i, \; \sum_{i=1}^{n_1} \lambda_i, \ldots, \sum_{i=n_{I-1}+1}^{n_I} \lambda_i)'$$

mit $\lambda = (\lambda_1,\ldots,\lambda_n)' \in \mathbb{R}^n$ besteht.

Als einzigen Lösungsvektor $(\hat{\mu},\hat{\alpha}_1,\ldots,\hat{\alpha}_I)'$ der NGLN, der der Reparametrisierungsbedingung genügt, erhält man

$$\hat{\mu} = \frac{1}{I} \sum_{i=1}^{I} \bar{y}_{i\cdot} \; , \quad \hat{\alpha}_i = \bar{y}_{i\cdot} - \frac{1}{I} \sum_{i=1}^{I} \bar{y}_{i\cdot} \qquad (bei \ Wahl \ von \ (*)),$$

bzw.

$$\hat{\mu} = \bar{y} = \frac{1}{n} \sum_{i=1}^{I} n_i \bar{y}_{i\cdot} \; , \quad \hat{\alpha}_i = \bar{y}_{i\cdot} - \bar{y} \qquad (bei \ Wahl \ von \ (**)).$$

Diese Schätzer ergeben sich offensichtlich auch als GMS im alten Modell, wenn man μ und $\alpha_1,\ldots,\alpha_I$ in diesem als schätzbare Funktion

$$\mu := \frac{1}{I} \sum_{i=1}^{I} \beta_i \quad (\text{bzw.} \quad \mu := \frac{1}{n} \sum_{i=1}^{I} n_i \beta_i) \qquad \text{und}$$

$$\alpha_i := \beta_i - \mu$$

definiert (die Nebenbedingung (*) bzw. (**) ist dann von selbst erfüllt).

Die typische Fragestellung, ob die I Behandlungen sich in ihrer Wirkung unterscheiden oder nicht, führt bei der neuen Parametrisierung
zu der Hypothese

$$\alpha_1 = \ldots = \alpha_I ,$$

der man wegen der Nebenbedingung ((*) oder (**)) auch die Form

$$\alpha_1 = \ldots = \alpha_I = 0$$

geben kann. Die Prüfgröße des F-Tests stimmt mit der im ursprünglichen
Modell überein, da der Erwartungswertsvektor ($E_{(\beta,\sigma^2)}(y) = X\beta$ bzw.
$E_{(\mu,\alpha,\sigma^2)}(y) = \tilde{X} \binom{\mu}{\alpha}$) durch die jeweilige Hypothese in beiden Modellen
auf denselben Teilraum V_1 des $\mathbb{R}^n$ eingeschränkt wird, nämlich auf die
Diagonale $\{(b,\ldots,b)' ; \; b \in \mathbb{R}\}$.

3.1.3   <u>S- und T-Methode der multiplen Vergleiche für Kontraste</u>

Wir verwenden weiterhin die Originalparametrisierung aus Teil 3.1.1,
in dem wir u.a. den F-Test für die Hypothese

$$H_\psi = \{\tbinom{\beta}{\sigma^2} \in \mathbb{R}^k \times \mathbb{R}^+ ; \quad \psi_i = \beta_1 - \beta_{i+1} = 0, \qquad i = 1,\ldots,I-1\}$$

herleiteten. Bei Ablehnung dieser Hypothese möchte man in der Regel
genauere Informationen haben, und zwar nicht nur über die (I-1) linear
unabhängigen Differenzen $(\beta_1 - \beta_{i+1})$ [+], sondern auch über andere mögliche (etwa $(\beta_i - \beta_k)$) und Linearkombinationen von ihnen, wobei häufig

---

[+] Der von diesen aufgespannte lineare Raum parametrischer Funktionen
werde etwa mit L_{I-1} bezeichnet.

erst das Ergebnis der Untersuchung selbst nahe legt, welche Differenzen man speziell weiter untersuchen möchte (z.B. die Differenz, deren GMS den größten Wert aufweist).

Um die in 1.9.3 (S. 84 ff) entwickelte S-Methode der multiplen Vergleiche anwenden zu können, ist zunächst zu überlegen, welches der kleinste lineare Teilraum L' schätzbarer Funktionen ist, der alle Differenzen $(\beta_j - \beta_i)$ (und damit auch alle Linearkombinationen daraus) enthält.

Sei $\mathcal{L} := \{c \in \mathbf{R}^I; \sum_{i=1}^{I} c_i = 0\}$ und $L'' := \{\psi = c'\beta; c' \in \mathcal{L}\}$.

Definition:

Die Elemente $\psi \in L''$, d.h. die parametrischen Funktionen $\psi = c'\beta$ mit $\sum c_i = 0$ heißen (lineare) Kontraste.

Wegen $\dim(L'') = \dim(\mathcal{L}) = I - 1 = \dim(L_{I-1})$ ($\mathcal{L}$ ist das orthogonale Komplement des von $1_I = (1,\ldots,1)'$ aufgespannten eindimensionalen linearen Teilraumes des $\mathbf{R}^I$) und der offensichtlichen Relation $L_{I-1} \subset L' \subset L''$ erhält man $L_{I-1} = L' = L''$, d.h. insbesondere, daß der gesuchte, von den Differenzen $(\beta_j - \beta_i)$ erzeugte Teilraum L' mit L'' - dem Raum der Kontraste - übereinstimmt. Da ferner auch $L_{I-1} = L''$ gilt, liefert uns die Theorie aus 1.9.3 im Falle einer Ablehnung der Hypothese H_ψ nun unmittelbar die Gesamtheit aller Kontraste, die dafür verantwortlich sind (nämlich gerade diejenigen, deren zugehörige S-Intervalle der Familie $(\tilde{K}_\psi)_{\psi \in L_{I-1}}$ von simultanen Konfidenzintervallen die Null nicht enthalten). Für einen beliebigen Kontrast $\psi_c = c'\beta$, $c \in \mathcal{L}$ ergibt sich

$$\hat{\psi}_c = c'\hat{\beta} = \sum c_i \bar{y}_i. \, ,$$

$$\sigma^2_{\psi_c} = \text{Var}(c'\hat{\beta}) = \sum c_i^2 \, \text{Var}(\bar{y}_i.) = \sum c_i^2 \frac{\sigma^2}{n_i} = \sigma^2 \sum \frac{c_i^2}{n_i} \, ,$$

und daher nach Definition von $\hat{\sigma}^2_{\hat{\psi}_c}$ (vgl. S. 66)

184

$$\hat{\sigma}^2_{\hat{\psi}_C} = \frac{SQ_{in}}{n-I} \sum \frac{c_i^2}{n_i} \quad ,$$

bzw.

$$\hat{\sigma}^2_{\hat{\psi}_C} = \frac{SQ_{in}}{(n-I)J} \|c\|^2$$

bei gleichen Stichprobenumfängen $n_1 = n_2 = \ldots = n_I =: J$ [+)].
Das S-Intervall für ψ_C lautet daher

$$\tilde{K}_C(y) = \left\{ \xi \in \mathbb{R}; \; \sum c_i \bar{y}_i. - S \sqrt{\frac{SQ_{in}(y)}{n-I} \sum \frac{c_i^2}{n_i}} \leq \xi \leq \sum c_i \bar{y}_i. \right.$$
$$\left. + S \sqrt{\frac{SQ_{in}(y)}{n-I} \sum \frac{c_i^2}{n_i}} \right\}$$

mit $S = \sqrt{(I-1) \; F_{I-1,n-I;\alpha}}$, bzw.

$$\tilde{K}_C(y) = \left\{ \xi \in \mathbb{R}; \; \sum c_i \bar{y}_i. - S \|c\| \sqrt{\frac{SQ_{in}(y)}{(n-I)J}} \leq \xi \leq \sum c_i \bar{y}_i. \right.$$
$$\left. + S \|c\| \sqrt{\frac{SQ_{in}(y)}{(n-I)J}} \right\}$$

im Fall $n_1 = n_2 = \ldots = n_I = J$.

Steht der Zusammenhang der multiplen Vergleiche mit dem F-Test weniger
im Vordergrund, und/oder interessiert man sich nur für eine Teilmenge
von Kontrasten, so kann es günstiger sein, eine andere als die S-
Methode zu benutzen. Allerdings sind die wichtigsten anderen Verfahren
in ihrer Anwendbarkeit durch die Zusatzvoraussetzung der gleichen Stich-
probenumfänge eingeschränkt. Wohl am meisten Bedeutung neben den S-
Intervallen hat die von Tukey stammende Familie simultaner Konfidenzintervalle (sog. T-Intervalle), die ursprünglich nur für simultane
Aussagen über alle Differenzen konzipiert war. Tukey ging davon aus,
daß eine Abschätzung der Absolutbeträge genau dann für alle Differenzen
erfüllt ist, wenn sie für das Maximum gilt. Um diese Idee durchzu-

---

[+)]Man spricht dann von einem ausgewogenen Versuchsplan.

führen, benötigt man den Begriff der Spannweite eines Zufallsvektors.

<u>Definition:</u>

Es sei $u = (u_1,\ldots,u_m)'$ ein beliebiger Zufallsvektor mit $m \geq 2$. Dann heißt die Zufallsvariable

$$v := \max_{1 \leq i \leq m} u_i - \min_{1 \leq i \leq m} u_i$$

die Variationsbreite oder die Spannweite von u.

Unmittelbar aus der Definition ergibt sich wegen $-\min(u_i) = \max(-u_i)$ die Gleichung

$$v = \max_{\substack{1 \leq i \leq m \\ 1 \leq k \leq m}} (u_i - u_k) = \max_{\substack{1 \leq i \leq m \\ 1 \leq k \leq m}} |u_i - u_k|.$$

In dem Fall, daß die u_i unabhängig $N(\mu,\sigma^2)$-verteilt sind (d.h. $\mathcal{W}(u) = N(\mu\,1_m, \sigma^2\,I_m)$ gilt), hängt die Verteilung von v wegen

$$v = \max_{1 \leq i \leq m} (u_i - \mu) - \min_{1 \leq i \leq m} (u_i - \mu) \quad \text{offenbar nur von m und } \sigma^2 \text{ ab}$$

($\mathcal{W}((u_1 - \mu,\ldots,u_m - \mu)') = N(0, \sigma^2\,I_m)$). Um auch die Abhängigkeit von σ zu vermeiden, muß man v standardisieren und geht zu $\frac{v}{\sigma}$ über. Da σ positiv ist, gilt

$$\frac{v}{\sigma} = \max_{1 \leq i \leq m} \frac{u_i - \mu}{\sigma} - \min_{1 \leq i \leq m} \frac{u_i - \mu}{\sigma},$$

so daß die Verteilung der standardisierten Spannweite in der Tat nur noch von m, nicht aber von μ oder σ abhängt ($\mathcal{W}((\frac{u_1 - \mu}{\sigma},\ldots,\frac{u_m - \mu}{\sigma})')$ $= N(0,I_m)$). Leider kann man $\frac{v}{\sigma}$ nur bei bekanntem σ berechnen. Ist σ unbekannt, was man als Regelfall betrachten muß, so hilft man sich durch sogenanntes "Studentisieren", d.h. im Prinzip so, wie es Gosset unter dem Pseudonym "Student" bei der Herleitung des t-Tests erstmals vorschlug. Ist nämlich $\tilde{\sigma}^2$ ein Schätzer von σ^2 mit $\mathcal{W}(\frac{\nu\,\tilde{\sigma}^2}{\sigma^2}) = \chi_\nu^2$ für ein bekanntes ν, so daß $\tilde{\sigma}^2$ und v unabhängig sind, so hängt offenbar die gemeinsame Verteilung von $\frac{v}{\sigma}$ und $\frac{\tilde{\sigma}^2}{\sigma^2}$ und damit auch die Verteilung $q_{m,\nu}$ von $\frac{v}{\tilde{\sigma}} = \frac{v/\sigma}{\tilde{\sigma}/\sigma}$ - der sog. Studentisierten Spannweite (studen-

tized range) - auch nur von den beiden bekannten natürlichen Zahlen
m und ν ab. Die α-Fraktile $q_{m,\nu;\alpha}$ sind daher tabellierbar[+], und man
kann Tabellen für die wichtigsten Tripel $(m,\nu,\alpha) \in \mathbb{N} \times \mathbb{N} \times \,]0,1[$ in
den meisten einschlägigen Lehrbüchern finden (s.z.B. Scheffé (1959)).
Mittels der Studentisierten Spannweite gelingt es nun, eine Familie
$(\tilde{\tilde{K}}_{i,k})$ simultaner Konfidenzintervalle für die I^2 Differenzen
$\psi_{i,k} := \beta_i - \beta_k$ (mit den GMS $\hat{\psi}_{i,k} = \hat{\beta}_i - \hat{\beta}_k = \bar{y}_i. - \bar{y}_k.$), $i,k = 1,\ldots,I$[++],
zu konstruieren.

<u>Lemma</u>:

Sei $n_1 = n_2 = \ldots = n_I =: J$, $\alpha \in \,]0,1[$, $T := q_{I,n-I;\alpha}$,

$$\tilde{\tilde{K}}_{i,k}(y) := \left\{ \xi \in \mathbb{R};\ \hat{\psi}_{i,k}(y) - T\sqrt{\frac{SQ_{in}(y)}{(n-I)J}} \leq \xi \leq \hat{\psi}_{i,k}(y) + T\sqrt{\frac{SQ_{in}(y)}{(n-I)J}} \right\}$$

und $\tilde{\tilde{A}}_{i,k}(\theta) := \{y \in \mathbb{R}^n;\ \tilde{\tilde{K}}_{i,k} \ni \psi_{i,k}\}$. Dann gilt

$$P_\theta \left(\bigcap_{i,k=1}^{I} \tilde{\tilde{A}}_{i,k}(\theta) \right) = 1 - \alpha \qquad \text{[+++]}$$

für alle $\theta = \binom{\beta}{\sigma^2} \in \mathbb{R}^I \times \mathbb{R}^+$, oder, mit anderen Worten:
Die Wahrscheinlichkeit, daß alle Differenzen $\beta_i - \beta_k$ (simultan) im zugehörigen Intervall (nämlich in

$$\left[\bar{y}_i. - \bar{y}_k. - T\sqrt{\frac{SQ_{in}}{(n-I)J}},\ \bar{y}_i. - \bar{y}_k. + T\sqrt{\frac{SQ_{in}}{(n-I)J}} \right])$$

liegen, ist $1 - \alpha$.

[+] Die Berechnung für festes m, ν und α macht keine Schwierigkeiten, da
sich eine Dichte von ν in geschlossener Form angeben läßt (s.z.B.
Hinderer (1972)) und man daraus (wegen der Unabhängigkeit) eine gemeinsame Dichte von ν/σ und $\tilde{\sigma}/\sigma$ und weiter (mit dem Transformationssatz
für Dichten) eine für $\nu/\tilde{\sigma}$ erhält.

[++] Davon sind wegen $\psi_{k,i} = -\psi_{i,k}$ und $\psi_{i,i} \equiv 0$ nur $\frac{I(I-1)}{2}$ wesentlich, etwa die $\psi_{i,k}$ mit $k > i$.

[+++] Man beachte die Gleichung $\bigcap_{i,k=1}^{I} \tilde{\tilde{A}}_{i,k}(\theta) = \bigcap_{k>i} \tilde{\tilde{A}}_{i,k}(\theta)$, die
wegen $\tilde{\tilde{A}}_{i,k}(\theta) = \tilde{\tilde{A}}_{k,i}(\theta)$ und $\tilde{\tilde{A}}_{i,i}(\theta) = \mathbb{R}^n$ für alle (i,k,θ) gilt
(s. vorige Fußnote).

<u>Beweis:</u>

Nach einem Satz aus 1.9 (S. 62) ist $(\hat{\beta}_1,\ldots,\hat{\beta}_I)'$ stochastisch unabhängig von $s^2 = \dfrac{SQ_{in}}{n-I}$ und daher auch $(\hat{\beta}_1 - \beta_1,\ldots,\hat{\beta}_I - \beta_I)'$ von $\dfrac{s^2}{J} = \dfrac{SQ_{in}}{(I-1)J}$. Außerdem sind die $\hat{\beta}_i - \beta_i = \bar{y}_i. - \beta_i = \dfrac{1}{J}\sum_{j=1}^{J} y_{ij} - \beta_i$ insgesamt stochastisch unabhängig mit $\mathcal{W}(\hat{\beta}_i - \beta_i) = N(0,\dfrac{\sigma^2}{J})$ [+]. Nach den Vorbemerkungen zur Studentisierten Spannweite hat man also

$$\mathcal{W}\left(\left(\max_{\substack{1\le i\le I \\ 1\le k\le I}} |(\hat{\beta}_i - \beta_i) - (\hat{\beta}_k - \beta_k)|\right)(\tfrac{s^2}{J})^{-1/2}\right) = q_{I,n-I}$$

für alle $\theta = \binom{\beta}{\sigma^2} \in \mathbb{R}^I \times \mathbb{R}^+$, d.h.

$$P_\theta(\max_{i,j} |(\hat{\beta}_i - \beta_i) - (\hat{\beta}_k - \beta_k)| \le q_{I,n-I;\alpha}\,\tfrac{s}{\sqrt{J}}) = 1 - \alpha,$$

und daher auch

$$P_\theta(\bigcap_{i,k} \tilde{\tilde{A}}_{i,k}(\theta))$$

$$= P_\theta(\bigcap_{i,k} [\hat{\beta}_i - \hat{\beta}_k - T\,s/\sqrt{J} \le \beta_i - \beta_k \le \hat{\beta}_i - \hat{\beta}_k + T\,s/\sqrt{J}])$$

$$= P_\theta(\bigcap_{i,k} [|(\hat{\beta}_i - \beta_i) - (\hat{\beta}_k - \beta_k)| \le T\,\tfrac{s}{\sqrt{J}}])$$

$$= P_\theta(\max_{i,k} |(\hat{\beta}_i - \beta_i) - (\hat{\beta}_k - \beta_k)| \le T\,\tfrac{s}{\sqrt{J}}) = 1 - \alpha$$

für alle $\theta = \binom{\beta}{\sigma^2} \in \mathbb{R}^I \times \mathbb{R}^+$. ⌟

Das Tukey-Verfahren läßt sich ausdehnen auf L_{I-1}, den Raum aller Kontraste. Zur Vorbereitung dient das folgende

<u>Lemma:</u>

Sei $u = (u_1,\ldots,u_m)' \in \mathbb{R}^m$, $c = (c_1,\ldots,c_m)' \in \mathbb{R}^m$ und $h \in \mathbb{R}^+$ mit $\max_{i,k} |u_i - u_k| \le h$ und $\sum_{i=1}^{m} c_i = 0$. Dann gilt

$$|u'c| = |\sum_{i=1}^{m} c_i u_i| \le \tfrac{h}{2} \sum_{i=1}^{m} |c_i|\,.$$

[+] An dieser Stelle wird unmittelbar klar, weshalb auf die Voraussetzung "$n_1 = n_2 = \ldots = n_I = J$" nicht verzichtet werden kann. Bei $(\hat{\beta}_i - \beta_i) = N(0,\dfrac{\sigma^2}{n_i})$ mit $n_i \ne n_j$ für ein Paar (i,j) kann man die Studentisierte Spannweite nicht verwenden (s.o.).

188

<u>Beweis</u>:   (vgl. Eicker/Wichura (1965))

Sei A das kleinste Intervall, das alle u_i enthält, $\lambda(A)$ die Länge und a der Mittelpunkt von A. Dann gilt offensichtlich

$$A = [\min_i u_i,\ \max_i u_i], \quad a = \frac{1}{2}(\min_i u_i + \max_i u_i) \ ,$$

$$\lambda(A) = \max_i u_i - \min_i u_i = \max_{i,k}(u_i - u_k) = \max_{i,k}|u_i - u_k| \le h$$

und
$$\max_i |u_i - a| \le \frac{\lambda(A)}{2} \le \frac{h}{2} \ .$$

Ferner hat man $\sum_i c_i u_i = \sum_i c_i(u_i - a)$ wegen $\sum_i c_i = 0$. Es ergibt sich

$$|\sum_i c_i u_i| = |\sum_i c_i(u_i - a)| \le \sum_i |c_i|\,|u_i - a|$$

$$\le \max_i |u_i - a| \sum_i |c_i| \le \frac{h}{2} \sum_i |c_i| \ . \qquad \rfloor$$

<u>Satz</u>:

Bei gleichen Stichprobenumfängen ist vermöge

$$\tilde{\tilde{K}}_c(y) := \left\{ \xi \in \mathbb{R} ;\ \sum_{i=1}^{I} c_i \bar{y}_i. - T\frac{\sum|c_i|}{2}\sqrt{\frac{SQ_{in}(y)}{(n-I)\,J}} \le \xi \right.$$

$$\left. \le \sum_{i=1}^{I} c_i \bar{y}_i. + T\frac{\sum|c_i|}{2}\sqrt{\frac{SQ_{in}(y)}{(n-I)\,J}} \right\}, \quad c \in \mathcal{L}$$

eine Familie simultaner Konfidenzintervalle zum Niveau α für alle Kontraste $\psi_c = c'\beta \in L_{I-1}$ [+)] definiert.

<u>Beweis</u>:

Man setze wieder $\tilde{\tilde{A}}_c(\theta) := \{y \in \mathbb{R}^n ;\ \tilde{\tilde{K}}_c(y) \ni \psi_c(\theta)\}$ für $\theta = \binom{\beta}{\sigma^2}$ und $\psi_c \in L_{I-1}$. Es ist also

$$\tilde{\tilde{A}}_c(\theta) = \left[\sum_i c_i \bar{y}_i. - T\frac{\sum|c_i|}{2}\sqrt{\frac{SQ_{in}}{(n-I)J}} \right.$$

$$\le \sum_i c_i \beta_i \le \sum_i c_i \bar{y}_i. + T\frac{\sum|c_i|}{2}\sqrt{\frac{SQ_{in}}{(n-I)J}} \Big]$$

$$= \left[|\sum_i c_i(\bar{y}_i. - \beta_i)| \le T\frac{\sum|c_i|}{2}\sqrt{\frac{SQ_{in}}{(n-I)J}} \right] \ .$$

[+)] Und damit (in konservativer Weise) auch für jeden Teilraum von Kontrasten.

Nun gilt nach dem vorigen Lemma die Implikation

$$"\max_{i,k} |(\bar{y}_{i\cdot} - \beta_i) - (\bar{y}_{k\cdot} - \beta_k)| \leq T \sqrt{\frac{SQ_{in}}{(n-I)J}}$$

$$\Rightarrow |\textstyle\sum_i c_i (\bar{y}_{i\cdot} - \beta_i)| \leq T \sqrt{\frac{SQ_{in}}{(n-I)J}} \frac{\sum_i |c_i|}{2} \qquad \forall \; c \in \mathcal{L}"$$

und daher für alle $\theta = \binom{\beta}{\sigma^2}$:

$$[\max_{i,k} |(\ldots) - (\ldots)| \leq T \sqrt{\ldots}] \subset \bigcap_{c \in \mathcal{L}} \tilde{\tilde{A}}_c \; .$$

Andererseits ist auch die umgekehrte Enthaltenseinsrelation richtig, da man trivialerweise $\bigcap_{c \in \mathcal{L}} \tilde{\tilde{A}}_c(\theta) \subset \bigcap_{c \in \mathcal{L}'} \tilde{\tilde{A}}_c(\theta)$ für jede nichtleere Teilmenge $\mathcal{L}' \subset \mathcal{L}$ und ferner

$$[\max_{i,k} |(\ldots) - (\ldots)| \leq T \sqrt{\ldots}] = \bigcap_{i,k} \tilde{\tilde{A}}_{i,k}(\theta)$$

$$= \bigcap_{\substack{i,k \\ i \neq k}} \tilde{\tilde{A}}_{i,k}(\theta) = \bigcap_{c \in \mathcal{L}'} \tilde{\tilde{A}}_c(\theta)$$

mit $\mathcal{L}' := \{c \in \mathcal{L}; \; |c| = 0 \text{ oder } 1 \; \forall i, \sum_i |c_i| = 2\} \subset \mathcal{L}$ [+] hat. Insgesamt folgt

$$\bigcap_{c \in \mathcal{L}} \tilde{\tilde{A}}_c = [\max_{i,k} |(\bar{y}_{i\cdot} - \beta_i) - (\bar{y}_{k\cdot} - \beta_k)| \leq T \sqrt{\frac{SQ_{in}}{(n-I)J}}] = \bigcap_{i,k} \tilde{\tilde{A}}_{i,k}(\theta)$$

und daher die Behauptung aus der entsprechenden Aussage über die Differenzen. ⌐

Um S- und T-Methode vergleichen zu können, benötigt man ein Maß für die Güte eines Konfidenzintervalles. Ein natürliches Vorgehen besteht offensichtlich darin, den Erwartungswert der Intervallänge heranzuziehen (man wird das Konfidenzintervall für um so besser halten, je kleiner dieser ist). Da das Verhältnis

$$\frac{\frac{1}{2} \sum_i |c_i| \; T}{\|c\| \; S} = \frac{\frac{1}{2} \sum_i |c_i| \; q_{I,n-I;\alpha}}{\sqrt{(\sum c_i^2)(I-1)} \; F_{I-1,n-I;\alpha}}$$

[+] Offensichtlich sind die ψ_c mit $c \in \mathcal{L}'$ gerade die Differenzen $\beta_i - \beta_k$ mit $i \neq k$.

der Längen von einem T- und dem entsprechenden S-Intervall [+] nicht

für alle n, I, α und $c \in \mathcal{L}$ größer oder kleiner als Eins ist (oder mit

Eins übereinstimmt), kann man nicht allgemein der einen oder der an-

deren Methode den Vorzug geben. Generell sind die T-Intervalle gün-

stiger für Differenzen (auf die sie ursprünglich zugeschnitten waren)

und einfache Kontraste, während für komplizierte Kontraste in der

Regel die S-Intervalle kürzer ausfallen.

Für die wichtige Teilmenge von Kontrasten, die aus den ψ der Gestalt

$$\psi = \frac{1}{|A|} \sum_{i \in A} \beta_i - \frac{1}{|B|} \sum_{i \in B} \beta_j , \qquad A, B \subset \{1, \ldots, I\}, \quad A \cap B = \emptyset$$

besteht, läßt sich der angegebene Quotient in Abhängigkeit von

$m_1 := |A|$, $m_2 := |B|$, n, I und α vertafeln (s.z.B. Scheffé (1959),

S. 77 oder Eicker/Wichura (1965), S. 50), so daß man sich im konkreten

Einzelfall durch Nachschlagen darüber informieren kann, welche Methode

vorzuziehen ist.

3. 2 __Zweifachklassifikation__

Wie schon in den allgemeinen Bemerkungen zu Beginn von 3.1.1 erläutert,

sind bei der Zweifachklassifikation zwei Faktoren A und B, die jeweils

über eine gewisse Anzahl von Stufen variieren können, in das Experiment

und die Analyse involviert. Es seien etwa I Stufen von A und J Stufen

von B im Versuch vertreten und $n_{ij} \in \mathbb{N}_o$ Beobachtungen für die Stufen-

---

[+] Dieses stimmt mit dem Verhältnis der zugehörigen Erwartungswerte
hier überein, da sich die Intervallängen nur durch diesen von der Stichprobe unabhängigen Faktor unterscheiden.

kombination (i,j) verfügbar. Die Versuchsergebnisse ordnet man zweckmäßigerweise in Form einer Tabelle an, wobei in jeder "Zelle" (i,j) des
Schemas die zugehörigen n_{ij} Ergebnisse eingetragen werden. Bleiben

A \ B	1	2	3	4	5
1	·· ·· ·· ··	·· ··	··· ··	··	·· ··
2	·· ·	··· ···	·	··· ···	··· ···
3	·· ··	·	··· ···	·· ··	·· ··

$I = 3$

$J = 5$

eine oder mehrere Zellen leer, d.h. $n_{ij} = 0$ für mindestens ein Paar
(i,j), so heißt der Versuchsplan (Design) [+] unvollständig, sonst (d.h.
bei $n_{ij} \geq 1$ für alle (i,j)) vollständig. Gilt ferner $n_{ij} = K \in \mathbb{N}$,
so nennt man den (dann vollständigen) Versuchsplan ausgewogen (oder
balanciert), andernfalls unausgewogen. Wir werden ausführlicher nur
vollständige Versuchspläne behandeln.

Bezeichnen wir mit y_{ijk} die k-te Beobachtung in der Zelle (i,j) (und
ebenso die entsprechende Zufallsvariable), so ergibt sich unter der
Voraussetzung, daß die y_{ijk} ($i = 1,\ldots,I$, $j = 1,\ldots,J$, $k = 1,\ldots,n_{ij}$)
insgesamt unabhängig sind und der Bedingung

$$\mathcal{W}(y_{ijk}) = N(\eta_{ij},\sigma^2) \quad \forall\ (i,j,k)$$

genügen, das KLM

$$y = X\eta + e, \quad \mathcal{W}(e) = N(0,\sigma^2\ I_n)$$

mit

$$n := \sum_{i=1}^{I} \sum_{j=1}^{J} n_{ij}, \quad \eta := (\eta_{11},\ldots,\eta_{1J},\ldots,\eta_{I1},\ldots,\eta_{IJ})' ,$$

$$y := (y_{111},\ldots,y_{11n_{11}},y_{121},\ldots,y_{12n_{12}},\ldots,y_{IJ1},\ldots,y_{IJn_{IJ}})' ,$$

[+] Unter diesem wollen wir formal die Matrix $(n_{ij})_{\substack{i=1,\ldots,I \\ j=1,\ldots,J}}$ verstehen.

$$
X := \begin{pmatrix}
\begin{smallmatrix} 1 & 0 \\ \vdots & \vdots \\ 1 & 0 \end{smallmatrix} & & & \bigcirc \\
\begin{smallmatrix} 0 & 1 \\ \vdots & \vdots \\ 0 & 1 \end{smallmatrix} & \ddots & & \\
& & \ddots & \\
\bigcirc & & & \begin{smallmatrix} 1 \\ \vdots \\ 1 \end{smallmatrix}
\end{pmatrix}
\left.\begin{matrix} \\ \\ \end{matrix}\right\} n_{11} \text{ Zeilen} \\
\left.\begin{matrix} \\ \\ \end{matrix}\right\} n_{12} \text{ Zeilen} \\
\left.\begin{matrix} \\ \\ \end{matrix}\right\} n_{IJ} \text{ Zeilen}
$$

und $e := y - X\eta$.

Dabei sind in der Modellgleichung $y = X\eta + e$ also die n Komponenten

$$y_{ijk} = \eta_{ij} + e_{ijk}, \quad i = 1,\ldots,I, \quad j = 1,\ldots,J, \quad k = 1,\ldots,n_{ij}$$

zusammengefaßt worden.

Offensichtlich ist die $n \times I \cdot J$-Designmatrix X von derselben Bauart wie bei der Einfachklassifikation und hat den vollen Rang $I \cdot J$. Für den GMS $\hat{\eta}$ von η erhält man daher ebenso wie in 3.1.1 die Komponenten

$$\hat{\eta}_{ij} := \frac{1}{n_{ij}} \sum_{k=1}^{n_{ij}} y_{ijk} \ ,$$

d.h., der zur Zelle (i,j) gehörende Erwartungswert [+)] η_{ij} wird - wie könnte es anders sein - durch das empirische Mittel der (unabhängigen) Beobachtungen der Zelle geschätzt.

Bis hierher sieht alles wie eine Einfachklassifikation nach den $I \cdot J$ Stufen des Faktors "A und B" aus.

Es käme in der Tat nichts Neues hinzu, würde man sich auf die Hypothese " $\eta_{11} = \ldots = \eta_{IJ}$ " beschränken. Bei der Zweifachklassifikation werden jedoch typischerweise andere Hypothesen betrachtet, da man ja gerade die Einflüsse der Faktoren A und B voneinander isolieren möchte, zumal diese häufig a priori von unterschiedlichem Interesse für den Experimentator sind. Um solche, für die Zweifachklassifikation typische Hy-

---

[+)] Man spricht in diesem Kontext auch vom "wahren Zellenmittel".

pothesen formulieren zu können, bedient man sich spezieller schätzbarer
Funktionen.

<u>Definition:</u>

Bei der Zweifachklassifikation heißen:

$$\mu \quad := \frac{1}{IJ} \sum_i \sum_j \eta_{ij} = \bar{\eta}..$$ — allgemeines Mittel;

$$\alpha_i := \bar{\eta}_i. - \mu$$ — Haupteffekt des Faktors A auf Stufe i (oder Effekt der Zeile i);

$$\beta_j := \bar{\eta}._j - \mu$$ — Haupteffekt des Faktors B auf Stufe j (oder Effekt der Spalte j);

$$\gamma_{ij} := \eta_{ij} - \bar{\eta}._j - \bar{\eta}_i. + \mu$$ — Wechselwirkungseffekt zwischen den Faktoren A und B bei der Stufenkombination (i,j).

Die solchermaßen definierten Funktionen sind parametrisch (da linear
in den η_{ij}) und wegen des vollen Ranges von X schätzbar. Man beachte,
daß α_i wegen $\mu = \frac{1}{I} \sum_i \bar{\eta}_i.$ die Abweichung des durchschnittlichen Erwartungswertes $\bar{\eta}_i.$ der Zellen in Zeile i von dem Mittel aller $\bar{\eta}_i.$ (über
die Zeilen) darstellt (analoges gilt wegen $\mu = \frac{1}{J} \sum_j \bar{\eta}._j$ natürlich auch
für β_j). Sucht man nach einem Maß γ_{ij} für die Wirkung von A auf Stufe
i bzgl. der j-ten Stufe von B, im Vergleich zur durchschnittlichen Wirkung von A auf der i-ten Stufe, so bietet sich der Betrag an, um den
der Einfluß des Faktors A in der Zelle (i,j), d.h. $\eta_{ij} - \bar{\eta}._j$, seinen
durchschnittlichen Einfluß, d.h. $\bar{\eta}_i. - \bar{\eta}..$, übersteigt. Wegen $\bar{\eta}.. = \mu$
ist diese Differenz die Wechselwirkung zwischen A und B in der Zelle
(i,j). Vergleicht man die Wirkung von B auf der j-ten Stufe bzgl. der
i-ten Stufe von A, d.h. $(\eta_{ij} - \bar{\eta}_i.)$, mit der durchschnittlichen Wirkung
von B auf der j-ten Stufe, $\bar{\eta}._j - \bar{\eta}..$, so ist die Differenz wieder γ_{ij},
so daß die vom Namen implizierte Symmetrieeigenschaft in der Tat vor-
liegt, und die Bezeichnungen insgesamt den Sprachgebrauch in sinnvoller
Weise präzisieren dürften.

Die Einbeziehung von Wechselwirkungseffekten trägt der Erfahrungstatsache Rechnung, daß möglicherweise weder der Faktor A noch der Faktor B für sich allein genommen, dafür aber eine Kombination beider auf einer speziellen Stufe eine Wirkung ausüben, oder allgemeiner, daß man die Wirkung zweier Faktoren nicht in allen Fällen einfach addieren kann, um den gemeinsamen Einfluß zu erhalten.

Im Modell ergibt sich offensichtlich aus der Definition der Haupt- und Wechselwirkungen die Beziehung

$$(*) \qquad \eta_{ij} = \mu + \alpha_i + \beta_j + \gamma_{ij} \, , \quad i = 1,\ldots,I, \quad j = 1,\ldots,J,$$

die diesen Gedankengang präzisiert.

Definition:

Gilt $\gamma_{ij} = 0$ $\forall$ (i,j), so heißen die Effekte von A und B additiv [+)].

Neben $(*)$ ergibt sich unmittelbar aus den Definitionen das folgende lineare Gleichungssystem (Reparametrisierungsnebenbedingungen)

$$(R) \quad \begin{cases} \sum_i \alpha_i = 0 \, , & \sum_j \beta_j = 0 \, , \\[2mm] \sum_i \gamma_{ij} = 0 \ \forall \, j \, , & \sum_j \gamma_{ij} = 0 \ \forall \, i \, . \end{cases}$$

Es ist leicht nachzuprüfen, daß die Beziehung zwischen dem Parametervektor $(\eta_{11},\eta_{12},\ldots,\eta_{IJ},\sigma^2)$ einerseits und dem Vektor $(\mu,\alpha_1,\ldots,\alpha_I,$

[+)] Bei Additivität könnte man im Prinzip die Einflüsse von A und B aus zwei Einzelexperimenten durch Einfachklassifikationen analysieren. Indes kann die Frage, ob Additivität vorliegt oder nicht, in der Regel erst im Rahmen einer zweifach klassifizierten Varianzanalyse geklärt werden. Außerdem lassen sich bei einer Zweifachklassifikation die Haupteffekte von A und B unabhängig voneinander aus derselben Anzahl von Beobachtungen schätzen, die - bei gleicher Genauigkeit - jede der beiden entsprechenden Einfachklassifikationen benötigen würde. Kann Additivität nicht vorausgesetzt werden, dann ist ohnehin nur durch Kombination der Faktoren A und B Information über die Wechselwirkungen zu erhalten.

$\beta_1, \ldots, \beta_I, \gamma_{11}, \ldots, \gamma_{IJ}, \sigma^2)$ andererseits, ausgedrückt durch die Definition auf S. 193 und durch die Gleichung (*), eindeutig ist, falls man bei der zweiten Parametrisierung das Erfülltsein der Bedingungen (R) verlangt. Da diese Beziehung bijektiv ist, folgt daraus insbesondere, daß der Raum der $(\mu, \alpha_1, \ldots, \alpha_I, \beta_1, \ldots, \beta_J, \gamma_{11}, \ldots, \gamma_{IJ})$, welche die Nebenbedingungen (R) erfüllen, die Dimension $I \cdot J$ hat.

Als GMS erhalten wir nach der allgemeinen Theorie (vgl. 1.5)

$$\hat{\mu} = \frac{1}{IJ} \sum_i \sum_j \hat{n}_{ij} \; ,$$

$$\hat{\alpha}_i = \bar{\hat{n}}_{i.} - \hat{\mu} \; , \quad \hat{\beta}_j = \bar{\hat{n}}_{.j} - \hat{\mu} \; ,$$

$$\hat{\gamma}_{ij} = \hat{n}_{ij} - (\bar{\hat{n}}_{.j} + \bar{\hat{n}}_{i.}) + \hat{\mu} \; ,$$

wobei $\quad \hat{n}_{ij} = \frac{1}{n_{ij}} \sum_{k=1}^{n_{ij}} y_{ijk}$ (s.S. 192) noch einzusetzen ist.

Wie aus den vorangegangenen Überlegungen klar geworden sein dürfte, lauten die wichtigsten Hypothesen

$$H_A \; : \; \alpha_1 = \ldots = \alpha_I = 0 \qquad \text{(A hat keine Haupteffekte)},$$

$$H_B \; : \; \beta_1 = \ldots = \beta_J = 0 \qquad \text{(B hat keine Haupteffekte)} \quad \text{und}$$

$$H_{AB} \; : \; \gamma_{ij} = 0 \quad \forall \; (i,j) \qquad \text{(Additivität)} \; .$$

Bei der Herleitung der zugehörigen F-Statistiken wollen wir uns im folgenden auf ausgewogene Versuchspläne beschränken, da im Rahmen unserer Möglichkeiten nur bei diesen die weitere Spezialisierung des allgemeinen Linearen Modells tatsächlich etwas einbringt. Von nun ab gelte also $n_{ij} = K$ für alle Paare (i,j).

Für dreifach indizierte Folgen (a_{ijk}) $(i=1, \ldots, I; \; j=1, \ldots, J; \; k=1, \ldots, K)$ definiert man zweckmäßigerweise

$$\bar{a}_{.jk} := \frac{1}{I} \sum_i a_{ijk} \qquad \text{(analog } \bar{a}_{i.k}, \; \bar{a}_{ij.}),$$

$$\bar{a}_{..k} := \frac{1}{IJ} \sum_i \sum_j a_{ijk} \qquad \text{(analog } \bar{a}_{.j.}, \; \bar{a}_{i..}),$$

$$\bar{a} := \bar{a}_{...} = \frac{1}{IJK} \sum_i \sum_j \sum_k a_{ijk} \; .$$

Aus den Definitionen folgen eine ganze Reihe offensichtlicher Identitäten, wie z.B.

$$\bar{a} = \frac{1}{I} \sum_i \bar{a}_{i..} \;, \qquad \bar{a} = \frac{1}{IJ} \sum_i \sum_j \bar{a}_{ij.} \;, \qquad \text{etc.}$$

3.2.1   Der Fall "K > 1"   (mehr als eine Beobachtung pro Zelle)

Die GMS für die Parameter η_{ij} und die schätzbaren Funktionen μ, α_i, β_j und γ_{ij} schreiben sich jetzt einfacher in der Form

$$(\ast\ast) \quad \left\{ \begin{array}{ll} \hat{\eta}_{ij} = \bar{y}_{ij.} \;, & \hat{\mu} = \bar{y} \;, \\[2mm] \hat{\alpha}_i = \bar{y}_{i..} - \bar{y} \;, & \hat{\beta}_j = \bar{y}_{.j.} - \bar{y} \;, \\[2mm] \hat{\gamma}_{ij} = \bar{y}_{ij.} - \bar{y}_{.j.} - \bar{y}_{i..} + \bar{y} \;. & \quad ^{+)} \end{array} \right.$$

Man kann diese GMS auch direkt nach der Methode der kleinsten Quadrate erhalten aufgrund einer geschickten Zerlegung der Summe

$$S(y,\theta) := \sum_i \sum_j \sum_k (y_{ijk} - \mu - \alpha_i - \beta_j - \gamma_{ij})^2 \;,$$

die zur Bestimmung der GMS der Parameter minimiert werden soll, wobei θ den Parametervektor darstellt. Es gilt nämlich

$$S(y,\theta) = \sum_i \sum_j \sum_k \Big[(y_{ijk} - \bar{y}_{ij.}) $$
$$+ (\bar{y} - \mu) + (\bar{y}_{i..} - \bar{y} - \alpha_i) + (\bar{y}_{.j.} - \bar{y} - \beta_j) + (\bar{y}_{ij.} - \bar{y}_{i..} - \bar{y}_{.j.} + \bar{y} - \gamma_{ij}) \Big]^2$$
$$= \sum_i \sum_j \sum_k (y_{ijk} - \bar{y}_{ij.})^2 + IJK (\bar{y} - \mu)^2 + JK \sum_i (\bar{y}_{i..} - \bar{y} - \alpha_i)^2$$
$$+ IK \sum_j (\bar{y}_{.j.} - \bar{y} - \beta_j)^2 + K \sum_i \sum_j (\bar{y}_{.j.} - \bar{y}_{i..} - \bar{y}_{.j.} + \bar{y} - \gamma_{ij})^2 \;,$$

weil die Summe aller gemischten Produkte aufgrund der Definitionen der Durchschnitte und der Beziehungen (R) verschwinden. Da der erste Term der zerlegten Summe nicht von dem Parameter abhängt und eine Summe von

---

$^{+)}$Man beachte, daß auch die Schätzer $\hat{\mu}$, $\hat{\alpha}_i$, $\hat{\beta}_j$ und $\hat{\gamma}_{ij}$ das Gleichungssystem (R) erfüllen. Dies läßt sich leicht nachrechnen, folgt aber auch aus der allgemeinen Theorie (s. 1.5).

Quadraten dann minimiert wird, wenn jeder Term verschwindet, folgt unmittelbar, daß die Schätzer aus (**) die MQS sind [+]. Wir erhalten also

$$S_\Omega = \sum_i \sum_j \sum_k (y_{ijk} - \hat{\mu} - \hat{\alpha}_i - \hat{\beta}_j - \hat{\gamma}_{ij})^2$$

$$= \sum_i \sum_j \sum_k (y_{ijk} - \hat{\eta}_{ij})^2 = \sum_i \sum_j \sum_k (y_{ijk} - \bar{y}_{ij\cdot})^2 =: SQ_e \ .$$

Weiterhin sieht man dann aus der Zerlegung von $S(y,\theta)$ sofort, daß unter der jeweiligen Hypothese $H_A(\alpha_i = 0 \ \forall \ i)$, $H_B(\beta_j = 0 \ \forall \ j)$ oder $H_{AB}(\gamma_{ij} = 0 \ \forall \ (i,j))$ gerade mit Ausnahme der GMS für diejenigen Parameter, die bei Gültigkeit der Hypothese verschwinden, dieselben Lösungen des Minimierungsproblemes herauskommen wie unter der allgemeinen Modellvoraussetzung. Die zugehörigen minimalen quadratischen Abstände des Stichprobenvektors y von dem durch die betrachtete Hypothese definierten Teilraum des $\mathbb{R}^n$ ($n = \sum_i \sum_j n_{ij} = I \cdot J \cdot K$) lauten dementsprechend

$$S_{\omega_A} = S_\Omega + \sum_i \sum_j \sum_k \hat{\alpha}_i^2 = S_\Omega + J \cdot K \cdot \sum_i \hat{\alpha}_i^2 \ ,$$

$$S_{\omega_B} = S_\Omega + \sum_i \sum_j \sum_k \hat{\beta}_j^2 = S_\Omega + I \cdot K \cdot \sum_j \hat{\beta}_j^2 \ ,$$

$$S_{\omega_{AB}} = S_\Omega + \sum_i \sum_j \sum_k \hat{\gamma}_{ij}^2 = S_\Omega + K \cdot \sum_i \sum_j \hat{\gamma}_{ij}^2 \ ,$$

so daß man als Zähler der zugehörigen F-Statistiken (bis auf die Freiheitsgrade)

$$S_{\omega_A} - S_\Omega = JK \sum_i \hat{\alpha}_i^2 = JK \sum_i (\bar{y}_{i\cdot\cdot} - \bar{y})^2 =: SQ_A$$

$$S_{\omega_B} - S_\Omega = IK \sum_j \hat{\beta}_j^2 = IK \sum_j (\bar{y}_{\cdot j\cdot} - \bar{y})^2 =: SQ_B$$

$$S_{\omega_{AB}} - S_\Omega = K \sum_i \sum_j \hat{\gamma}_{ij}^2 = K \sum_i \sum_j (\bar{y}_{ij\cdot} - \bar{y}_{\cdot j\cdot} - \bar{y}_{i\cdot\cdot} + \bar{y})^2 =: SQ_{AB}$$

erhält. Die jeweilige Anzahl von Freiheitsgraden läßt sich nicht so

---

[+] Es ist dann auch $\hat{\eta}_{ij} = \hat{\mu} + \hat{\alpha}_i + \hat{\beta}_j + \hat{\gamma}_{ij}$ aus (**) der GMS für die schätzbare Funktion $\eta_{ij} = \mu + \alpha_i + \beta_j + \gamma_{ij}$.

ohne weiteres an den Hypothesen ablesen, da (mit $p'=1+I+J+IJ$) z.B. die $H_A = \{(^{\theta}_{\sigma^2}) \in \mathbb{R}^{p'} \times \mathbb{R}^+ ; \alpha_i = 0 \; \forall \; i\}$ definierenden Funktionen $\psi_i(\theta) = \alpha_i$ als Linearformen nicht linear unabhängig sind, da die nichttriviale Linearkombination $\sum_{i=1}^{I} \alpha_i$ die Nullfunktion ergibt. Man kann sich jedoch mit der folgenden heuristischen Merkregel behelfen:

Die Anzahl der FG stimmt mit der Anzahl der unter der betrachteten Hypothese verschwindenden Parameter vermindert um die Zahl der linear unabhängigen Reparametrisierungsbedingungen, die speziell diese Parameter betreffen, überein. Für die Hypothese H_A gilt somit: FG $= I - 1$. Eine exakte Methode, die Zahl der FG für den Zähler des F-Tests für ω gegen $\Omega - \omega$ auszurechnen, besteht nach 1.9 darin, $q = \dim(V_q)$ zu bestimmen, wobei $V_q \subset V_r$ das relative orthogonale Komplement von V_{r-q} im V_r, und V_{r-q} den linearen Teilraum des V_r darstellt, auf den der Erwartungsvektor $\eta = X\beta$ durch die Hypothese ω eingeschränkt wird. Die FG von S_Ω ergeben sich als $n - r = \dim(V_r^\perp)$. Speziell haben wir $V_r = \mathbb{R}^{IJ}$, d.h. $r = IJ$ und daher

$$n - r = IJK - IJ = IJ(K-1) .$$

Betrachten wir nun die Hypothese ω_A. Mit der Bezeichnung

$$L = \{\theta \in \mathbb{R}^{1+I+J+IJ} ; \theta \text{ genügt den Bedingungen (R)}\}$$

gilt offenbar:

$$\omega_A := \{(^{\theta}_{\sigma^2}) \in L \times \mathbb{R}^+ ; \alpha_1 = \ldots = \alpha_I = 0\}$$
$$= \{(^{\theta}_{\sigma^2}) \in L \times \mathbb{R}^+ ; \alpha_1 - \alpha_2 = \ldots = \alpha_1 - \alpha_I = 0\}$$
$$= \{(^{\theta}_{\sigma^2}) \in L \times \mathbb{R}^+ ; c_i'\theta = 0, \quad i = 2,\ldots,I\}$$

mit $c_i = (0,1,0,\ldots,0, -1,0,\ldots,0)'$ (1 bzw. -1 an der 1. bzw. i-ten Stelle im α-Block). Dabei denken wir uns θ und analog jeden anderen Vektor des $\mathbb{R}^{1+I+J+IJ}$ strukturiert in der Form

$$\theta = (\mu,\underbrace{\alpha_1,\ldots,\alpha_I}_{\alpha\text{-Block}}, \underbrace{\beta_1,\ldots,\beta_J}_{\beta\text{-Block}}, \underbrace{\gamma_{11},\ldots,\gamma_{1J}}_{1.\ \gamma\text{-Block}},\ldots\ldots, \underbrace{\gamma_{I1},\ldots,\gamma_{IJ}}_{I\text{-ter } \gamma\text{-Block}})'$$

Die $(I-1)$ Vektoren c_i sind wegen $\sum\limits_{i=2}^{I} \lambda_i\, c_i = (0,\ \sum\limits_{i=2}^{I} \lambda_i,\ -\lambda_2,$ $-\lambda_3,\dots,-\lambda_I,\ 0,\dots,0)'$ insgesamt linear unabhängig und liegen in L, während ω_A das relative orthogonale Komplement in L des von den c_i $(i=2,\dots,I-1)$ aufgespannten Teilraumes darstellt, d.h.

$$\dim(\omega_A) = \dim(L) - (I-1) = IJ - (I-1)\ .$$

Der Isomorphismus, der θ in $\eta = (\eta_{ij})$, $\eta_{ij} = \mu + \alpha_i + \beta_j + \gamma_{ij}$ überführt, bildet ω_A in V_{r-q} ab, so daß $r-q = \dim(V_{r-q}) = \dim(\omega_A)$ $= IJ - (I-1)$ und

$$q = \dim(V_q) = r - IJ + (I-1) = IJ - IJ + (I-1) = I-1$$

folgt. Völlig analog erhält man $(J-1)$ FG für SQ_B.

Mit $d_{ij} := (0,\dots,0,\ 1,\ 0,\dots\dots,0,\ -1,\ 0,\dots,0)'$, $i=2,\dots,I$, $j=2,\dots,J$ (1 bzw. -1 an der j-ten Stelle des ersten bzw. i-ten γ-Blocks) ergibt sich unter Ausnutzung von (R)

$$\omega_{AB} := \{ (\tfrac{\theta}{\sigma^2}) \in L \times \mathbb{R}^+;\ \gamma_{ij} = 0,\ i=1,\dots,I,\ j=1,\dots,J \}$$

$$= \{ (\tfrac{\theta}{\sigma^2}) \in L \times \mathbb{R}^+;\ \gamma_{1j} - \gamma_{ij} = 0,\ i=2,\dots,I,\ j=2,\dots,J \}$$

$$= \{ (\tfrac{\theta}{\sigma^2}) \in L \times \mathbb{R}^+;\ d_{ij}'\theta = 0,\ i=2,\dots,I,\ j=2,\dots,J \}.$$

Man überzeugt sich wieder leicht von der linearen Unabhängigkeit der $(I-1)(J-1)$ Vektoren $d_{ij} \in L$ und erhält diesmal

$$\dim(\omega_{AB}) = \dim(L) - (I-1)(J-1) = IJ - (I-1)(J-1)$$

und

$$q = \dim(V_q) = IJ - \dim(V_{r-q}) = (I-1)(J-1)$$

mit derselben Argumentation wie oben.

Für spezielle Alternativen $(\tfrac{\theta}{\sigma^2})$ aus $\Omega - \omega_A$ bzw. $\Omega - \omega_B$ bzw. $\Omega - \omega_{AB}$ ergibt sich

$$\mathcal{W}_{(\tfrac{\theta}{\sigma^2})}(\sigma^{-2}\, SQ_A) = \chi'^2_{I-1,\delta_A}\ ,$$

$$\mathcal{W}_{\left(\substack{\theta\\\sigma^2}\right)}(\sigma^{-2}\,SQ_B) = \chi'^2_{J-1,\,\delta_B}\,,$$

$$\mathcal{W}_{\left(\substack{\theta\\\sigma^2}\right)}(\sigma^{-2}\,SQ_{AB}) = \chi'^2_{(I-1)(J-1),\,\delta_{AB}}\,,$$

wobei die zugehörigen NZP (wiederum nach der Fußnote auf S. 77) den
Gleichungen

$$\sigma^2\,\delta_A{}^2 = JK \sum_i \alpha_i{}^2\,,$$

$$\sigma^2\,\delta_B{}^2 = IK \sum_j \beta_j{}^2\,,$$

$$\sigma^2\,\delta_{AB}{}^2 = K \sum_i \sum_j \gamma_{ij}{}^2 \qquad +)$$

genügen. Wir erhalten daher

$$E_{\left(\substack{\theta\\\sigma^2}\right)}\left(\frac{SQ_A}{I-1}\right) = \sigma^2 + \frac{JK}{I-1} \sum_i \alpha_i{}^2\,,$$

$$E_{\left(\substack{\theta\\\sigma^2}\right)}\left(\frac{SQ_B}{J-1}\right) = \sigma^2 + \frac{IK}{J-1} \sum_j \beta_j{}^2\,,$$

$$E_{\left(\substack{\theta\\\sigma^2}\right)}\left(\frac{SQ_{AB}}{(I-1)(J-1)}\right) = \sigma^2 + \frac{K}{(I-1)(J-1)} \sum_i \sum_j \gamma_{ij}{}^2\,,$$

und somit die nachfolgende Varianzanalysetabelle (siehe Seite 201).

Wir merken noch an, daß sich aus der offensichtlichen Tatsache, daß
die jeweils linear unabhängigen schätzbaren Funktionen, welche die
Hypothesen ω_A, ω_B und ω_{AB} definieren, zusammen mit $\psi := \mu = (1,0,\ldots,0)'\theta$
insgesamt linear unabhängig sind. Sie ermöglichen eine Zerlegung des

---

$+)$ Bemerkenswert an den beiden ersten Gleichungen ist, daß $\delta_A{}^2$ bzw. $\delta_B{}^2$
und damit die Trennschärfe der entsprechenden F-Tests mit J bzw. mit I
wachsen. Man kann also die Sensitivität des Testes auf Verschwinden
der Haupteffekte des einen Faktors nicht nur durch Erhöhung der Anzahl K der Beobachtungen pro Zelle vergrößern, sondern auch dadurch,
daß man den anderen Faktor auf mehr Stufen variieren läßt.

Varianzanalysetabelle für die Zweifachklassifikation mit $K > 1$ Beobachtungen pro Zelle [+]

Streuungs-ursache	SQ	FG	MQ	E(MQ)
A (Haupt-effekte)	SQ_A	$I - 1$	$MQ_A = \dfrac{SQ_A}{I-1}$	$\sigma^2 + \dfrac{JK}{I-1} \sum_i \alpha_i^2$
B (Haupt-effekte)	SQ_B	$J - 1$	$MQ_B = \dfrac{SQ_B}{J-1}$	$\sigma^2 + \dfrac{IK}{J-1} \sum_j \beta_j^2$
AB (Wechsel-wirkungen)	SQ_{AB}	$(I-1)(J-1)$	$MQ_{AB} = \dfrac{SQ_{AB}}{(I-1)(J-1)}$	$\sigma^2 + \dfrac{K}{(I-1)(J-1)} \sum_i \sum_j \gamma_{ij}^2$
e (Fehler)	SQ_e	$IJ(K-1)$	$MQ_e = \dfrac{SQ_e}{IJ(K-1)}$	σ^2
total	SQ_{tot} [++]	$IJK-1$	-	-

Schätzerraumes in eine direkte Summe von vier orthogonalen Teilräumen, die der Reihe nach von $\hat{\mu}$, den $\hat{\alpha}_i$, den $\hat{\beta}_j$ und den $\hat{\gamma}_{ij}$ aufgespannt werden [+++]. Dies ist vor allem deswegen von Bedeutung, weil im KLM nach einem Satz aus 1.8 Orthogonalität und stochastische Unabhängigkeit äquivalente Eigenschaften von Linearformen (in den Daten) darstellen.

[+] Diese liefert - wie im einzelnen jeweils gezeigt worden ist - für jede Zeile eine Verteilungsaussage der Form

$$W_{\left(\frac{\theta}{\sigma^2}\right)}\left(\frac{SQ}{\sigma^2}\right) = \chi'^2_{FG,\sqrt{FG \cdot \left(\frac{E(MQ)}{\sigma^2} - 1\right)}} \qquad \forall \left(\frac{\theta}{\sigma^2}\right) \in L \times \mathbb{R}^+$$

(wobei unter den zugehörigen Hypothesen gerade (jeweils) $\dfrac{E(MQ)}{\sigma^2} = 1$ gilt und man die zentralen Verteilungen $\chi'^2_{FG,0} = \chi^2_{FG}$ erhält). Dasselbe gilt übrigens auch für die Varianzanalysetabelle der Einfachklassifikation.

[++] Daß die Summe von SQ_A, SQ_B, SQ_{AB} und SQ_e gerade $SQ_{tot} = \sum\sum\sum (y_{ijk} - \bar{y})^2$, d.h. die Summe aller Abweichungsquadrate, ergibt, läßt sich leicht verifizieren.

[+++] Da diese Eigenschaft bei den unausgewogenen Versuchsplänen verlorengeht, heißen die ausgewogenen auch orthogonale Versuchspläne.

202

Gelegentlich ist man auch bei der Zweifachklassifikation an simultanen Konfidenzintervallen für α-Kontraste ($\sum_i c_i \alpha_i$ mit $\sum_i c_i = 0$) oder β-Kontraste ($\sum_j d_j \beta_j$ mit $\sum_j d_j = 0$) interessiert. Wir weisen in diesem Zusammenhang nur darauf hin, daß sowohl die S- als auch die T-Methode anwendbar ist, und sich die Intervalle analog wie in 3.1.3 ergeben.

3.2.2 Der Fall "K = 1" (eine Beobachtung pro Zelle)

In diesem Fall stimmt die Zahl $n = IJ$ der Beobachtungen mit $r = \dim V_r = \dim L$ überein, und wir können die Theorie des KLM aus 1.9 nicht anwenden, die nur unter der Voraussetzung $n - r > 0$ entwickelt werden konnte, da sonst der Schätzer s^2 nicht definiert ist, bzw. (wie der Statistiker sagt) keine Beobachtungen für die Schätzung von σ^2 übrig bleiben [+]. Um überhaupt etwas zu erreichen, ist man gezwungen, $r = \dim V_r$ durch zusätzliche Nebenbedingungen an die Parameter (d.h. durch Übergang von L zu einem echten Teilraum $L' \subset L$) weiter herabzusetzen, und so Beobachtungen zur Schätzung der Varianz frei zu machen. In der Regel wird zu diesem Zweck speziell Additivität vorausgesetzt, d.h., die weitere Modellannahme

$$\gamma_{ij} = 0 \ , \quad i = 1,\ldots,I, \quad j = 1,\ldots,J$$

gemacht [++].

[+] Diese Sprechweise bringt sehr plastisch zum Ausdruck, daß in dem betrachteten Extremfall der Schätzerraum mit dem ganzen Dualraum $\widetilde{\mathbb{R}}^n$ und der Fehlerraum mit dem Nullraum übereinstimmen, so daß keine von den GMS unabhängige Schätzung von σ^2 möglich ist.

[++] Bezüglich anderer linearer Zusatzbedingungen (insbesondere, wenn man die Additivität selbst testen will) vgl. Scheffé (1959), § 4.8.

Dann hat man die IJ Modellgleichungen

$$y_{ij} = \mu + \alpha_i + \beta_j + e_{ij} \qquad (i = 1,\ldots,I, \quad j = 1,\ldots,J)$$

und das Ω' in diesem Modell stimmt offensichtlich mit ω_{AB} aus Teil 3.2.1 überein, so daß wir diesmal

$$n = IJ, \quad r = IJ - (I-1)(J-1), \quad n - r = (I-1)(J-1),$$

die GMS

$$\hat{\mu} = \bar{y}, \quad \hat{\alpha}_i = \bar{y}_{i\cdot} - \bar{y}, \quad \hat{\beta}_j = \bar{y}_{\cdot j} - \bar{y}$$

und (da $S_\Omega = \hat{e}'\hat{e} = 0$ im Entartungsfall "n = r" gilt) als Fehlerquadratsumme

$$S_{\Omega'} = S_{\omega_{AB}} = S_\Omega + SQ_{AB} = SQ_{AB}$$

(mit $S_{\omega_{AB}}$, SQ_{AB} und S_Ω aus dem vorhergehenden Abschnitt für $K = 1$) erhalten. Es wird also gerade die Größe SQ_{AB}, die im Fall "K > 1" die Quadratsumme der geschätzten Wechselwirkungen darstellt (und deswegen meistens "Wechselwirkungsquadratsumme" genannt wird), durch die Annahme der Additivität frei zur Schätzung der Varianz σ^2.

Aufgrund der Überlegungen des Abschnittes 3.2.1 erhält man unmittelbar, daß die Zähler der F-Statistiken zum Testen der Hypothesen

$$H_A' := \{(\tfrac{\theta}{\sigma^2}) \in L' \times \mathbb{R}^+ ; \quad \alpha_1 = \ldots = \alpha_I = 0\} \quad \text{bzw.}$$

$$H_B' := \{(\tfrac{\theta}{\sigma^2}) \in L' \times \mathbb{R}^+ ; \quad \beta_1 = \ldots = \beta_J = 0\}$$

mit $\frac{1}{I-1} SQ_A$ bzw. $\frac{1}{J-1} SQ_B$ übereinstimmen, und somit die folgende Varianzanalysetabelle.

<u>Varianzanalysetabelle für die Zweifachklassifikation mit K = 1 Beob-
achtungen pro Zelle (Additivität vorausgesetzt)</u>

Streuungs-ursache	SQ	FG	MQ	E(MQ)
A (Haupt-effekte)	$SQ_A = J \sum_i (\bar{y}_i. - \bar{y})^2$	$I - 1$	$\dfrac{SQ_A}{I-1}$	$\sigma^2 + \dfrac{J}{I-1} \sum_i \alpha_i^2$
B (Haupt-effekte)	$SQ_B = I \sum_j (\bar{y}._j - \bar{y})^2$	$J - 1$	$\dfrac{SQ_B}{J-1}$	$\sigma^2 + \dfrac{I}{J-1} \sum_j \beta_j^2$
e (Fehler)	$SQ_e = \sum_i \sum_j (y_{ij} - \bar{y}._j - \bar{y}_i. + \bar{y})^2$	$(I-1)(J-1)$	$\dfrac{SQ_e}{(I-1)(J-1)}$	σ^2
total	$SQ_{tot} = \sum_i \sum_j (y_{ij} - \bar{y})^2$	$IJ-1$	-	-

3.2.3 <u>Bemerkungen zu randomisierten Block- und einigen unvollstän-
digen Versuchsplänen</u>

Betrachten wir die experimentelle Situation, die einer Einfachklassifikation zugrunde liegt, in der also I Behandlungen in ihren Wirkungen
verglichen werden sollen. Häufig läßt sich das im Experiment verwendete Versuchsmaterial in J Blöcke zu je I Versuchseinheiten so grup-
pieren, daß Versuchseinheiten aus ein und demselben Block sich in Bezug
auf das interessierende Merkmal ähnlicher sind als solche aus verschiedenen. Man sagt in diesem Fall, die Blöcke sind in sich "homogener"
als die Gesamtheit der Versuchseinheiten. Solche Blöcke sind vielfach
in natürlicher Weise gegeben und können z.B. bestehen aus

- Versuchstieren, die aus einer Zucht stammen;

- den vier Rädern eines Autos (beim Vergleich von Reifenarten);

- Personen verschiedener Altersstufen (10-20jährig, 20-30jährig,
  30-40jährig, etc., z.B. bei einem Versuch mit Medikamenten);

- Jungtieren eines Wurfs;

- den beiden Schuhen einer Versuchsperson (etwa bei einer Untersuchung von Ledersohlen).

In der Regel ist es dann vorteilhafter, statt die I Medikamente oder
sonstigen "Behandlungen" zufällig auf die I·J Versuchseinheiten zu verteilen und eine Einfachklassifikation durchzuführen, in jedem Block
jede Behandlung genau auf eine Versuchseinheit anzuwenden (wobei die
Zuordnungen innerhalb der Blöcke aus gewissen Gründen, auf die wir noch
zu sprechen kommen, erstens jeweils zufällig und zweitens voneinander
unabhängig erfolgen sollten), und einen weiteren Faktor, etwa "Block",
auf J Stufen in die Analyse einzubeziehen. Und zwar ist das zweite
Verfahren dem ersten deshalb vorzuziehen, weil die Varianz innerhalb
der Blöcke wegen der größeren Homogenität im allgemeinen kleiner ist,
als wenn man alle Versuchseinheiten durcheinandermischt, so daß dann
die Zweifachklassifikation genauere Schätzungen der Behandlungseffekte
und beim F-Test bzgl. dem Faktor "Behandlung" eine höhere Trennschärfe
aufweist als die entsprechende Einfachklassifikation. So stellen daher
Zweifachklassifikationen mit einer Beobachtung pro Zelle (und voraus-
gesetzter Additivität) häufig sozusagen verbesserte Einfachklassifikationen dar, wobei man einen (möglichst großen) Teil der relevanten
aber unbekannten Einflußfaktoren, die für auftretende Inhomogenitäten
im Versuchsmaterial verantwortlich sind, im Faktor "Block" zusammengefaßt hat. Dadurch kommt dann auch eine gewisse Asymmetrie bzgl. der
Bedeutung der beiden Faktoren ins Spiel. Der Experimentator wird sich
nämlich vielfach in erster Linie für die Behandlungs-, nicht aber für
die Blockeffekte interessieren.

Gelegentlich ist es wünschenswert, oder kommt man nicht darum herum, die
Anzahl der Versuchseinheiten pro Block kleiner zu wählen als die Anzahl
der verschiedenen Behandlungen, so etwa in dem Autoreifen-Beispiel,
wenn mehr als vier Fabrikate verglichen werden sollen. Man spricht

dann von einem unvollständigen Blockplan. Die zugehörige Theorie des
Linearen Modells erweist sich unter gewissen Voraussetzungen als ein
Spezialfall einer Zweifachklassifikation mit ungleicher Anzahl von
Beobachtungen pro Zelle bei Vorliegen von Additivität (s.z.B. Scheffé,
§ 5.2). Auch wenn keine Blockbildung vorliegt, spielen unvollständige
Versuchspläne eine Rolle in der Praxis; einerseits, da die Kosten eines
Experiments mit der Zahl der verwendeten Versuchseinheiten anwachsen
werden und man unter diesem Aspekt an einer möglichst kleinen Zahl von
Beobachtungen interessiert ist, andererseits, um gewissen Problemstellungen gerecht zu werden, die es gar nicht gestatten, daß jede Stufe
eines jeden Faktors mit jeder Stufe jedes anderen Faktors kombiniert
werden kann. So z.B. wenn für die Faktoren eine Rangfolge (Hierarchie)
gegeben ist (etwa Länder, Kreise, Gemeinden) und die Menge der Stufen
eines Faktors B in ebensoviele Klassen zerfällt wie der nächst höher
geordnete Faktor Stufen hat, so daß alle Stufen von B aus der i-ten
Gruppe ausschließlich mit Stufe i des Faktors A kombiniert auftreten:

$$
\begin{array}{llll}
\text{Faktor A} & a_1 & a_2 & a_I \\
\text{Faktor B} & b_{11},\dots,b_{1m_1} & b_{21},\dots,b_{2m_2} \quad \dots\dots & b_{I1},\dots,b_{Im_I}\,.
\end{array}
$$

Die Verwendung derartiger sog. "hierarchischer Klassifikationen"
(nested designs) ist allerdings weitgehend nur bei Modellen mit Zu-
fallseffekten realistisch (auf die wir in 3.4 noch eingehen werden).
Ein gutes Beispiel für einen unvollständigen Versuchsplan, der die Zahl
der nötigen Beobachtungen reduziert, gibt es im Fall dreier Faktoren
ohne Wechselwirkungen mit gleicher Stufenzahl I. Durch geeignete Kombination der Stufen in Form eines lateinischen Quadrates [+)] sind bei

---

[+)] Ein lateinisches Quadrat besteht aus m untereinandergeschriebenen
Permutationen der Zahlen 1,...,m, so daß auch jede Spalte des Systems
eine Permutation der Zahlen 1,...,m darstellt.

dem gleichnamigen Design statt I^3 (soviel benötigt mindestens ein voll-
ständiger Versuchsplan) nur I^2 Beobachtungen erforderlich [+].

Abschließend wollen wir noch kurz auf die für die praktische Durchführung von Experimenten wichtige Technik des Randomisierens zu sprechen
kommen. Darunter versteht man die Zuordnung der zur Verfügung stehenden Versuchseinheiten zu den Behandlungen oder Stufenkombinationen
nach Maßgabe eines Zufallsexperimentes (bzw. einer Zufallstafel). Nur
dadurch kann man sich nämlich vor systematischen Verzerrungen schützen,
welche durch unkontrollierte Einflußfaktoren entstehen, die man nicht
explizit in die Analyse einbezogen hat.

So kann es etwa beim Vergleich von I Behandlungen vorkommen, daß man
Versuchstiere (Meerschweinchen, Ratten, etc.) erst einfangen muß, bevor
sie behandelt werden können. Werden dann die Behandlungen auf die
Tiere in der Reihenfolge angewendet, in der man diese einfängt, so
daß die ersten n_1 Tiere Behandlung 1, die nächsten n_2 Tiere Behandlung 2 usw. erhalten, so kann der Faktor "Konstitution" in systema-
tischer Weise in die Beobachtungen eingehen und die Analyse verfälschen, da z.B. schwächere Tiere leichter zu fangen sind als stärkere,
ältere leichter als jüngere und kranke leichter als gesunde.
Das Dilemma läßt sich vermeiden, wenn man die Zuordnung von Tieren
und Behandlungen durch ein Zufallsexperiment so auswählt, daß jede
mögliche mit den Nebenbedingungen verträgliche Zuordnung (n_i Versuchstiere sollen die i-te Behandlung erhalten) die gleiche Wahrscheinlichkeit trägt. Ein solches Design heißt "vollständig randomisierter Versuchsplan". Nach den vorausgegangenen Überlegungen wird man aber -

---

[+] Genaueres über lateinische Quadrate und die anderen angesprochenen
unvollständigen Versuchspläne findet man z.B. bei Scheffé, Kapitel 5.

wenn möglich - I·J Versuchstiere auf J in sich homogene Blöcke aufteilen und dann die Zuordnung von Behandlungen und Versuchstieren innerhalb eines jeden Blockes durch ein Zufallsverfahren aus der Menge der I! möglichen Zuordnungen so auswählen, daß jede Zuordnung gleichwahrscheinlich ist, und daß Zuordnungen in verschiedenen Blöcken stochastisch unabhängig sind. Wir sprechen dann von einem randomisierten Blockplan.

Das Verfahren des Randomisierens, von dessen praktischer Notwendigkeit man anhand des angeführten oder anderer Beispiele schnell überzeugt ist, bringt zunächst theoretisch einige Komplikationen mit sich. Es ist nämlich zu überlegen, mit wem die Zufallsfehler eigentlich verbunden sind, mit dem Beobachter bzw. seinem Beobachtungsapparat (im weitesten Sinne des Wortes) oder mit den einzelnen Versuchseinheiten, an denen die Beobachtungen vorgenommen werden [+]. Ist vorwiegend letzteres der Fall, so kommen durch die Randomisierung stochastische Abhängigkeiten ins Spiel (denn geben etwa die Zufallsvariablen $v_1, \ldots, v_I$ die Nummern der den I Versuchseinheiten in einem Block durch Randomisierung zugeteilten Behandlungen an, so sind $v_1, \ldots, v_I$ stochastisch abhängig, da die Realisation von v_I ja festliegt, wenn man $v_1, \ldots, v_{I-1}$ kennt).

Auf der anderen Seite erlaubt es die formale Einführung der Randomisierung der Versuchseinheiten bei der Zuordnung zu den einzelnen Behandlungen jedoch, von den strikten Voraussetzungen des KLM, vor allem der der Normalverteilung des Zufallsfehlers, abzukommen. Durch die zu-

---

[+] Diese Aufteilung des Fehlers in einen sog. "technischen Fehler" (technical error), der von dem von außen an die Versuchseinheiten herangebrachten "Meßapparat" (einschl. des Beobachters) verursacht wird und einen sog. "Fehler der Einheit" (unit error), welcher der Variabilität des Versuchsmaterials Rechnung trägt, geht auf Neymann zurück.

fällige Zuordnung wird der "unit effect", welcher der i-ten Behandlung
zugeordnet wird, eine Zufallsvariable und die Gleichverteilung auf dem
Raum der Permutationen unter der Hypothese wird zum zugehörigen Wahr-
scheinlichkeitsmodell. Auf dieser Basis ist es möglich, Tests für die
im Bereich der Versuchsplanung typischen Hypothesen herzuleiten (sog.
Permutationstests). So entwickelte Neymann 1923 ein mathematisches
Modell für den vollständig randomisierten Versuchsplan und 1935 eines
für den randomisierten Blockplan, welche die Randomisierung formal ent-
hielten (dabei führte er die technischen Fehler zunächst als den Versuchseinheiten zukommende feste Größen ein, die erst durch die Randomisierung zu Zufallsvariablen werden). Später folgten entsprechende
Modelle für viele andere wichtige Designs. Das Testen von typischen
Hypothesen läuft in diesen Modellen auf Permutationstests hinaus, wobei
man sich im wesentlichen der Teststatistiken aus den entsprechenden
herkömmlichen Modellen der Varianzanalyse bedient, aber nicht den üblichen Ablehnungsbereich verwendet, sondern einen, der bei vorliegender
Stichprobe aus Permutationen oder Tupeln von Permutationen (von Teilmengen der Stichprobe) besteht, die der Teststatistik die r größten
unter allen bei dieser Stichprobe durch Permutationen möglichen Werte
erteilt (r geeignet gewählt, so daß sich ein Test zum Niveau α ergibt)[+)].

[+)]Es werden solche Tupel von Permutationen genommen, die beim speziell
gewählten Design unter der betrachteten Hypothese alle gleich wahrschein-
lich sind. So besteht z.B. der Ablehnungsbereich des Permutationstests
der Hypothese $\alpha_1 = \ldots = \alpha_I = 0$ (keine Behandlungseffekte) bei einem
randomisierten Blockplan aus denjenigen Tupeln

$$\pi(y) := (\pi_1(y_{11}, \ldots, y_{I1}), \ldots, \pi_J(y_{1J}, \ldots, y_{IJ}))$$

von J Permutationen, die der Teststatistik

$$SQ_A(\pi(y)) = J \sum_{i=1}^{I} (\overline{\pi(y)}_{i.} - \overline{\pi(y)})^2$$

die r größtmöglichen Werte erteilt ($r = r(\alpha)$ geeignet gewählt). Dabei
ist y_{ij} die Beobachtung für die i-te Behandlung im j-ten Block, also
$y = (y_{11}, \ldots, y_{1J}, \ldots, y_{I1}, \ldots, y_{IJ})'$ die Gesamtstichprobe, stellen
$\pi_1, \ldots, \pi_J$ J Permutationen der Menge $\{1, \ldots, I\}$ dar und wurde

$$\pi_j(y_{1j}, \ldots, y_{Ij}) := (y_{\pi_j(1)j}, \ldots, y_{\pi_j(I)j}) \quad (j = 1, \ldots, J)$$

gesetzt.

Praktisch ist ein solcher Test bei nur etwas größeren Stichprobenumfängen in den seltensten Fällen durchführbar, da der Ablehnungsbereich
von der speziellen Stichprobe abhängt und sich deshalb nicht vertafeln
läßt. Glücklicherweise kann man bei vielen Versuchsplänen, wenn auch
mit einigem Aufwand, zeigen, daß die Permutationstests in den Rando-
misierungsmodellen bei großem Versuchsumfang wieder annähernd mit den
entsprechenden F-Tests übereinstimmen, bzw. andersherum formuliert,
daß die üblichen Modelle der Varianzanalyse gute Approximationen der
häufig realistischeren Randomisierungsmodelle darstellen.

Diese Tatsache ist um so bemerkenswerter, als die Randomisierungsmodelle
keine Normalitätsannahme benötigen (so daß sich die klassischen Verfahren der Varianzanalyse in einem gewissen Sinn als robust erweisen).
Eine detaillierte Diskussion der ganzen Thematik, die wir hier nur
streifen konnten, findet der interessierte Leser bei Scheffé im Kapitel 9.

Zum Schluß dieses Abschnittes sollte darauf hingewiesen werden, daß
für die bisher behandelten varianzanalytischen Modelle und Fragestellungen nichtparametrische Tests entwickelt worden sind, welche es er-
lauben, die entsprechenden Hypothesen der Gleichverteilung der beobachteten Zufallsvariablen, auch ohne die Normalitätsvoraussetzung des
KLM zu testen. Eine ausführliche Darstellung dieser Tests findet der
Leser in Lehmann (1975) und in Hollander und Wolfe (1973).

3. 3   <u>Kovarianzanalyse</u>

Die Methoden der Kovarianzanalyse eignen sich bei solchen Versuchsan-
lagen bzw. Experimenten, die durch das gemeinsame Auftreten von qualitativen und quantitativen Faktoren gekennzeichnet sind. In diesem
Sinn stellt also die typische Fragestellung der Kovarianzanalyse eine
Mischung aus den beiden für Varianz- bzw. Regressionsanalyse typischen
Problemsituationen dar. Diese inhaltliche Charakterisierung findet
ihren Niederschlag in der allgemeinen Modellgleichung

$$(KV) \qquad y = X\beta + Z\gamma + e$$

der Kovarianzanalyse, in der die Matrix $\tilde{X}$ des Linearen Modells also
in der Form $\tilde{X} = (X,Z)$ zerlegt vorliegt, wobei X die zu den qualitativen Faktoren gehörende Design- und Z die zu den quantitativen Faktoren gehörende Regressormatrix darstellt. Dabei ist zu beachten, daß
man sich in den meisten praktischen Anwendungen entweder vorwiegend
für den regressions- oder vorwiegend für den varianzanalytischen Aspekt
interessiert. Vom Standpunkt der Regressionsanalyse aus heißen die in
X zusammengefaßten Variablen dann "Scheinvariable" (dummy variables),
da sie nur die Werte 0 oder 1 annehmen können, während in Experimenten,
in denen man eigentlich eine Varianzanalyse durchführen möchte (aber
aufgrund der Existenz von störenden quantitativen Einflußfaktoren nicht
kann, ohne zunächst eine "Bereinigung" vorzunehmen), die in Z zusammengefaßten Regressoren als "begleitende Variable" (concomitant variables)
bezeichnet werden.

Als Beispiel für die Kovarianzanalyse sei hier der Vergleich verschiedener Futtermittel genannt. Wir wollen annehmen, daß I Sorten verglichen werden sollen und daß jeweils n Tieren eine bestimmte Sorte
gefüttert wird. Das Gewicht y_{ij} des j-ten Tieres in der i-ten Futter-
gruppe am Ende der Versuchsperiode hängt dann nicht nur von dem Futter-

212

mittel, sondern auch vom Anfangsgewicht z_{ij} des jeweiligen Tieres ab.
Als einfachstes Modell für einen solchen Versuch ergibt sich somit

$$y_{ij} = \beta_i + \gamma\, z_{ij} + e_{ij} \qquad (i = 1,\ldots,I,\quad j = 1,\ldots,n)$$

mit den üblichen Spezifikationen von $\{e_{ij}\}$. In diesem Beispiel ist X
die Designmatrix der Einfachklassifikation (Abschnitt 3.1) und Z ist
ein Vektor der Dimension $n \cdot I$. (Ist man von vornherein bereit, $\gamma = 1$
zu setzen, dann gilt für die Gewichtszuwächse $\Delta_{ij} := y_{ij} - z_{ij}$

$$\Delta_{ij} = \beta_i + e_{ij} \; .$$

In diesem Spezialfall können die Daten mit den Methoden des Abschnittes
3.1 analysiert werden).

Ebenso wie bei der Regressionsanalyse sollten stochastische Regressoren
auch bei der Kovarianzanalyse Anlaß zu besonderer Vorsicht geben. So
können die Voraussetzungen des LM verletzt sein, wenn die begleitenden
Variablen selbst von den qualitativen Faktoren oder dem zu untersu-
chenden Merkmal beeinflußt werden (wobei wir hier offen lassen, wie
man eine solche Beeinflussung formal in dem zur Kovarianzanalyse gehörenden LM verstehen will) [+].

Im weiteren werden wir die Kovarianzanalyse vorrangig im Hinblick auf
varianzanalytische Fragestellungen behandeln, da regressionsanalytische
häufig auf einen Vergleich mehrerer Regressionen hinauslaufen, den wir
in 2.5 anhand zweier Regressionsgeraden schon exemplarisch behandelt
haben.
Das Testen im Rahmen einer Kovarianzanalyse bei varianzanalytischen
Problemstellungen läßt sich dadurch charakterisieren, daß man die üb-

---

[+] Eine Diskussion der Anwendbarkeit der Kovarianzanalyse insbesondere
unter dem Aspekt stochastischer Regressoren findet man z.B. bei Scheffé
(1959), § 6.1.

lichen Formeln der Varianzanalyse des entsprechenden Designs für die
zur Diskussion stehende Hypothese in modifizierter Form verwenden darf,
wobei eben gerade der Einfluß der begleitenden Variablen durch einen
Korrekturterm berücksichtigt wird. Zu diesem Zweck können wir uns
von den in 2.2 entwickelten Methoden für Regressionsmodelle mit zerlegter Regressormatrix leiten lassen.

Dabei gehen wir davon aus, daß die Zerlegung $\tilde{X} = (X,Z)$ die Voraussetzungen der Zerlegung von 2.2 erfüllen, d.h., daß die Matrizen X
und Z beide vollen Rang haben [+] und $R(X) \cap R(Z) = \{0\}$ gilt. Nach
2.2 läßt sich der in die Varianzanalyse allein involvierte Parameter
β dann durch Bereinigung der Daten vom Einfluß von γ in der Form

$$\hat{\beta} = X^+ (y - Z\hat{\gamma}) =: X^+ \tilde{y}$$

schätzen, wobei man $\hat{\gamma}$ entweder aus der Gleichung

$$\hat{\gamma} = (Z'M_1 Z)^{-1} Z'M_1 y \quad (M_1 := I - XX^+)$$

oder direkt durch geschicktes Lösen der NGLN bestimmt. Ist ferner ψ
eine q-dimensionale schätzbare Funktion, die für die varianzanalytische
Fragestellung von Bedeutung ist, in dem Sinne, daß ψ nur von β (nicht
aber von γ) abhängt, so daß etwa $\psi = C\beta$ gilt, dann ergibt sich der
GMS

$$\hat{\psi} = C\hat{\beta} = CX^+ (y - Z\hat{\gamma}) = CX^+ \tilde{y}$$

für ψ ebenfalls durch Bereinigung der Daten.

Bezeichnen wir nun die Fehlerquadratsumme mit $S_{\tilde{\Omega}}(y)$ im Modell (KV)
der Kovarianzanalyse bzw. mit $S_\Omega(y)$ im zugehörigen varianzanalytischen
Modell

[+] Der X betreffende Teil dieser Annahme ist nicht unbedingt erforderlich, erleichtert uns jedoch die Anwendung von 2.2. Es ist nützlich,
sich in diesem Zusammenhang daran zu erinnern, daß die von uns behandelten Versuchspläne der Varianzanalyse Parametrisierungen zulassen,
die ein X mit vollem Rang ergeben.

214

$$(V) \qquad\qquad y = X\beta + e$$

(welches aus (KV) durch die Annahme "$\gamma = 0$" hervorgeht), so erhält
man wegen

$$\|y - \hat{y}\|^2 = \|y - (X,Z)\begin{pmatrix}\hat{\beta}\\\hat{\gamma}\end{pmatrix}\|^2 = \|y - Z\hat{\gamma} - X\hat{\beta}\|^2 = \|\tilde{y} - X\hat{\beta}\|^2 = \|\tilde{y} - XX^+\tilde{y}\|^2$$

weiterhin auch

$$S_{\tilde{\Omega}}(y) = S_{\Omega}(\tilde{y}) \qquad (\tilde{y} := y - Z\hat{\gamma}(y)),$$

so daß wir insgesamt sagen können:
Im Modell (KV) lassen sich die Fehlerquadratsumme und die GMS schätzbarer Funktionen, die nur von β abhängen, unmittelbar durch Anwendung
der entsprechenden Verfahren des zugehörigen varianzanalytischen Modells (V) berechnen, sofern man den Datenvektor y durch Übergang zu

$$\tilde{y} = y - Z\hat{\gamma}(y)$$

vom geschätzten Einfluß $Z\hat{\gamma}$ der begleitenden Variablen bereinigt. Um
zu erkennen, wie man unter den Voraussetzungen des KLM das für den F-
Test einer "varianzanalytischen Hypothese" (d.h. einer Hypothese, die
ausschließlich β, nicht aber γ betrifft) ebenfalls benötigte $S_{\tilde{\omega}}(y)$ aus
dem $S_{\omega}(y)$ des Modells (V) berechnen kann, ist es zweckmäßig, sich zunächst die geometrische Bedeutung des beschriebenen und in 2.2 alge-
braisch bewiesenen Verfahrens der Datenbereinigung klar zu machen.
Aufgrund der Bedingung $R(X) \cap R(Z) = \{0\}$ hat man die direkte (aber
i.allg. nicht orthogonale) Zerlegung des Spaltenraumes von $\tilde{X}$ in der
Form

$$R(\tilde{X}) = R(X) \oplus R(Z)^{+)}.$$

Da die jeweiligen Basissysteme der Räume (d.h. die Spaltenvektoren von
$\tilde{X}$ bzw. X bzw. Z) für die folgenden Überlegungen keine Rolle spielen,
setzen wir

$^{+)}$D.h., jeder Vektor $v \in R(\tilde{X})$ besitzt eine eindeutige Darstellung als
Summe $v = v_1 + v_2$ mit $v_1 \in R(X)$ und $v_2 \in R(Z)$.

$$V := R(\tilde{X}), \quad V_1 := R(X) \quad \text{und} \quad V_2 := R(Z).$$

Die Methode der kleinsten Quadrate beruht auf der Projektion des Datenvektors $y \in \mathbb{R}^n$ auf V. Dabei läßt sich hier $P_V(y)$ wegen

$$V = V_1 \oplus V_2$$

eindeutig darstellen als

$$\hat{y} = P_V(y) = \hat{y}_1 + \hat{y}_2 \,,$$

mit $\hat{y}_i \in V_i$ $(i = 1,2)$ [+]. Der den beiden Gleichungen

$$\hat{\beta}_1 = X_1^+ \tilde{y} \quad \text{und} \quad S_{\tilde{\Omega}}(y) = S_\Omega(\tilde{y})$$

entsprechende geometrische Sachverhalt wird dann offenbar durch die
Aussagen

$$\hat{y}_1 = P_{V_1}(\tilde{y}) \quad \text{und} \quad \|y - \hat{y}\|^2 = \|\tilde{y} - P_{V_1}(\tilde{y})\|^2$$
$$(\text{mit} \quad \tilde{y} := y - \hat{y}_2)$$

charakterisiert, die erneut sehr deutlich die Anwendungsmöglichkeiten
des Verfahrens beleuchten. Augenscheinlich erweist es sich dann als
nützlich, wenn erstens $\hat{y}_2$ einfach zu berechnen oder bekannt ist, zweitens das Berechnungsverfahren für die Projektion von y auf V_1 bereits
zur Verfügung steht und man drittens nur an Aussagen über $\hat{y}_1$ interessiert ist (wie bei der Kovarianzanalyse, wo man den bereits entwickelten Apparat der Varianzanalyse einsetzen möchte, um Aussagen über β
zu erhalten).

Soll nun eine typische Hypothese der varianzanalytischen Fragestellung
getestet werden, so beinhaltet diese eine Einschränkung des Vektors
$X\beta$ auf einen Teilraum V_1' von $V_1 = R(X)$ (wobei $Z\gamma$ nicht betroffen ist).

[+]Man beachte jedoch, daß i.allg. $\hat{y}_1 \neq P_{V_1}(y)$ und $\hat{y}_2 \neq P_{V_2}(y)$ gilt.
Gleichheit gilt hier nur im Falle der Orthogonalität von V_1 und V_2.

Im Modell (KV) muß man daher zur Berechnung von $S_{\tilde{\omega}}(y)$ auf den linearen Teilraum $V_1' \oplus V_2$ des $\mathbb{R}^n$ projizieren.

Für das Bild dieser Projektion gilt wiederum

$$\hat{\hat{y}} = P_{V_1' \oplus V_2}(y) = \hat{\hat{y}}_1 + \hat{\hat{y}}_2 \quad (\text{mit } \hat{\hat{y}}_1 \in V_1' \text{ und } \hat{\hat{y}}_2 \in V_2 \text{ eindeutig bestimmt}),$$

$$\hat{\hat{y}}_1 = P_{V_1'}(y - \hat{\hat{y}}_2) = P_{V_1'}(\tilde{\tilde{y}}) \;,$$

$$S_{\tilde{\omega}}(y) = \|y - \hat{\hat{y}}\|^2 = \|\tilde{\tilde{y}} - P_{V_1'}(\tilde{\tilde{y}})\|^2 = S_\omega(\tilde{\tilde{y}})$$

(wobei wir $\tilde{\tilde{y}} := y - \hat{\hat{y}}_2 = y - Z\hat{\hat{\gamma}}$ gesetzt haben).

Diesmal muß man die Daten also von dem unter der Hypothese geschätzten Einfluß $Z\hat{\hat{\gamma}}$ der begleitenden Variablen bereinigen, um das zugehörige S_ω [+)] des Modells (V) verwenden zu dürfen. Die für Nenner und Zähler des F-Tests noch benötigten Anzahlen FG_N bzw. FG_Z von Freiheitsgraden, berechnen sich wie gewöhnlich in der Form

$$FG_N = \dim(\mathbb{R}^n) - \dim(V_1 \oplus V_2), \quad FG_Z = \dim(V_1 \oplus V_2) - \dim(V_1' \oplus V_2),$$

so daß man

$$FG_N = n - rg(X) - rg(Z) \quad \text{und} \quad FG_Z = rg(X) - \dim(V_1')$$

erhält, da sich nach dem Dimensionssatz bei einer direkten Vektorraumsumme die Dimensionen der einzelnen Summanden zur Gesamtdimension addieren. Die Anzahl der Freiheitsgrade können im Zähler also unverändert aus dem entsprechenden Test im Modell (V) übernommen werden, während man sie im Nenner um den Rang von Z (d.h. um die Zahl der begleitenden Variablen) vermindern muß.

Die vorausgegangenen Überlegungen fassen wir zusammen in dem folgenden

---

[+)]Dieses läßt sich gegebenenfalls als Summe der im Zähler und Nenner des im Modell (V) passenden F-Tests stehenden Quadratsummen berechnen.

<u>Satz:</u>

Unter der Voraussetzung, daß X und Z vollen Rang haben und
$R(X) \cap R(Z) = \{0\}$ [+] gilt, lautet die F-Statistik im Modell (KV) für
eine Hypothese, die den Vektor $X\beta$ auf einen Teilraum $V_1' \subset R(X)$ (und
damit $\tilde{X}\binom{\beta}{\gamma} = X\beta + Z\gamma$ auf $V_1' \oplus R(Z) \subset R(X) \oplus R(Z)$) einschränkt,

$$\tilde{F}(y) = \frac{\frac{1}{rg(X)-dim(V_1')} (S_\omega(\tilde{\tilde{y}}) - S_\Omega(\tilde{y}))}{\frac{1}{n-rg(X)-rg(Z)} S_\Omega(\tilde{y})} .$$

Dabei findet man S_ω und S_Ω gerade in der entsprechenden Statistik

$$F(y) = \frac{\frac{1}{rg(X)-dim(V_1')} (S_\omega(y) - S_\Omega(y))}{\frac{1}{n-rg(X)} S_\Omega(y)}$$

für dieselbe Hypothese im Modell (V), und berechnen sich die (jeweils
verschieden) bereinigten Daten $\tilde{y}$ und $\tilde{\tilde{y}}$ gemäß

$$\tilde{y} := y - Z\hat{\gamma}(y) \quad \text{bzw.} \quad \tilde{\tilde{y}} := y - Z\hat{\hat{\gamma}}(y) ,$$

wobei $\hat{\gamma}$ und $\hat{\hat{\gamma}}$ die unter der Modellannahme $(X\beta + Z\gamma \in R(X) \oplus R(Z))$ bzw.
unter der Hypothese $(X\beta + Z\gamma \in V_1' \oplus R(Z))$ gewonnenen Schätzungen von
γ darstellen.

Es gibt noch einen anderen als den von uns gewählten Weg, die Verfahren
der Kovarianz- aus denen der entsprechenden Varianzanalyse zu erhalten,
der nicht von der (stillen) Voraussetzung ausgeht, daß man $\hat{\gamma}$ und $\hat{\hat{\gamma}}$
auf bequeme Weise berechnen kann, sondern auf der zweiten zentralen
Aussage von 2.2 beruht, welche besagt, daß man β ohne Kenntnis von $\hat{\gamma}$
aus dem Modell $y = X^*\beta + e^*$ schätzen kann (und auf diese Weise den
korrekten GMS $\hat{\beta}$ erhält), wobei X^* (in 2.2 mit "$\hat{E}_{12}$" bezeichnet) aus
X durch "Bereinigung von Z" entsteht. Geometrisch bedeutet das den
Übergang von $R(X)$ zum relativen orthogonalen Komplement $R(Z)^*$ von

---

[+] Zur Prüfung dieser Voraussetzung kann man sich des Lemmas auf S. 32
bedienen.

$R(Z)$ in $R(X) \oplus R(Z)$ vermöge der Konstruktion einer aus den Spalten von X gewonnenen Basis von $R(Z)^*$ (und zwar bilden die Fehlervektoren bei Projektion der Spalten von X auf $R(Z)$ gerade eine Basis von $R(Z)^*$, die man dann zur Matrix X^* zusammenfaßt). Das zur Berechnung von $\hat{y}_1 = X\hat{\beta}$ benötigte $\hat{\beta}$ läßt sich dann durch Projektion des Datenvektors y auf $R(Z)^* = R(X^*)$ berechnen (d.h. es gilt $P_{R(X^*)}(y) = X^*\hat{\beta}$ bzw. $\hat{\beta} = (X^*)^+ y)$ [+].

Betrachten wir abschließend einen wichtigen Spezialfall, die sog. "einfache Kovarianzanalyse", welche eine Mischung aus Einfachklassifikation (einfachster Varianzanalyse) und einfacher linearer Regression darstellt. (Dem oben genannten Beispiel eines Futtermittelvergleichs entspricht ein Modell dieses Typs.) Die Modellgleichungen lauten demnach

$$y_{ij} = \beta_i + \gamma\, z_{ij} + e_{ij} \qquad (i = 1,\ldots,I, \quad j = 1,\ldots,n_i).$$

Die einfache Kovarianzanalyse findet typischerweise dann Verwendung, wenn man (wie bei der Einfachklassifikation) I Behandlungen vergleichen will, die Beobachtungsgröße aber unter dem zusätzlichen Einfluß eines quantitativen Faktors steht, dem auch nicht durch Blockbildung im Rahmen einer Varianzanalyse Rechnung getragen (d.h. der im Experiment nicht qualitativ behandelt bzw. eingesetzt) werden kann, da er sich der Kontrolle entzieht. So läßt sich etwa bei einem Vergleich von Düngemitteln die gefallene Regenmenge nicht so leicht durch Blockbildung berücksichtigen (da es kaum möglich sein dürfte, jeweils I Felder mit gleichem Niederschlagsvolumen zu finden), während dies bezüglich der Bodenqualität (die bei Messung vermöge einer kontinuierlichen Indexziffer auch als quantitativer Faktor aufgefaßt werden kann) eventuell durchführbar ist.

[+] Genaueres findet der interessierte Leser z.B. bei Eicker/Wichura (1965) auf den Seiten 12/13 und 68/69.

Die Berücksichtigung einer begleitenden Variablen kann sich in sehr
unterschiedlicher Weise auf statistische Entscheidungen über die Behandlungseffekte auswirken, wie die beiden in den Diagrammen dargestellten Fälle (mit I = 2) in anschaulicher Weise demonstrieren:

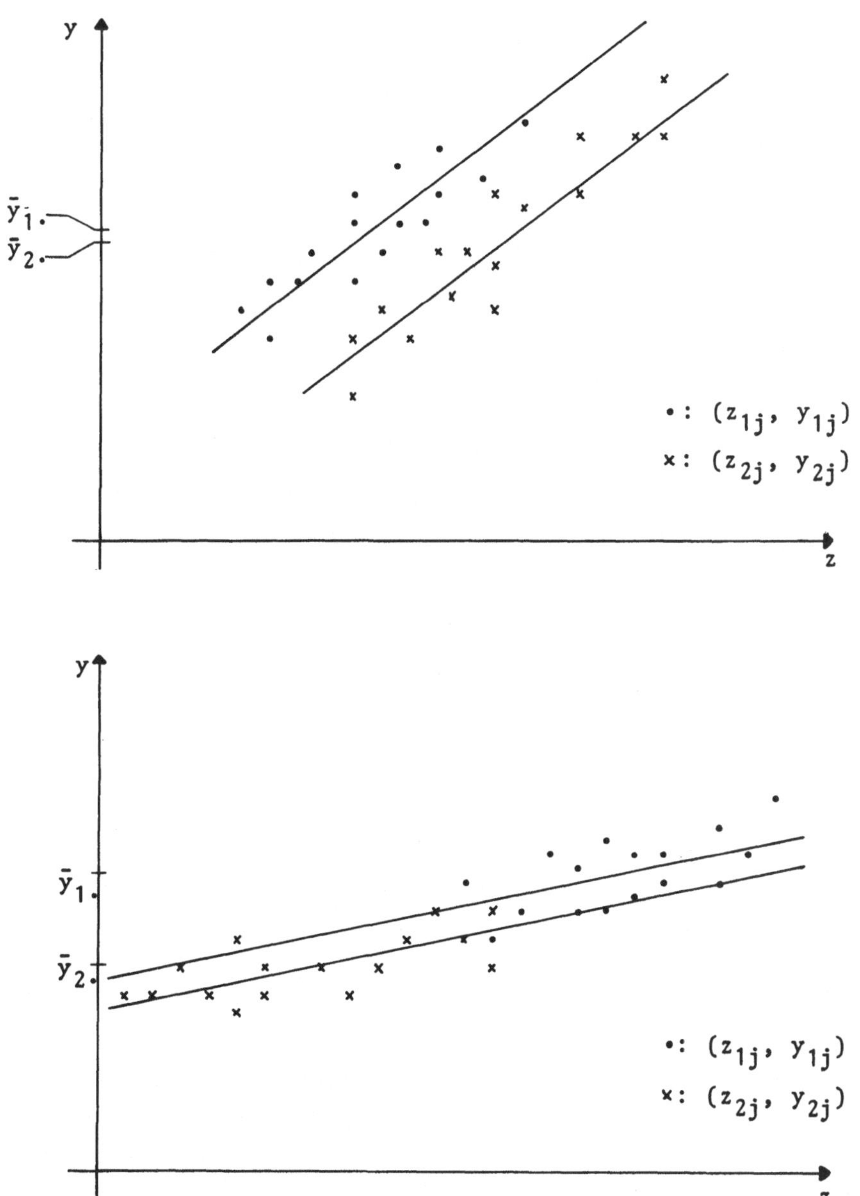

Abb. 9: Zwei Beispiele für die Anwendung der Kovarianzanalyse.

Im ersten Fall überlappen sich die beiden Stichproben [+] und die zugehörigen Mittelwerte $\bar{y}_1$. und $\bar{y}_2$. liegen dicht beieinander, so daß man ohne Berücksichtigung der begleitenden Variablen mit dem F-Test (der dann ablehnt, wenn die Differenz der Gruppenmittel hinreichend groß ist) wohl keine Behandlungsunterschiede feststellen können wird. Im Modell der Kovarianzanalyse dagegen werden die Stichproben (wie im Diagramm dargestellt) in z-Richtung auseinandergezogen, und es ergeben sich zwei deutlich unterscheidbare (parallele) Regressionsgeraden, deren vertikaler Abstand jetzt das Maß für etwaige Behandlungsunterschiede darstellt. Im zweiten Fall ist es genau umgekehrt: obwohl die Stichprobenmittel relativ weit auseinander liegen, lassen sich die Regressionsgeraden schlecht voneinander trennen, so daß man im Rahmen einer reinen Varianzanalyse Unterschiede, die in Wirklichkeit von der begleitenden Variablen verursacht werden, fälschlicherweise dem Faktor "Behandlung" zuschreiben würde. Man sieht also, daß Verzerrungen, die ein Spezifikationsfehler bei der Wahl zwischen Varianz- und Kovarianzanalyse mit sich bringt, sowohl den Fehler erster als auch den Fehler zweiter Art betreffen können.

Die Matrix $\tilde{X} = (X,Z) = (X,z)$ wird bei der einfachen Kovarianzanalyse gebildet von der Matrix X der Einfachklassifikation (s. S. 172) und dem Vektor $z = (z_{11},\ldots,z_{1n_1},\ z_{21},\ldots,z_{2n_2},\ldots,z_{I1},\ldots,z_{In_I})'$. Die Bedingung $R(X) \cap R(Z) = \{0\}$ ist genau dann erfüllt, wenn z nicht im Spaltenraum von X liegt, d.h. (wegen der speziellen Bauart von X), wenn $z_{i\ell} \neq z_{im}$ für mindestens ein i und ein Paar $(\ell,m) \in \{1,\ldots,n_i\}^2$

[+] Die jeweiligen y-Werte, welche die beiden Stichproben $(y_{11},\ldots,y_{1n_1})'$ und $(y_{21},\ldots,y_{2n_2})'$ bilden, sind aus Gründen der Übersichtlichkeit im Diagramm (auf der y-Achse) nicht eingetragen. Man erhält sie aber leicht durch Projektion der eingezeichneten Punkte auf die y-Achse.

gilt (was wir voraussetzen wollen). Um das weiter oben dargestellte allgemeine Verfahren anwenden zu können, benötigen wir als erstes den GMS $\hat{\gamma}$ für die gemeinsame Steigung γ der I Geraden $y_i = \beta_i + \gamma\, z_i$. Aufgrund der Ergebnisse auf S. 15 wissen wir, wie man aus jeder einzelnen Stichprobe $(y_{i1}, \ldots, y_{in_i})'$ und dem zugehörigen $(z_{i1}, \ldots, z_{in_i})'$ den GMS der Steigung γ_i eines angenommenen linearen Zusammenhanges $y_{ij} = \beta_i + \gamma_i\, z_{ij}$ erhält, nämlich durch

$$\hat{\gamma}_i = \frac{\sum_{j=1}^{n_i} (z_{ij} - \bar{z}_{i\cdot})(y_{ij} - \bar{y}_{i\cdot})}{\sum_{j=1}^{n_i} (z_{ij} - \bar{z}_{i\cdot})^2} \qquad (i = 1, \ldots, I) \qquad {}^{+)}.$$

Dabei sind die Schätzer $\hat{\gamma}_1, \ldots, \hat{\gamma}_I$ unter den Voraussetzungen des KLM stochastisch unabhängig (die Teilmengen der in sie eingehenden unabhängigen Beobachtungen y_{ij} sind paarweise disjunkt) und haben die Varianzen

$$\mathrm{Var}(\hat{\gamma}_i) = \frac{\sigma^2}{\sum_{j=1}^{n_i} (z_{ij} - \bar{z}_{i\cdot})^2}, \qquad (i = 1, \ldots, I)$$

(vgl. Abschnitt 1.3 auf S. 15).

Im Hinblick auf frühere Ergebnisse (vgl. Abschnitt 1.10, S. 102 f) wird man vermuten, daß der GMS für ein gemeinsames γ sich als umgekehrt proportional zu den Varianzen gewogenes Mittel aus den $\hat{\gamma}_i$ berechnet, man also

$$\hat{\gamma} = \sum_i \frac{\sum_j (z_{ij} - \bar{z}_{i\cdot})^2}{\sum_\nu \sum_j (z_{\nu j} - \bar{z}_{\nu\cdot})^2}\, \hat{\gamma}_i = \frac{\sum_i \sum_j (y_{ij} - \bar{y}_{i\cdot})(z_{ij} - \bar{z}_{i\cdot})}{\sum_i \sum_j (z_{ij} - \bar{z}_{i\cdot})^2}$$

erhält. Dies wird in der Tat durch die einfache direkte Herleitung von $\hat{\gamma}$ auf dem Wege der Minimierung von

$$S(y; \beta, \gamma) = \sum_{i=1}^{I} \sum_{j=1}^{n_i} (y_{ij} - \beta_j - \gamma\, z_{ij})^2 ,$$

${}^{+)}$Bei der Schätzung von γ_i spielt es keine Rolle, ob das Modell in der Form $y_{ij} = \beta_i + \gamma_i\, z_{ij} + e_{ij}$ oder in der reparametrisierten Version $y_{ij} = \tilde{\beta}_i + \gamma_i(z_{ij} - \bar{z}_{i\cdot}) + e_{ij}$ vorgegeben ist.

222

die wir dem Leser überlassen, bestätigt.

Bei der Einfachklassifikation werden die β_i durch $\bar{y}_i.$ geschätzt. Bereinigung der Daten, d.h. Übergang von y zu $y - \hat{\gamma} z$ liefert die GMS

$$\hat{\beta}_i = \bar{y}_i. - \hat{\gamma} \bar{z}_i. \qquad (i = 1,\ldots,I).$$

Sei nun die Hypothese

$$H_B : \beta_1 = \cdots = \beta_I$$

(keine Behandlungseffekte) zu testen.

Aus der Fehlerquadratsumme $S_\Omega = \sum_{i=1}^{I} \sum_{j=1}^{n_i} (y_{ij} - \bar{y}_i.)^2$ des Modells (V) (vgl. 3.1) ergibt sich wegen

$$\hat{\gamma} \sum_i \sum_j (y_{ij} - \bar{y}_i.)(z_{ij} - \bar{z}_i.) = \hat{\gamma}^2 \sum_i \sum_j (z_{ij} - \bar{z}_i.)^2$$

für die einfache Kovarianzanalyse

$$S_{\tilde{\Omega}}(y) = S_\Omega(\tilde{y}) = \sum_i \sum_j (y_{ij} - \bar{y}_i. - \hat{\gamma}(z_{ij} - \bar{z}_i.))^2$$

$$= \sum_i \sum_j (y_{ij} - \bar{y}_i.)^2 - \hat{\gamma}^2 \sum_i \sum_j (z_{ij} - \bar{z}_i.)^2 .$$

Das Schätzproblem unter der Hypothese ist offensichtlich identisch mit demjenigen der einfachen linearen Regression

$$y_{ij} = \beta + \gamma z_{ij} + e_{ij} \qquad (i = 1,\ldots,I, \quad j = 1,\ldots,n_i) ,$$

so daß wir $\hat{\hat{\gamma}}$ unmittelbar als

$$\hat{\hat{\gamma}} = \frac{\sum_i \sum_j (y_{ij} - \bar{y})(z_{ij} - \bar{z})}{\sum_i \sum_j (z_{ij} - \bar{z})^2}$$

angeben können.

Bei der Einfachklassifikation hatten wir $S_\omega(y) = \sum_i \sum_j (y_{ij} - \bar{y})^2$ (vgl. 3.1) und erhalten somit

$$S_{\tilde{\omega}}(y) = S_\omega(\tilde{y}) = \sum_i \sum_j (y_{ij} - \bar{y} - \hat{\hat{\gamma}}(z_{ij} - \bar{z}))^2$$

$$= \sum_i \sum_j (y_{ij} - \bar{y})^2 - \hat{\hat{\gamma}}^2 \sum_i \sum_j (z_{ij} - \bar{z})^2 ,$$

und daraus wegen

$$\sum_i \sum_j (y_{ij} - \bar{y})^2 - \sum_i \sum_j (y_{ij} - \bar{y}_i.)^2 = \sum_i \sum_j (\bar{y}_i. - \bar{y})^2$$

(vgl. Fußnote auf S. 175) die F-Statistik

$$\tilde{F}(y) = \frac{\frac{1}{I-1} \left(\sum_i \sum_j (\bar{y}_i. - \bar{y})^2 + \hat{\gamma}^2 \sum_i \sum_j (z_{ij} - \bar{z}_i.)^2 - \hat{\hat{\gamma}}^2 \sum_i \sum_j (z_{ij} - \bar{z})^2 \right)}{\frac{1}{n-I-1} \left(\sum_i \sum_j (y_{ij} - \bar{y}_i.)^2 - \hat{\gamma}^2 \sum_i \sum_j (z_{ij} - \bar{z}_i.)^2 \right)}$$

(mit $n := \sum_{i=1}^{I} n_i$).

Der Praktiker merkt sich diese Prüfgröße anhand einer modifizierten

Varianzanalysetabelle, deren Grundlage neben den bekannten Zerlegungen

$$\sum_i \sum_j (y_{ij} - \bar{y})^2 = \sum_i \sum_j (y_{ij} - \bar{y}_i.)^2 + \sum_i n_i (\bar{y}_i. - \bar{y})^2 \, ,$$

$$\sum_i \sum_j (z_{ij} - \bar{z})^2 = \sum_i \sum_j (z_{ij} - \bar{z}_i.)^2 + \sum_i n_i (\bar{z}_i. - \bar{z})^2 \, ,$$

welche die empirischen Varianzen betreffen, eine analoge Zerlegung für

die empirische Kovarianz, nämlich

$$\sum_i \sum_j (y_{ij} - \bar{y})(z_{ij} - \bar{z}) = \sum_i \sum_j (y_{ij} - \bar{y}_i.)(z_{ij} - \bar{z}_i.) + \sum_i n_i (\bar{y}_i. - \bar{y})(z_i. - \bar{z})$$

darstellt, die der Kovarianzanalyse ihren Namen geliefert hat, und von

deren Richtigkeit man sich vermöge Multiplikation der beiden elemen-

taren Gleichungen

$$y_{ij} - \bar{y} = (y_{ij} - \bar{y}_i.) + (\bar{y}_i. - \bar{y}) \, ,$$

$$z_{ij} - \bar{z} = (z_{ij} - \bar{z}_i.) + (\bar{z}_i. - \bar{z})$$

nebst nachfolgender Summation über j und i leicht überzeugt. Wir

kürzen die drei Zerlegungen naheliegenderweise in der Form

$$SQ_{tot}(y) = SQ_{in}(y) + SQ_{zw}(y) \, ,$$

$$SQ_{tot}(z) = SQ_{in}(z) + SQ_{zw}(z) \, ,$$

$$SP_{tot} = SP_{in} + SP_{zw} \qquad {}^{+)}$$

ab und notieren sie in der folgenden

${}^{+)}$Dabei soll das Symbol "SP" auf "$\underline{S}$umme der $\underline{P}$rodukte" hinweisen. SP_{in} bzw. SP_{zw} werden üblicherweise als Kovarianz innerhalb bzw. zwischen den Gruppen bezeichnet.

224

Tabelle für die einfache Kovarianzanalyse

Variation	SQ(y)	SQ(z)	SP
zwischen den Gruppen	$SQ_{zw}(y)$	$SQ_{zw}(z)$	SP_{zw}
innerhalb der Gruppen	$SQ_{in}(y)$	$SQ_{in}(z)$	SP_{in}
total	$SQ_{tot}(y)$	$SQ_{tot}(z)$	SP_{tot}

Zum tieferen Verständnis der Tabelle, von der wir bis jetzt nur wissen, daß die letzte Zeile sich durch Addition der beiden darüberstehenden ergibt, müssen wir zunächst noch einmal die Verhältnisse bei einer einfachen inhomogenen Regression

$$y_i = \alpha + \beta x_i + e_i \qquad (i = 1,\ldots,n)$$

studieren. Basis einer Analyse bildet auch hier die Streuungszerlegung

$$s_y^2 = s_{\hat{y}}^2 + s_{\hat{e}}^2$$

(vgl. 1.4, S. 20), der wir jetzt in einer dem aktuellen Zweck angepaßten Terminologie (nach Multiplikation mit n) die Gestalt

$$SQ(y) = SQ_R + SQ_e$$

geben. Dabei mißt SQ_R die von der Regression (d.h. dem linearen Zusammenhang) und SQ_e die vom Zufallsfehler verursachte Variabilität der Daten. Setzen wir wieder $SP := \sum_i (y_i - \bar{y})(x_i - \bar{x})$, so folgt

$$SQ_R = \sum_i (\hat{y}_i - \bar{\hat{y}})^2 = \sum_i (\hat{y}_i - \bar{y})^2 = \sum_i (\hat{\alpha} + \hat{\beta} x_i - \hat{\alpha} - \hat{\beta}\bar{x})^2 = \hat{\beta}^2 SQ(x) = \frac{SP^2}{SQ(x)}$$

aufgrund von $\hat{\beta} = \dfrac{s_{xy}}{s_x^2} = \dfrac{SP}{SQ(x)}$, $\bar{y} = \hat{\alpha} + \hat{\beta}\bar{x}$ und $\bar{\hat{y}} = \bar{y}$ (vgl. die Seiten 15, 19 und 20). Der F-Test für die Hypothese "$\beta = 0$" hat wegen

$$r = k = 2, \qquad K_\beta = \{\xi \in \mathbb{R}\,;\ \hat{\beta} - \hat{\sigma}_{\hat{\beta}}\, t_{n-2;\alpha/2} \leq \xi \leq \hat{\beta} + \hat{\sigma}_{\hat{\beta}}\, t_{n-2;\alpha/2}\}$$

(Konfidenzintervall für β, vgl. Seite 66) und $\sigma_{\hat{\beta}}^2 = \dfrac{\sigma^2}{SQ(x)}$, d.h.
$\hat{\sigma}_{\hat{\beta}}^2 = \dfrac{SQ_e/(n-2)}{SQ(x)}$, die Gestalt

$$S_K = \left[0 \notin K_\beta\right] = \left[\left|\frac{\hat{\beta}}{\hat{\sigma}_{\hat{\beta}}}\right| > t_{n-2;\alpha/2}\right] = \left[\frac{\hat{\beta}^2}{\hat{\sigma}_{\hat{\beta}}^2} > F_{1,n-2;\alpha}\right]$$

$$= \left[\frac{SP^2/SQ(x)}{SQ_e/(n-2)} > F_{1,n-2;\alpha}\right] = \left[\frac{SP^2/SQ(x)}{(SQ(y) - SP^2/SQ(x))/(n-2)} > F_{1,n-2;\alpha}\right],$$

gründet sich also auf $\quad SQ_R = \dfrac{SP^2}{SQ(x)}$.

Diese Darstellung des einfachen linearen Regressionsproblems gestattet uns nun, die angeführte Kovarianzanalysetabelle auch zeilenweise zu "lesen". Offenbar liefert nämlich die erste Zeile der Tabelle alle für die "Regression zwischen den Gruppen" (d.h. für die Regression der Gruppenmittel $\bar{y}_{i\cdot}$ auf die $\bar{z}_{i\cdot}$.) und die dritte Zeile alle für die "Totalregression" (d.h. für die Regression aller y_{ij} zusammen auf die z_{ij}) [+] benötigten Größen.

Die sog. "Regression innerhalb der Gruppen", die zur zweiten Zeile gehört, stellt einen Sonderfall dar, da in sie mehrere Regressionsgeraden involviert sind. Man kann aber mittels Berechnung von $Var(\hat{\gamma})$ und Anwendung derselben Methoden wie bei der einfachen linearen Regression leicht zeigen, daß auch der F-Test auf Verschwinden der allen Geraden gemeinsamen Steigung γ (der gerade den regressionsanalytischen Aspekt der einfachen Kovarianzanalyse beleuchtet), die Form

$$S_K = \left[\frac{SP_{in}^2/SQ_{in}(z)}{(SQ_{in}(y) - SP_{in}^2/SQ_{in}(z))/(n-I-1)} > F_{1,n-I-1;\alpha}\right]$$

besitzt und somit in analoger Weise aus der zweiten Zeile berechnet werden kann, wie die entsprechenden Tests für die zur ersten bzw. dritten Zeile gehörenden Regressionen.

Aber auch die F-Statistik bezüglich der bei uns im Vordergrund stehenden varianzanalytischen Fragestellung läßt sich offensichtlich der Kovarianzanalysetabelle in der Form

$$\tilde{F}(y) = \frac{(SQ_{zw}(y) - (SP_{tot}^2/SQ_{tot}(z) - SP_{in}^2/SQ_{in}(z)))/(I-1)}{(SQ_{in}(y) - SP_{in}^2/SQ_{in}(z))/(n-I-1)}$$

entnehmen.

[+] Der GMS des zugehörigen Regressionskoeffizienten ist $\hat{\hat{\gamma}}$.

Wie man sieht, läßt sich $\tilde{F}(y)$ aus der F-Statistik $F(y)$ des Modells (V) durch eine Korrektur der im Nenner bzw. Zähler stehenden Quadratsummen erhalten. Dabei muß man im Nenner den auf die Regression innerhalb der Gruppen zurückzuführenden Anteil $SP_{in}^{2}/SQ_{in}(z)$ herausnehmen. Das Korrekturglied im Zähler lautet allerdings nicht - wie man annehmen könnte - $SP_{zw}^{2}/SQ_{zw}(z)$, sondern ergibt sich als Differenz zwischen dem SQ_R der Totalregression und dem der Regression innerhalb der Gruppen (die in gewisser Hinsicht auch ein Maß für die von der Regression zwischen den Gruppen verursachten Variabilität darstellt).

3. 4 Modelle mit zufälligen Effekten

In manchen Fällen wird man den sich aus der Praxis ergebenden Fragestellungen durch keines der bis hierher behandelten Modelle der Varianzanalyse gerecht, weil in ihnen die Effekte Parameter, d.h. feste, mit den gerade im Experiment vertretenen Stufen der jeweiligen Faktoren verbundene Größen darstellen, während man an statistischen Aussagen interessiert ist, welche den einen oder anderen Faktor in seiner Gesamtheit betreffen, so daß die üblichen Häufigkeitsinterpretationen auch solche (gedachten) Wiederholungen des Experimentes einbeziehen können, in denen der Faktor durch andere Stufen repräsentiert wird.

So kommt es etwa bei einem Versuch mit Düngemitteln wesentlich darauf an, ob man wissen will, welchen Einfluß gerade die ausgewählten Mittel haben (was wohl den Regelfall darstellt), oder ob es einen interessiert, welche Wirkung das Düngen ganz allgemein bei bestimmten Bodenverhältnissen hat. Da man nicht alle gängigen Düngemittel in das Experiment einbeziehen kann, muß man bei der Untersuchung der zweiten Fragestel-

lung eine Auswahl treffen. Können die in das Experiment einbezogenen
Düngemittel als Zufallsstichprobe der im Prinzip zur Verfügung stehenden Mittel angesehen werden, dann ist eine statistische Auswertung
möglich. Zur Analyse eines solchen Versuchs benötigt man ein Modell
der Gestalt

$$y_{ij} = \mu + a_i + e_{ij} \quad (i = 1,\ldots,I, \quad j = 1,\ldots,n_i)$$

ähnlich der Einfachklassifikation, nur mit dem Unterschied, daß jetzt
die Effekte $a_1,\ldots,a_I$ keine Parameter, sondern Zufallsvariablen darstellen. Unter geeigneten Voraussetzungen über die gemeinsame Verteilung der auftretenden Zufallsvariablen spricht man dann von Modellen
"mit zufälligen Effekten" (oder "vom Typ II") [+]. Kompliziertere Versuchspläne werden dabei üblicherweise nur dann dieser Bezeichnung sub-
sumiert, wenn die Effekte aller vorkommenden Faktoren zufallsabhängig
sind. Mehrfach klassifizierte Modelle mit zufälligen Effekten verwendet man in der Praxis allerdings selten, da die meisten praktischen
Probleme eine asymetrische Behandlung der Faktoren auch in dem Sinn
erfordern, daß manche Faktoren durch feste und manche Faktoren durch
zufällig ausgewählte Stufen im Experiment vertreten sind.
So wird man in der Regel bei einem Vergleich von mehreren Düngemitteln
bezüglich ihrer Wirkung auf den ha-Ertrag eines bestimmten landwirtschaftlichen Erzeugnisses, das in mehreren Sorten vorliegt, die Stufen
des Faktors "Düngemittel" als fest betrachten, falls man an diesen
speziellen Düngemitteln interessiert ist. Der Faktor "Sorte" kann
bei hinreichend großer Sortenzahl aus Kostengründen sicherlich nur
durch eine zufällige Auswahl von Stufen (d.h. einzelnen Sorten) im
Versuch berücksichtigt werden [++]. Oder: in einer Fabrik, in der ein

---

[+] Die bisher behandelten Modelle der Varianzanalyse heißen im Hinblick
auf diese Definition "vom Typ I" oder "Modelle mit festen Effekten".

[++] Lassen sich alle Sorten im Experiment unterbringen, so ist das ad-
äquate Modell (wenn nichts anderes dagegen spricht) eine Zweifachklassifikation mit festen Effekten.

gewisser Teil des Produktionsvorganges an I Maschinen abläuft, soll herausgefunden werden, ob es sich lohnt, auf lange Sicht ein Auswahlverfahren einzuführen, mit Hilfe dessen man Arbeiter finden kann, die an diesen Maschinen besonders produktiv arbeiten. Zu diesem Zweck wird man eine Stichprobe von Arbeitern eine (jeweils gleiche) Zeit lang die Maschinen bedienen lassen und dann prüfen, ob die Variabilität der Leistung der Arbeiter hinreichend groß ist (was dann für die Einführung eines Auswahlverfahrens spricht). Auch in diesem Beispiel erfordert die spezielle Fragestellung ein Modell, in dem der eine Faktor (Maschine) mit festen und der andere Faktor (Arbeiter) mit zufälligen Effekten vertreten ist. Solche Modelle werden naheliegenderweise als "gemischt" oder "vom Typ III" bezeichnet.

Allen Modellen, in denen zufällige Effekte auftreten, ist gemeinsam, daß sie aus offensichtlichen Gründen nicht unter die allgemeine Theorie des Linearen Modells (Kapitel I) fallen. Wir werden indes sehen, daß im Fall ausgewogener Versuchspläne [+] die in Modellen mit festen Effekten verwendeten Quadratsummen unter gewissen Voraussetzungen häufig auch in Modellen vom Typ II oder III zur Konstruktion von Tests vergleichbarer Hypothesen geeignet sind, da sie vielfach unter diesen Hypothesen dieselbe Verteilung aufweisen wie im KLM. Unter Alternativen stimmen die Verteilungen allerdings in der Regel nicht mehr überein, und man weiß bis jetzt bei Modellen vom Typ II oder III (ganz anders als im KLM) auch wenig über Optimalitätseigenschaften der verwendeten Verfahren, obwohl dieses Gebiet der "Varianzkomponentenschätzung" in den letzten Jahren Gegenstand vieler wissenschaftlicher Veröffentlichungen war. Im folgenden wollen wir die Ein- und Zweifachklassifikation mit zufälligen (bzw. mit festen und zufälligen) Effekten im Hinblick auf das Testen typischer Hypothesen etwas genauer untersuchen.

[+] Unausgewogene Versuchspläne werden ausführlich bei Graybill (1961) oder bei Searle (1971) behandelt.

3.4.1 Einfachklassifikation

Im Fall eines ausgewogenen Versuchsplanes $(n_1 = \ldots = n_I = J)$ lauten
die Modellgleichungen

$$y_{ij} = \mu + a_i + e_{ij} \qquad i = 1,\ldots,I, \quad j = 1,\ldots,J.$$

Geht man davon aus, daß die a_i identisch verteilt sind, so hat man
(bei $E(e_{ij}) = 0$) mit $a := E(a_i)$ diesmal $E(y_{ij}) = \mu + a$ für
alle Paare (i,j). Der Erwartungswert der Beobachtungen hängt also
anders als bei der Einfachklassifikation mit festen Effekten nicht von
i ab. Setzt man $\tilde{a}_i := a_i - a$ und $\tilde{\mu} := \mu + a$, dann geht das Modell
über in $y_{ij} = \tilde{\mu} + \tilde{a}_i + e_{ij}$, wobei jetzt $E(\tilde{a}_i) = 0$ gilt, so daß man
o.B.d.A. von vornherein $E(a_i) = 0$ annehmen kann. Es ist dann intu-
itiv klar, welche Verteilungsannahmen man benötigen wird, damit überhaupt Hoffnung besteht, für die Prüfgröße des F-Tests unter der Hypothese eine Verteilung wie im KLM zu erhalten, nämlich

(i) $\qquad a_1,\ldots,a_I, \ e_{11},\ldots,e_{1J}, \ \ldots\ldots \ , \ e_{I1},\ldots,e_{IJ}$
$\qquad$ sind insgesamt stochastisch unabhängig;

(ii) $\qquad \mathcal{W}(a_i) = N(0,\sigma_a^2), \quad \mathcal{W}(e_{ij}) = N(0,\sigma_e^2), \quad \sigma_a^2 \geq 0, \quad \sigma_e^2 > 0.$

Aus diesen Voraussetzungen ergibt sich sofort ein weiterer Unterschied
zu Modell I. Wegen

$$\mathrm{Kov}(y_{ij},y_{i\nu}) = \mathrm{Kov}(\mu + a_i + e_{ij}, \mu + a_i + e_{i\nu}) = \sigma_a^2 \geq 0, \quad j \neq \nu$$

sind die Beobachtungen nur für $\sigma_a^2 = 0$ insgesamt stochastisch unabhängig. Anders als im Modell I hat man jetzt auch eine Zerlegung der
theoretischen Varianz der Beobachtungen. Es gilt nämlich

$$\mathrm{Var}(y_{ij}) = \mathrm{Var}(\mu + a_i + e_{ij}) = \sigma_a^2 + \sigma_e^2 \qquad \forall\,(i,j).$$

Solche Zerlegungen der Varianz in "Komponenten", die dem Namen "Varianzanalyse" erst zu seiner vollen Geltung verhelfen, treten in dieser
oder ähnlicher Form in allen Modellen mit zufälligen Effekten auf und
rechtfertigen so deren weitere übliche Bezeichnung als "Varianzkompo-

nentenmodelle".

Aus $\mathrm{Kov}(y_{ij}, y_{i\nu}) = \sigma_a{}^2$ $(j \neq \nu)$ und $\mathrm{Var}(y_{ij}) = \mathrm{Var}(y_{i\nu}) = \sigma_a{}^2 + \sigma_e{}^2$ erhält man

$$\tilde{\rho} := \mathrm{Korr}(y_{ij}, y_{i\nu}) = \frac{\sigma_a{}^2}{\sigma_a{}^2 + \sigma_e{}^2}, \quad j \neq \nu, \quad i = 1, \ldots, I.$$

Für $\tilde{\rho}$ ist die von R.A. Fisher eingeführte Bezeichnung "Intra-Klassen Korrelationskoeffizient" (intra class correlation coefficient) üblich.

Aufgrund der wegen $E(a_i) = 0$ $(i = 1, \ldots, I)$ gültigen Äquivalenz

$$P(a_i = 0) = 1 \; \forall \; i \iff \sigma_a{}^2 = 0$$

bietet sich die Hypothese

$$H_a : \sigma_a{}^2 = 0$$

als vergleichbares Gegenstück zur Hypothese H_A ("keine Behandlungseffekte") des Modells I an, in dem der zugehörige Test auf den beiden Quadratsummen

$$SQ_a := \sum_i \sum_j (\bar{y}_{i\cdot} - \bar{y})^2 = J \sum_i (\bar{y}_{i\cdot} - \bar{y})^2 \quad \text{und} \quad SQ_e := \sum_i \sum_j (y_{ij} - \bar{y}_{i\cdot})^2$$

beruht (in 3.1. als SQ_{zw} bzw. SQ_{in} bezeichnet).

Wir untersuchen die Verteilungen von SQ_a und SQ_e im Modell II. Aus $y_{ij} = \mu + a_i + e_{ij}$ erhalten wir

$$\bar{y}_{i\cdot} = \mu + a_i + \bar{e}_{i\cdot} \quad \text{bzw.} \quad \bar{y} = \mu + \bar{a} + \bar{e}$$

und somit

$$SQ_a = J \sum_i (a_i + \bar{e}_{i\cdot} - \bar{a} - \bar{e})^2 \quad \text{und} \quad SQ_e = \sum_i \sum_j (e_{ij} - \bar{e}_{i\cdot})^2.$$

SQ_e ist also Funktion nur der e_{ij} und berechnet sich aus diesen genauso wie im Modell I. Da in beiden Modellen $\mathcal{W}(e) = \sigma_e{}^2 I$ gilt, hat $\sigma_e^{-2} SQ_e$ offensichtlich dieselbe Verteilung wie in 3.1, d.h. es gilt

$$\mathcal{W}(\sigma_e^{-2} SQ_e) = \chi^2_{I(J-1)} \, .$$

Mit $g_i := a_i + \bar{e}_{i\cdot}$ läßt sich SQ_a darstellen als

$$SQ_a = J \sum_{i=1}^{I} (g_i - \bar{g})^2 \ .$$

Die g_i sind unabhängig und identisch verteilt gemäß $N(0, \sigma_a^2 + \frac{\sigma_e^2}{J})$, so daß man unmittelbar

$$W(J^{-1} (\sigma_a^2 + \frac{\sigma_e^2}{J})^{-1} SQ_a) = \chi_{I-1}^2$$

bzw. unter der Hypothese "$\sigma_a^2 = 0$"

$$W(\sigma_e^{-2} SQ_a) = \chi_{I-1}^2$$

erhält. Man beachte, daß im Unterschied zum KLM auch unter Alternativen ($\sigma_a^2 > 0$) zentrale χ^2-Verteilungen auftreten. Wegen $E(\chi_q^2) = q$ (vgl. S. 49) lesen wir die Erwartungswerte der Quadratsummen unmittelbar ab in der Form

$$E(SQ_e) = I(J-1)\,\sigma_e^2 \quad \text{und} \quad E(SQ_a) = (I-1)(J\,\sigma_a^2 + \sigma_e^2) \ .$$

Als nächstes benötigen wir die Unabhängigkeit von SQ_a und SQ_e. Für jedes feste i sind $\bar{e}_{i\cdot}$ und $\sum_j (e_{ij} - \bar{e}_{i\cdot})^2$ stochastisch unabhängig (da man sie aufgrund der Verteilungsannahmen in diesem Kontext als Stichprobenmittel bzw. Stichprobenvarianz einer normalverteilten Grundgesamtheit auffassen kann). Ferner sind auch die Vektoren

$$(\bar{e}_{1\cdot}, \sum_j (e_{1j} - \bar{e}_{1\cdot})^2)' \ , \ldots\ldots, \ (\bar{e}_{I\cdot}, \sum_j (e_{Ij} - \bar{e}_{I\cdot})^2)'$$

stochastisch unabhängig (sie verwenden disjunkte Teilmengen der unabhängigen e_{ij}), und wir erhalten die Unabhängigkeit aller Zufallsvariablen

$$\bar{e}_{1\cdot}, \ldots, \bar{e}_{I\cdot}, \ \sum_j (e_{1j} - \bar{e}_{1\cdot})^2 \ , \ldots\ldots, \ \sum_j (e_{Ij} - \bar{e}_{I\cdot})^2 \ ,$$

woraus sich offensichtlich auch diejenige von

$$a_1, \ldots, a_I, \ \bar{e}_{1\cdot}, \ldots, \bar{e}_{I\cdot}, \ \sum_j (e_{1j} - \bar{e}_{1\cdot})^2 \ , \ldots\ldots, \ \sum_j (e_{Ij} - \bar{e}_{I\cdot})^2$$

ergibt. Die Unabhängigkeit von SQ_e und SQ_a folgt dann unmittelbar aus den Darstellungen

$$SQ_a = J \sum_i (a_i + \bar{e}_{i\cdot} - \bar{a} - \bar{e})^2 \quad \text{und} \quad SQ_e = \sum_i \sum_j (e_{ij} - \bar{e}_{i\cdot})^2$$

(da diejenigen Teilmengen der betrachteten Menge von unabhängigen Zufallsvariablen, aus denen sich SQ_a und SQ_e jeweils berechnen, disjunkt sind).

Insgesamt erhalten wir

$$\mathcal{W}\left(\frac{SQ_a/(I-1)(J \cdot \sigma_a{}^2 + \sigma_e{}^2)}{SQ_e/I(J-1)\ \sigma_e{}^2}\right) = F_{I-1,\,I(J-1)} \ ,$$

bzw. unter der Hypothese $\quad H_a(\sigma_a{}^2 = 0)$

$$\mathcal{W}\left(\frac{SQ_a/(I-1)}{SQ_e/I(J-1)}\right) = F_{I-1,\,I(J-1)}$$

und die folgende

<u>Varianzanalysetabelle für die Einfachklassifikation mit zufälligen</u>

<u>Effekten (und gleichen Stichprobenumfängen)</u>

Streuungs-ursache	SQ	FG	MQ	E(MQ)
Behandlungs-effekte	$SQ_a = J \sum_i (\bar{y}_{i.} - \bar{y})^2$	$I-1$	$SQ_a/(I-1)$	$J\,\sigma_a{}^2 + \sigma_e{}^2$
Fehler	$SQ_e = \sum_i \sum_j (y_{ij} - \bar{y}_{i.})^2$	$I(J-1)$	$SQ_e/I(J-1)$	$\sigma_e{}^2$
total	$SQ_{tot} = \sum_i \sum_j (y_{ij} - \bar{y})^2$	$IJ-1$	---	---

Wie man sieht, unterscheidet sich die vorliegende Tabelle von derjenigen aus 3.1 nur in der letzten Spalte. Die Verteilung der Prüfgröße $F = \dfrac{SQ_a/I-1}{SQ_e/I(J-1)}$ unter der Alternative $(\sigma_a{}^2, \sigma_e{}^2)'$ (mit $\sigma_a{}^2 > 0$) hängt (bei gegebenen I und J) nur vom Verhältnis $\lambda := \dfrac{\sigma_a{}^2}{\sigma_e{}^2}$ der beiden Varianzkomponenten ab und wird gewöhnlich als eine "gestreckte $F_{I-1,\,I(J-1)}$-Verteilung" bezeichnet. Das findet seine Begründung darin, daß die Verteilungsfunktion von F bei $\sigma_a{}^2 > 0$ wegen $0 < (1 + J\lambda)^{-1} < 1$ und der oben bewiesenen Gleichung

$$\mathcal{W}_{\tilde{\theta}}\left(\frac{1}{1 + J\lambda}\, F\right) = F_{I-1,\,I(J-1)}$$

aus der Verteilungsfunktion von $F_{I-1,\,I(J-1)}$ durch Streckung um den

Faktor $(1 + J\lambda) > 1$ hervorgeht. Hierbei werden die Verteilungen durch λ induziert, da sie ersichtlich von $(\sigma_a^2, \sigma_e^2)'$ nur über λ abhängen. Für die Gütefunktion β des Testes ergibt sich insbesondere:

$$\beta(\lambda) = P_\lambda \, (F > F_{I-1, I(J-1); \alpha})$$

$$= P_\lambda \, ((1 + J\lambda)^{-1} \, F > (1 + J\lambda)^{-1} \, F_{I-1, I(J-1); \alpha})$$

$$= 1 - F_{I-1, I(J-1)} \, (\frac{F_{I-1, I(J-1); \alpha}}{1 + J\lambda}) \; .$$

Wie zu erwarten war, ist also die Trennschärfe eine streng monoton wachsende Funktion des Verhältnisses λ der Varianzkomponenten.

Realistischer als die Hypothese, daß die Varianz σ_a^2 exakt den Wert Null hat, ist häufig eine Hypothese über das Verhältnis der Varianzkomponenten der Gestalt

$$H_a' : \lambda \leq \lambda_0 \qquad (\text{d.h.} \quad \sigma_a^2 \leq \lambda_0 \, \sigma_e^2) \; .$$

Für die Zufallsvariable

$$T_\lambda := \frac{SQ_a / (I-1)(1 + J\lambda)}{SQ_e / I(J-1)}$$

gilt $\mathcal{W}_\lambda(T_\lambda) = F_{I-1, I(J-1)}$ (s.o.). Setzen wir noch $c_\alpha := F_{I-1, I(J-1); \alpha}$, so folgt $P_{\lambda_0}(T_{\lambda_0} > c_\alpha) = \alpha$ für die (da λ_0 bekannt ist) als Prüfgröße verwendbare Statistik T_{λ_0}. Wegen $(1 + J\lambda_0)(1 + J\lambda)^{-1} > 1$ im Inneren der Hypothese (d.h. für $\lambda < \lambda_0$) erhält man aber auch

$$P_\lambda(T_{\lambda_0} > c_\alpha) = P_\lambda((1 + J\lambda_0)(1 + J\lambda)^{-1} \, T_{\lambda_0} > (1 + J\lambda_0)(1 + J\lambda)^{-1} \, c_\alpha)$$

$$= P_\lambda \, (T_\lambda > (1 + J\lambda_0)(1 + J\lambda)^{-1} \, c_\alpha)$$

$$= 1 - F_{I-1, I(J-1)} \, ((1+J\lambda_0)(1+J\lambda)^{-1} c_\alpha) \leq 1 - F_{I-1, I(J-1)} \, (c_\alpha) = \alpha \; .$$

Die Teststatistik T_{λ_0} liefert also einen Test zum Niveau α für die Hypothese H_a'. Wegen $\beta(\lambda) = P_\lambda(T_{\lambda_0} > c_\alpha)$ haben wir die Gütefunktion dieses Tests in der Form

$$\beta(\lambda) = 1 - F_{I-1,I(J-1)}\left(\frac{1+J\lambda_0}{1+J\lambda} F_{I-1,I(J-1);\alpha}\right)$$

gleich mitberechnet. Offensichtlich gilt $\beta(\lambda) > \alpha$ für $\lambda > \lambda_0$.

3.4.2   Zweifachklassifikation (Modell vom Typ II)

Die definierenden Modellgleichungen haben die Gestalt

$$y_{ijk} = \mu + a_i + b_j + c_{ij} + e_{ijk}$$

$$(i = 1,\ldots,I, \quad j = 1,\ldots,J, \quad k = 1,\ldots,K),$$

und die mit H_A, H_B und H_{AB} aus 3.2 vergleichbaren Hypothesen lauten

$$H_a : \sigma_a{}^2 = 0, \quad H_b : \sigma_b{}^2 = 0 \quad \text{und} \quad H_{ab} : \sigma_{ab}{}^2 = 0.$$

Wir gehen von den Voraussetzungen

(i) a_i, b_j, c_{ij} und e_{ijk} sind insgesamt stochastisch unabhängig [+)],

(ii) $\mathcal{W}(a_i) = N(0,\sigma_a{}^2)$, $\mathcal{W}(b_j) = N(0,\sigma_b{}^2)$, $\mathcal{W}(c_{ij}) = N(0,\sigma_{ab}{}^2)$ und

$$\mathcal{W}(e_{ijk}) = N(0,\sigma_e{}^2)$$

aus und betrachten wieder dieselben Quadratsummen wie bei den festen

Effekten, nämlich $SQ_a := J K \sum_i (\bar{y}_{i..} - \bar{y})^2$, $SQ_b := I K \sum_j (\bar{y}_{.j.} - \bar{y})^2$,

$SQ_{ab} := K \sum_i \sum_j (\bar{y}_{ij.} - \bar{y}_{.j.} - \bar{y}_{i..} + \bar{y})^2$ und $SQ_e := \sum_i \sum_j \sum_k (y_{ijk} - \bar{y}_{ij.})^2$.

Mit Methoden wie in 3.4.1 läßt sich zeigen, daß die vier SQ für alle

Parametervektoren $\theta := (\sigma_a{}^2, \sigma_b{}^2, \sigma_{ab}{}^2, \sigma_e{}^2)' \in \mathbb{R}_+^3 \times \mathbb{R}^+$ insgesamt

---

[+)] Daß die c_{ij} von den a_i bwz. b_j unabhängig sein sollen, wird einem im
Hinblick auf die Bedeutung der c_{ij} als Wechselwirkungseffekte mit Recht
als problematisch vorkommen. Indes, geht man von einer gemeinsamen Verteilung der e_{ijk} und der "wahren" Zellenmittel $m_{ij} := \mu + a_i + b_j + c_{ij}$
(die jetzt Zufallsvariable sind) aus, so ergibt sich unter wenigen, natürlichen Voraussetzungen die Unabhängigkeit von a_i bzw. b_j und c_{ij}
schon als Folge der Annahme einer gemeinsamen Normalverteilung (vgl.
Scheffé (1959), S. 238 ff.). Die resultierenden Bedenken gegen die
Normalitätsannahme in diesem Modell kann man daher mit einer gewissen
Berechtigung "modellimmanent" nennen.

unabhängig und (geeignet mit einem von θ abhängenden Faktor normiert) χ^2-verteilt sind. Wir beschränken uns hier auf Angabe der Varianzanalysetabelle, aus der man alles wesentliche ablesen kann.

Varianzanalysetabelle für die Zweifachklassifikation (Modell II)

Streuungs-ursache	SQ	FG	MQ	E(MQ)
a (Haupt-effekte)	SQ_a	$I-1$	$MQ_a = SQ_a/(I-1)$	$\sigma_e^2 + K\sigma_{ab}^2 + JK\sigma_a^2$
b (Haupt-effekte)	SQ_b	$J-1$	$MQ_b = SQ_b/(J-1)$	$\sigma_e^2 + K\sigma_{ab}^2 + IK\sigma_b^2$
ab (Wechsel-wirkungen)	SQ_{ab}	$(I-1)(J-1)$	$MQ_{ab} = SQ_{ab}/(I-1)(J-1)$	$\sigma_e^2 + K\sigma_{ab}^2$
e (Fehler)	SQ_e	$IJ(K-1)$	$MQ_e = SQ_e/IJ(K-1)$	σ_e^2
total	SQ_{tot}	$IJK-1$	---	---

Die Tabelle läßt sich wie diejenige aus dem vorangehenden Abschnitt über die χ^2-verteilten Zufallsvariablen benutzen, die man zur Konstruktion von Testgrößen benötigt. Und zwar gilt in jeder Zeile

$$\mathcal{W}_\theta \left(\frac{SQ}{E(MQ)}\right) = \chi^2_{FG}$$

für alle $\theta = (\sigma_a^2, \sigma_b^2, \sigma_{ab}^2, \sigma_e^2)'$. Dabei ist allerdings zu beachten, daß die E(MQ) von dem unbekannten Parametervektor θ abhängen, so daß es also bei der Konstruktion einer Prüfgröße als Quotient zweier SQ aus der Tabelle zu berücksichtigen gilt, daß unter der jeweiligen Hypothese die (unbekannten) Parameter aufgrund der Hypothese und durch Kürzen wegfallen müssen. So ergibt sich sofort ein Unterschied zum Modell mit festen Effekten. Während dort $\frac{MQ_A}{MQ_e}$ unter H_A eine F-Verteilung aufweist und $\frac{MQ_A}{MQ_{AB}}$ nicht (es sei denn, Additivität liegt vor), ist es hier genau umgekehrt: $\frac{MQ_a}{MQ_{ab}}$ ist unter H_a F-verteilt und $\frac{MQ_a}{MQ_e}$ nicht (es sei denn, man geht von $\sigma_{ab}^2 = 0$ aus). Dasselbe gilt bezüglich der Hypothese H_B (H_b), denn die Faktoren gehen in den betrachteten Versuchsplan symmetrisch ein.

Insgesamt entnimmt man der Tabelle als Prüfgrößen für die Hypothesen H_a, H_b und H_{ab} die Quotienten

$$\frac{MQ_a}{MQ_{ab}} \, , \qquad \frac{MQ_b}{MQ_{ab}} \quad \text{und} \quad \frac{MQ_{ab}}{MQ_e} \; .$$

Auch die Gütefunktionen sind unmittelbar ablesbar, z.B.

$$P_\theta \left(\frac{MQ_a}{MQ_{ab}} > c_\alpha\right) = P_\theta \left(\frac{\sigma_e^2 + K\sigma_{ab}^2}{\sigma_e^2 + K\sigma_{ab}^2 + JK\sigma_a^2} \frac{MQ_a}{MQ_{ab}} > \frac{\sigma_e^2 + K\sigma_{ab}^2}{\sigma_e^2 + K\sigma_{ab}^2 + JK\sigma_a^2} c_\alpha\right)$$

$$= 1 - F_{I-1,(I-1)(J-1)} \left(\frac{\sigma_e^2 + K\sigma_{ab}^2}{\sigma_e^2 + K\sigma_{ab}^2 + JK\sigma_a^2} c_\alpha\right)$$

mit $\quad c_\alpha := F_{I-1,(I-1)(J-1);\alpha} \quad$ beim Test für $\; H_a \; (\sigma_a^2 = 0)$.

Der Fall "$K = 1$" nimmt im Modell II keine Sonderstellung ein. Man braucht zum Testen der Hypothese H_a bzw. H_b keine Zusatzvoraussetzungen (wie etwa $\sigma_{ab}^2 = 0$) und muß nur beachten, daß $SQ_e = 0$ gilt und ein Test für H_{ab} ($\sigma_{ab}^2 = 0$) nicht möglich ist. Am besten streicht man daher in diesem Fall die vierte Zeile der Varianzanalysetabelle.

Bei n-fach-Klassifikationen mit $n \geq 3$ treten im Modell II gewisse Komplikationen auf, da man aus der zugehörigen Varianzanalysetabelle ohne Zusatzvoraussetzungen (z.B., daß die Wechselwirkungen eines gewissen Paares von Faktoren verschwinden, etc.) nicht für alle typischerweise interessierenden Hypothesen Prüfgrößen erhalten kann. Es lassen sich jedoch Teststatistiken konstruieren, die in einem gewissen Sinn Approximationen von F-verteilten Zufallsvariablen darstellen (s.z.B. Scheffé (1959), § 7.5, S. 247).

3.4.3 Zweifachklassifikation (ein gemischtes Modell)

Wenn ein Faktor mit festen und ein Faktor mit zufälligen Effekten im Experiment vertreten ist, scheint es vernünftig, auch die Wechselwirkungen als Zufallsvariable aufzufassen, und die üblichen Nebenbedingungen des Modells vom Typ I zu übernehmen, sofern sie den Faktor mit den festen Effekten betreffen. Demnach bieten sich die folgenden Modellgleichungen an:

$$y_{ijk} = \mu + \alpha_i + b_j + c_{ij} + e_{ijk} \qquad ^{+)}$$
$$\bar{\alpha} = 0, \quad \bar{c}_{.j} = \frac{1}{I} \sum_i c_{ij} = 0$$
$$(i = 1,\ldots,I, \quad j = 1,\ldots,J, \quad k = 1,\ldots,K).$$

Wiederum wollen wir für alle involvierten Zufallsvariablen zusammen eine gemeinsame multivariate Normalverteilung mit Erwartungswertsvektor Null voraussetzen. Offen bleibt dann nur noch die Frage, welche Kovarianzstruktur dem Modell gegeben werden kann, die seine Anwendungsmöglichkeiten nicht allzusehr einschränkt. Man wird keine Bedenken dagegen haben, daß die e_{ijk} untereinander und von den b_j und c_{ij} stochastisch unabhängig sind, daß $\mathrm{Kov}(b_j,b_{j'}) = \mathrm{Kov}(b_j,c_{ij'}) = \mathrm{Kov}(c_{ij},c_{i'j'}) = 0$ für $j \neq j'$ gilt. Dagegen werden die Voraussetzungen über die Kovarianzen

$$\mathrm{Kov}(b_j,c_{ij}) \quad \text{und} \quad \mathrm{Kov}(c_{ij},c_{i'j}) \quad i,i' = 1,\ldots,I, \quad j = 1,\ldots,J$$

im Sinne der Fußnote von S. 234 kritisch sein.

Wegen $\bar{c}_{.j} = 0$ $(j = 1,\ldots,J)$ muß man jedenfalls von Null verschiedene Kovarianzen zwischen einigen der c_{ij} bei jedem festen j zulassen, will man die c_{ij} nicht schon von vornherein zu entarteten Zufallsvariablen (d.h. Konstanten) degradieren. Wir beschränken uns hier auf das einfachste Modell, das unter diesen Umständen überhaupt noch möglich ist, durch folgende weitere Annahmen:

$$\mathrm{Var}(e_{ijk}) = \sigma_e^2 > 0, \quad \mathrm{Var}(b_j) = \sigma_b^2 \geq 0, \quad \mathrm{Var}(c_{ij}) = \sigma_{Ab}^2 \geq 0,$$
$$\mathrm{Kov}(b_j,c_{ij}) = 0, \quad \mathrm{Kov}(c_{ij},c_{i'j}) = c \quad (c \in \mathbb{R}, \ i \neq i')$$
$$(i,i' = 1,\ldots,I, \quad j = 1,\ldots,J, \quad k = 1,\ldots,K).$$

$^{+)}$Es besteht eine verbreitete Konvention, feste Effekte mit kleinen griechischen und zufällige mit kleinen lateinischen Buchstaben zu bezeichnen, der wir uns hier angeschlossen haben.

Die Konstante $c \in \mathbb{R}$ läßt sich dann wegen

$$\mathrm{Var}(\sum_{i=1}^{I} c_{ij}) = \sum_{i} \mathrm{Var}(c_{ij}) + 2 \sum_{i<i'} \mathrm{Kov}(c_{ij}, c_{i'j})$$

$$= I \, \sigma_{Ab}{}^{2} + 2 \cdot \frac{I(I-1)}{2} \, c = 0$$

sofort als

$$c = - \frac{\sigma_{Ab}{}^{2}}{(I-1)}$$

berechnen. Die multivariate Normalverteilung der Beobachtungen y_{ijk} ist also in diesem Modell durch Spezifikation der $I + 3$ Parameter $\alpha_1, \ldots, \alpha_I$, $\sigma_b{}^2$, $\sigma_{Ab}{}^2$ und $\sigma_e{}^2$ eindeutig bestimmbar.

Wenn wir auch auf das Schätzproblem (wie schon bisher in 3.4) nicht weiter eingehen wollen, sei hier wenigstens bemerkt, daß die Schätzer $\hat{\alpha}_i = \bar{y}_{i}.. - \bar{y}$ aus dem Modell vom Typ I für die festen Effekte auch im vorliegenden Modell wegen $\bar{y}_{i}.. = \mu + \alpha_i + \bar{b} + \bar{c}_{i}. + \bar{e}_{i}..$ und $\bar{y} = \mu + \bar{\alpha} + \bar{b} + \bar{c} + \bar{e} = \mu + \bar{b} + \bar{e}$, folglich $\hat{\alpha}_i = \alpha_i + \bar{c}_{i}. + \bar{e}_{i}.. - \bar{e}$, noch erwartungstreu sind. Dagegen ist von den Güteeigenschaften, welche die GMS im KLM haben, nicht mehr viel vorhanden. So berechnet sich z.B. die Varianz der $\hat{\alpha}_i$ (wie man leicht verifiziert) in der Form

$$\mathrm{Var}(\hat{\alpha}_i) = \frac{1}{J} \, \sigma_{Ab}{}^{2} + \frac{I-1}{IJK} \, \sigma_e{}^{2} \, ,$$

und konvergiert daher beim Grenzübergang $K \to \infty$ nicht einmal gegen Null, es sei denn, man läßt gleichzeitig die Anzahl J der zufälligen Effekte gegen ∞ gehen. Dies kann in der Praxis zu einem Optimierungsproblem führen, wenn man sich eine bestimmte Genauigkeitsschranke vorgibt, und die Erhöhungen von J und K um eine Einheit unterschiedliche Kosten verursachen.

Zur Konstruktion von Tests für die Hypothesen

$$H_A : \alpha_1 = \ldots = \alpha_I = 0, \quad H_b : \sigma_b{}^2 = 0 \quad \text{und} \quad H_{Ab} : \sigma_{Ab}{}^2 = 0$$

ist uns in dem Studium der gemeinsamen Verteilung der vier Quadratsummen SQ_A, SQ_b, SQ_{Ab} und SQ_e wieder ein natürlicher Ausgangspunkt

gegeben. Ähnlich wie in Teil 3.4.1 kann man aufgrund der Darstellungen

$$SQ_A = J K \sum_i (\alpha_i + \bar{c}_{i\cdot} + \bar{e}_{i\cdot\cdot} - \bar{e})^2 \ ,$$

$$SQ_b = I K \sum_j (b_j - \bar{b} + \bar{e}_{\cdot j\cdot} - \bar{e})^2 \ ,$$

$$SQ_{Ab} = K \sum_i \sum_j (c_{ij} - \bar{c}_{i\cdot} + \bar{e}_{ij} - \bar{e}_{i\cdot\cdot} - \bar{e}_{\cdot j\cdot} + \bar{e})^2$$

$$\text{und} \qquad SQ_e = \sum_i \sum_j \sum_k (e_{ijk} - \bar{e}_{ij\cdot})^2$$

zeigen, daß die vier SQ paarweise unabhängig und bei geeigneter Nor-

mierung jeweils χ^2-verteilt sind (SQ_A i.allg. nichtzentral) [+]. Die

genauen Verteilungen lassen sich der folgenden Tabelle nach der weiter

unten geschilderten Vorschrift entnehmen.

Varianzanalysetabelle für die Zweifachklassifikation (Modell III)

Streuungs- ursache	SQ	FG	MQ	E(MQ)
A (Haupt- effekte)	SQ_A	$I-1$	$MQ_A = SQ_A/FG$	$\sigma_e^2 + \dfrac{IK}{I-1}\sigma_{Ab}^2 + \dfrac{JK}{I-1}\sum_i \alpha_i^2$
b (Haupt- effekte)	SQ_b	$J-1$	$MQ_b = SQ_b/FG$	$\sigma_e^2 + I K \sigma_b^2$
Ab (Wechsel- wirkungen)	SQ_{Ab}	$(I-1)(J-1)$	$MQ_{Ab} = SQ_{Ab}/FG$	$\sigma_e^2 + \dfrac{IK}{I-1}\sigma_{Ab}^2$
e (Fehler)	SQ_e	$IJ(K-1)$	$MQ_e = SQ_e/FG$	σ_e^2
total	SQ_{tot}	$IJK-1$	---	---

Der Faktor $\dfrac{I}{I-1}$ vor $K\sigma_{Ab}^2$ in der Spalte E(MQ) und das Fehlen des Sum-

manden $\dfrac{IK}{I-1}\sigma_{Ab}^2$ in Zeile 2 (was die vorliegende Tabelle von derje-

nigen aus Teil 3.4.2 in zunächst wenig einleuchtender Weise unterschei-

det) ist auf die Nebenbedingungen $\bar{c}_{\cdot j} = 0$ ($j = 1,\ldots,J$) zurückzu-

---

[+] Eine Beweisskizze findet man in Graybill (1961), § 18.2.

führen. Im Hinblick darauf und, weil es in ein allgemeines Konzept paßt, welches den hier nicht behandelten Fall der Unausgewogenheit einschließt, empfiehlt Searle (1971) (S. 402 ff) ein modifiziertes gemischtes Modell, in dem alle Nebenbedingungen ($\bar{c}_{.j} = 0$, $j = 1,\ldots,J$ und $\bar{\alpha} = 0$) wegfallen, die sonstigen Voraussetzungen aber unberührt bleiben. Streicht man nur jene Bedingungen, die Zufallsvariable betreffen (nämlich $\bar{c}_{.j} = 0$, $j = 1,\ldots,J$), behält aber "$\bar{\alpha} = 0$" bei, so ergibt sich eine Varianzanalysetabelle, die in konsistenter Weise aus derjenigen des Modells II hervorgeht: Man braucht lediglich σ_a^2 durch $(I-1)^{-1} \sum_{i=1}^{I} \alpha_i^2$ zu ersetzen.

Bei der Benutzung der Varianzanalysetabelle ist zu beachten, daß man in den Zeilen 2, 3 und 4 (b, Ab und e betreffend) anders verfahren muß als in der zu den festen Effekten gehörenden Zeile 1. Es gilt nämlich genau wie beim Modell vom Typ II

$$\mathcal{W}_\theta\left(\frac{SQ}{E(MQ)}\right) = \chi^2_{FG}$$

in den Zeilen 2, 3 und 4, aber

$$\mathcal{W}_\theta\left(\frac{SQ_A}{\sigma_e^2 + I\,K\,\sigma_{Ab}^2/(I-1)}\right) = \chi'^2_{FG,\ \sqrt{FG\cdot\left(\frac{E(MQ_A)}{\sigma_e^2 + I\,K\,\sigma_{Ab}^2/(I-1)} - 1\right)}} \quad \text{d.h.}$$

$$\mathcal{W}_\theta\left(\frac{SQ_A}{E(MQ_A) - J\,K\sum\alpha_i^2/(I-1)}\right) = \chi'^2_{FG,\ \sqrt{FG\cdot\left(\frac{E(MQ_A)}{E(MQ_A) - J\,K\sum\alpha_i^2/(I-1)} - 1\right)}}$$

in der ersten Zeile ebenso wie beim Modell vom Typ I für alle Parametervektoren $\theta = (\alpha_1,\ldots,\alpha_I,\ \sigma_b^2,\ \sigma_{Ab}^2,\ \sigma_e^2)'$ (s.z.B. Graybill (1961), § 18.2). Als Prüfgrößen zum Testen der Hypothesen H_A, H_b und H_{Ab} lassen sich also die Quotienten

$$\frac{MQ_A}{MQ_{Ab}}\ ,\quad \frac{MQ_b}{MQ_e}\quad \text{und}\quad \frac{MQ_{Ab}}{MQ_e}$$

verwenden. Sie sind unter den jeweiligen Hypothesen zentral F-verteilt mit der in der Varianzanalysetabelle angegebenen Anzahl von Freiheitsgraden.

Abschließend sei darauf hingewiesen, daß das von uns soweit betrachtete gemischte Modell denselben Nachteil aufweist wie schon das unter 3.4.2 vorgestellte, nämlich, daß die zufälligen Wechselwirkungs- und die zufälligen Haupteffekte unkorreliert und somit unter der Normalitätsannahme stochastisch unabhängig sind. Während sich indes diese Eigenschaft bei der Zweifachklassifikation vom Typ II, wie schon erwähnt, zwangsläufig aus einem elementaren und höchst plausiblen Modell ergibt, gilt dies im Fall der gemischten Effekte nicht, und es sind auch weniger restriktive Modelle denkbar und praktikabel. Allerdings läßt sich die Hypothese H_A ("Verschwinden der festen Effekte") ohne die Voraussetzungen

$$\text{Kov}(b_j, c_{ij}) = 0, \quad \text{Kov}(c_{ij}, c_{i'j}) = c \quad i \neq i'$$

nicht mehr mit varianzanalytischen Methoden behandeln, da es dann im allgemeinen unmöglich ist, aus SQ_A, SQ_{Ab} und SQ_e vermöge Normierung einen F-verteilten Quotienten zu konstruieren. Man kann in solchen Modellen Hotellings T^2-Statistik (eine Verallgemeinerung der t-Statistik auf die multivariate Situation) verwenden, muß dann allerdings einen im Vergleich zu den herkömmlichen varianzanalytischen Verfahren erhöhten Rechenaufwand in Kauf nehmen (vgl. dazu die Diskussion bei Scheffé (1959), § 8.1).

Literaturverzeichnis

Ahrens, H.: Varianzanalyse. Akademie-Verlag, Berlin, 1967.

Albert, A.: Regression and the Moore-Penrose Pseudoinverse. Academic Press, New York, 1972.

Anderson, R.L. und *Bancroft, T.A.*: Statistical Theory in Research. McGraw-Hill Book Company, New York, 1952.

Anderson, R.L. und *Housemann, E.E.*: Tables of orthogonal polynomials, values extended to $N = 104$. Iowa State Coll. Agri. Exp. Sta. Bul. No. 297, 1942.

Anderson, T.W.: An Introduction to Multivariate Statistical Analysis. John Wiley & Sons, New York, 1958.

Billingsley, P.: Convergence of Probability Measures. John Wiley & Sons, New York, 1968.

Dhrymes, P.J.: Econometrics. Haper & Row, New York, 1970.

Dhrymes, P.J.: Distributed Lags, Problems of Estimation and Formulation. Holden-Day, San Francisco, 1971.

Draper, N.R. und *Smith, H.*: Applied Regression Analysis. John Wiley & Sons, New York, 1966.

Eicker, F. und *Wichura, M.J.*: Analysis of Variance. Vorlesungsausarbeitung, Columbia Universität, New York, 1965.

Fisz, M.: Wahrscheinlichkeitsrechnung und Mathematische Statistik. VEB Deutscher Verlag der Wissenschaften, Berlin, 1973.

Gaal, S.A.: Linear Analysis and Representation Theory. Springer-Verlag, Berlin, 1973.

Goldberger, A.S.: Econometric Theory. John Wiley & Sons, New York, 1964.

Goldberger, A.S.: Topics in Regression Analysis. Macmillan Company, New York, 1969.

Graybill, F.A.: An Introduction to Linear Statistical Models, Vol. 1. McGraw-Hill Book Company, New York, 1961.

Hinderer, K.: Grundbegriffe der Wahrscheinlichkeitstheorie. Springer-Verlag, Berlin, 1972.

Hollander, M. und *Wolfe, D.A.*: Nonparametric Statistical Methods. John Wiley & Sons, New York, 1973.

Huang, D.S.: Regression and Econometric Methods. John Wiley & Sons, New York, 1970.

Huitson, A.: The Analysis of Variance, A Basic Course. Charles Griffin & Co., London, 1971.

Johnson, N.L. und *Kotz, S.*: Continuous Univariate Distributions, Vol. 2. Houghton Mifflin, New York, 1970.

Johnston, J.: Econometric Methods. McGraw-Hill Book Company, New York, 1972.

Kendall, M.G. und *Stuart, A.*: The Advanced Theory of Statistics, Vol. II. Charles Griffin & Co., London, 1973.

Kmenta, J.: Elements of Econometrics. Macmillan Company, New York, 1971.

Lehmann, E.L.: Nonparametric Statistical Methods Based on Ranks. Holden-Day, San Francisco, 1975.

Loève, M.: Probability Theory. Van Nostrand, New York, 1963.

Malinvaud, E.: Statistical Methods of Econometrics. North-Holland, Amsterdam, 1970.

Miller, R.G.: Simultaneous Statistical Inference. McGraw-Hill Book Company, New York, 1966.

Peschel, E.: Analytische Geometrie. Bibliographisches Institut, Mannheim, 1961.

Rao, C.R.: Some theorems on minimum variance estimation. Sankhyā 12, S. 27-42, 1952.

Rao, C.R.: Lineare Statistische Methoden und ihre Anwendungen. Akademie-Verlag, Berlin, 1973.

Reyden, B. van der: Curve fitting by the orthogonal polynomials of least squares. Vanderpoort Journal of Veterinary Science & Animal Industry 25 iii, 1943.

Scheffé, H.: The Analysis of Variance. John Wiley & Sons, New York, 1959.

Schneeweiß, H.: Einführung in die Ökonometrie. Physika-Verlag, Würzburg, 1971.

Schönfeld, P.: Methoden der Ökonometrie, Bd. I und II. Verlag Franz Vahlen, München, 1969 und 1971.

Searle, S.R.: Linear Models. John Wiley & Sons, New York, 1971.

Seber, G.A.F.: The Linear Hypothesis, a General Theory. Charles Griffin & Co., London, 1966.

Smillie, K.W.: An Introduction to Regression and Correlation. Academic Press, New York, 1966.

Sprent, P.: Models in Regression and Related Topics. Chapman & Hall, London, 1969.

Stiefel, E.: Einführung in die Numerische Mathematik. B.G. Teubner, Stuttgart, 1965.

Theil, H.: Principles of Econometrics. John Wiley & Sons, New York, 1971.

Williams, E.J.: Regression Analysis. John Wiley & Sons, New York, 1967.

Witting, H. und *Nölle, G.*: Angewandte Mathematische Statistik. B.G. Teubner, Stuttgart, 1970.

Abkürzungen

Bezeichnungen

$\beta = (\beta_1,\ldots,\beta_k)'$	Parametervektor	5
$\hat{\beta}$	Schätzer für β bei der Methode der kleinsten Quadrate	10
β^*	Lösung der NGLN im LHM	98
$\chi'^2_{n,\delta}$	nichtzentrale χ^2-Verteilung	47
χ^2_n	zentrale χ^2-Verteilung	48
$\chi^2_{n;\alpha}$	α-Fraktil von χ^2_n	54
δ	NZP	47
e	Fehler, Störgröße	6
e^*	Vektor der Fehler beim LHM	94
E	Erwartungswert	3
$F'_{n_1,n_2,\delta}$	nichtzentrale F-Verteilung	50
F_{n_1,n_2}	zentrale F-Verteilung	50
$F_{n_1,n_2;\alpha}$	α-Fraktil von F_{n_1,n_2}	54
H	Hypothese	68
I	$n \times n$ Einheitsmatrix	6
K	Alternative	71
$K(y)$	Konfidenzbereich	65
$(\tilde{K}_\psi)$	Familie simultaner Konfidenzintervalle für $\psi \in L_q$	85
1	$(1,\ldots,1)'$	16
L	$11'$	16
$n(0,1;x)$	Dichte der standardisierten Normalverteilung	40

Θ	Parameter eines statistischen Modells	23
u_α	α-Fraktil von $N(0,1)$	54
$\mathcal{W}(u)$	Verteilung einer Zufallsvariablen u	40
$\bar{x}$	Mittelwert	6
$X = (x_{ij})$	Designmatrix (Matrix der Werte der Einflußfaktoren (kontrollierte oder unabhängige Variable))	5
X^*	Matrix der kontrollierten Größen beim LHM	94
X^+	Pseudoinverse von X	13
y	Vektor der beobachteten Größen	5
y^*	Datenvektor beim LHM (außer in Abschnitt 2.2)	94
$\hat{y}$	Projektion von y auf einen Teilraum des $\mathbb{R}^n$ (siehe auch S. 72)	10
1_A	Indikatorfunktion	145
$\longrightarrow$	Verteilungskonvergenz	54
$\xrightarrow{f.s.}$	konvergiert fast sicher	54
$\xrightarrow{L_2}$	Konvergenz im quadratischen Mittel	140
$\xrightarrow{P}$	stochastische Konvergenz	139

Hochschultext/Universitext

In diese Sammlung werden preiswerte Lehrbücher aufgenommen, die, was Anordnung und Präsentation des Stoffes betrifft, nach didaktischen Gesichtspunkten aufgebaut und in erster Linie für Studenten mittlerer Semester geeignet sind. Die einzelnen Bände – es sind entweder Ausarbeitungen von aktuellen Vorlesungen oder Übersetzungen bekannter fremdsprachiger Bücher – geben jeweils eine solide Einführung in ein nicht nur für Spezialisten interessantes Fachgebiet.

M. Aigner, Kombinatorik. I. Grundlagen und Zähltheorie. 1975. DM 36,–
M. Aigner, Kombinatorik. II. Matroide und Transversaltheorie. 1976. DM 34,–
B. Booß, Topologie und Analysis. Einführung in die Atiyah-Singer-Indexformel. 1977. DM 38,–
H. Bühlmann/H. Loeffel/E. Nievergelt, Entscheidungs- und Spieltheorie. 1975. DM 24,80
K. Deimling, Nichtlineare Gleichungen und Abbildungsgrade. 1974. DM 16,80
O. Endler, Valuation Theory. 1972. DM 32,–
P. Gänssler/W. Stute, Wahrscheinlichkeitstheorie. 1977. DM 36,–
H. Grauert/K. Fritzsche, Einführung in die Funktionentheorie mehrerer Veränderlicher. 1974. DM 19,80
M. Gross/A. Lentin, Mathematische Linguistik. 1971. DM 46,–
H. Hermes, Introduction to Mathematical Logic. 1973. DM 34,–
H. Heyer, Mathematische Theorie statistischer Experimente. 1973. DM 19,80
K. Hinderer, Grundbegriffe der Wahrscheinlichkeitstheorie. Korr. Nachdruck der 1. Auflage. 1975. DM 19,80
K. Jänich, Einführung in die Funktionentheorie. 1977. DM 19,80
K. Jörgens/F. Rellich, Eigenwerttheorie gewöhnlicher Differentialgleichungen. 1976. DM 28,–
K. Krickeberg/H. Ziezold, Stochastische Methoden. 1977. DM 28,–
G. Kreisel/J.-L. Krivine, Modelltheorie. 1972. DM 35,–
H. Kurzweil, Endliche Gruppen. 1977. DM 24,–
A. Langenbach, Monotone Potentialoperatoren in Theorie und Anwendung. 1977. DM 54,–
H. Lüneburg, Einführung in die Algebra. 1973. DM 24,–
S. MacLane, Kategorien. 1972. DM 38,–
G. Owen, Spieltheorie. 1971. DM 36,–
J. C. Oxtoby, Maß und Kategorie. 1971. DM 28,–
G. Preuss, Allgemeine Topologie. 2. Auflage 1975. DM 38,–
B. v. Querenburg, Mengentheoretische Topologie. Korrigierter Nachdruck der 1. Auflage. 1976. DM 16,80
S. Rolewicz, Funktionalanalysis und Steuerungstheorie. 1976. DM 36,–
B. Roy, Modern Algebra and Graph Theory Applied to Management. DM 56,–. Erscheint 1978
M. Schreiber, Differential Forms. 1977. DM 21,40
K. Stange, Bayes-Verfahren. 1977. DM 39,–
H. Werner, Praktische Mathematik I. 2. Auflage. 1975. DM 19,80
H. Werner/R. Schaback, Praktische Mathematik II. 1972. DM 22,–

Preisänderungen vorbehalten

Springer-Verlag Berlin Heidelberg New York